国家科学技术学术著作出版基金资助出版

寒地建筑使用者行为与热性能模拟

孙　澄　张　冉　韩昀松　著

科学出版社

北　京

内 容 简 介

本书旨在丰富寒地建筑使用者行为规律理论研究、提升寒地建筑性能模拟精度和改善寒地办公空间环境品质。书中以办公空间使用者为研究对象，对以开窗行为为代表的寒地建筑使用者行为机理、规律和预测模型进行了研究。研究成果增强了建筑使用者行为研究的地域针对性，丰富了行为预测模型维度，提升了行为预测模型的集成应用能力，优化了模拟平台对建筑使用者行为程序模块的准确度。本书为提高建筑性能模拟技术的辅助设计能力奠定了一定的理论和应用基础，能够辅助建筑师更好地开展建筑计算性设计，助力办公空间室内环境品质提升。

本书适合建筑设计者、建筑环境性能分析人员研读，也可供建筑学、智慧建筑与建造及其相关专业本科生、研究生参考阅读。

图书在版编目（CIP）数据

寒地建筑使用者行为与热性能模拟 / 孙澄，张冉，韩昀松著. -- 北京 : 科学出版社, 2025. 6. -- ISBN 978-7-03-081102-8

Ⅰ. TU2

中国国家版本馆 CIP 数据核字第 2025PF2841 号

责任编辑：王喜军　乔丽维 / 责任校对：高辰雷
责任印制：徐晓晨 / 封面设计：无极书装

科学出版社出版
北京东黄城根北街 16 号
邮政编码：100717
http://www.sciencep.com
三河市春园印刷有限公司印刷
科学出版社发行　各地新华书店经销
*
2025 年 6 月第 一 版　开本：720 × 1000　1/16
2025 年 6 月第一次印刷　印张：14 1/4
字数：287 000

定价：138.00 元

（如有印装质量问题，我社负责调换）

前言

随着建筑数字化设计的发展，建筑性能模拟技术被广泛应用于建筑性能优化与评价。然而，既有建筑性能模拟平台中的使用者行为模块较简化，不能反映建筑使用者真实行为的复杂性，影响了模拟预测精度，制约了建筑设计精度与效率。例如，既有开窗行为程序的不完善，导致建筑室内环境和能耗性能模拟预测值与实际值之间存在差异。由于调研与实测的难度较大，既有行为机理和预测模型等行为规律研究仅包含部分气候区和建筑空间类型的研究结果。预测模型集成应用性不足，导致其无法链接建筑性能模拟平台进行模拟预测。

基于心理学理论，本书揭示了以开窗行为为代表的寒地办公空间使用者行为地域化特征；依据地域化特征，提出了使用者行为研究框架，制定了数据采集方案、行为机理解析方案，提出了预测模型构建方法，完善了使用者行为理论研究框架；遵循理论研究框架与方案，进行了理论分析与实证分析，明晰了寒地多种空间类型与规模的办公空间使用者开窗行为机理；研究建构了具有集成应用能力的行为预测模型，并应用模拟分析法验证了研究结果的有效性。

本书通过理论分析提出在寒地物理环境特征和办公空间特征的影响下，办公空间使用者易产生内在需要、感觉和知觉控制等心理过程，产生不同的使用行为模式。研究进一步采集详实的办公空间使用者开窗行为相关数据进行实证分析，解析建筑空间因素、物理环境因素、时间因素和使用者心理、生理因素对开窗行为发生机理的影响。与既有研究相比，本书增加了使用者主观心理因素对开窗行为的影响分析，包括使用者热舒适感受、声舒适感受和空气质量评价等。

研究结果表明，寒地办公空间使用者开窗行为的促动因素主要包括季节和使用者工作作息。寒地办公空间使用者在内在和内外复合作用机理的影响下，其行为变化自上而下地归纳为两种类型，即行为习惯促动和行为习惯、热舒适共同促动。前者经过内在需要和知觉控制过程，形成习惯性行为；后者经过内在需要、感觉控制和知觉控制过程，形成习惯性和适应性行为。

本书从时间、空间和机理多维度探索寒地办公空间使用者行为规律，建构使用者开窗行为预测模型。与既有模型相比，此预测模型拓展了架构的维度，具有地域针对性、季节适用性与集成应用性的技术特征；通过聚类分析和关联规则分析，获得子预测模型，其特征分别具有“非积极”和“积极”特性。研究获得的子预测模型能够普遍适用于寒地各种类型与规模的办公空间使用者开窗行为预测。研究中还研发了能够链接建筑性能模拟平台的行为预测模型配置文件和程序，适用于寒地多种类型办公空间，具有应用性强、易操作的特点，能够显著修正办公空间室内空气温度模拟结果。

在此，对参与本书相关实验的每一位志愿者表达诚挚的谢意，感谢你们长期在问卷调查和实测中的主动配合及真实反馈。感谢国家自然科学基金项目（51578172）的资助。

由于作者水平有限，书中不足之处在所难免，敬请各位读者批评指正。

孙　澄

2024 年 4 月 16 日

目　录

第1章 绪 论

1.1 研究背景、目的和意义

1.1.1 研究背景

近年来，建筑领域对能源的需求持续增长。如何整合能源供应，减轻人类活动对环境的消极影响，如何在提升建筑空间环境性能的同时，设计能够节约能源消耗的可持续建筑，已成为政府相关管理机构和研究人员共同关注的热点问题。

与建筑相关的能耗约占全球总能耗的30%[1]，其中，公共建筑约占11.4%[2]，公共建筑在节能设计方面仍有较大潜力。近年来，我国正处于城市化建设的快速发展期，建筑能耗持续高速增长[3,4]。同时，供企业单位和研究机构等使用的办公建筑以大型办公园区的形式集聚，呈现出规模扩大化的趋势，其节能需求持续上升。办公建筑的室内空间环境舒适水平对其使用者的健康和工作状态影响较大[5]，以改善室内空间环境质量为目标的高性能办公建筑设计能够提高使用者的满意度和工作效率。寒地冬季漫长，气候严酷，供暖期长，使得办公建筑的能耗问题更加突出。对能耗与环境性能的预测、调控及评估，是寒地办公建筑设计的重点内容。

为应对上述建筑设计需求，更为科学精准地控制建筑能耗、优化办公建筑环境，建筑性能模拟预测作为数字化建筑设计技术，被广泛应用于建筑方案设计和实际建造中[6]。各类建筑性能模拟平台也成为辅助建筑能耗计算、性能优化和运行管理等的基本工具。

1. 建筑性能模拟技术中的使用者行为研究缺失

目前，建筑性能模拟平台对建筑方案的预测结果与建成后的实际表现之间有一定的差异。图1-1为经美国能源与环境设计先锋（Leadership in Energy and Environmental Design，LEED）认证的一些具有代表性的典型建筑设计方案阶段的能耗和节能率预测值与建成后的实测值的比较[7]。LEED评级越高的建筑，没有达到性能预期的比例越高，部分样本的预测值与实测值间的差异不大，但其均方根误差达到 18%。依据建筑性能模拟平台分析采取相应的节能技术及措施，预测结果与实际应用效果可能相差甚远，甚至产生负面效应[8,9]。

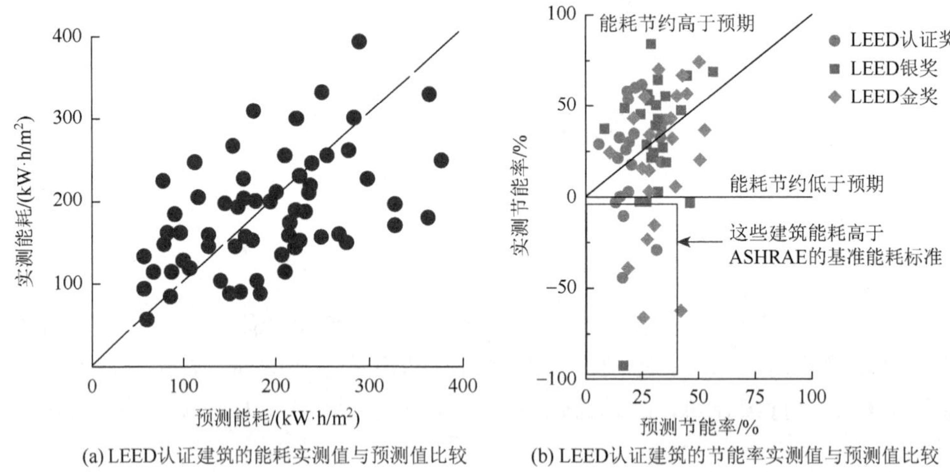

(a) LEED认证建筑的能耗实测值与预测值比较　(b) LEED认证建筑的节能率实测值与预测值比较

图 1-1　LEED 认证建筑的能耗和节能率实测值与预测值比较[7]

国际能源署（International Energy Agency，IEA）在建筑与区域能源（Energy in the Buildings and Communities，EBC）项目附件 53 项目报告中明确了建筑能耗的影响因素，主要包括 6 个方面：气候要素、建筑外围护结构、建筑能源和服务系统、室内设计标准、建筑运行和维护、使用者行为[10]。使用者对建筑的控制及其行为状态在一定程度上决定了建筑的实际性能表现，影响着建筑冷热负荷、能源消耗、技术适应性和室内环境质量等要素[11-17]。在建筑中，当人们对室内环境不满意时，会发生适应性行为，如开闭窗口、调整制冷和采暖设备的温度设定等[18-20]。这些行为带来的变化对建筑能耗的影响较大，据美国能源部统计，建筑中的使用者热适应行为产生的空间冷热负荷分别占美国商业和住宅建筑总能耗的 37%和 54%[21]。

近年来，建筑性能模拟技术中的使用者行为研究缺失受到广泛关注。建筑中的使用者行为具有地域、气候差异性。建筑性能模拟平台中，既有行为程序的适用范围小，不能够反映地域及气候条件下的行为差异；在时间、空间等维度的架构也不完善，不能够体现不同建筑类型、空间类型和规模中行为特征的差异。这些使得建筑性能模拟平台中的使用者行为数据偏离了真实状况，从而导致建筑性能模拟的精度降低、节能技术效果的预测产生偏差[12,22-25]，设计方案和技术应用难以达到预期效果，降低了建筑性能模拟技术的应用价值[26,27]。

在建筑性能模拟技术中，如何有效分析与整合复杂的使用者行为，通过新方法建构行为预测模型、修正模拟结果，是优化建筑性能模拟效果、增强辅助设计能力的核心问题之一。

2. 使用者开窗行为与建筑性能的关系

Janda[28]指出，使用者，而非建筑，是能源的主要消耗者和环境性能的改变者。图 1-2 总结了与建筑性能相关的各种使用者行为类型及其对建筑性能的影响[29]。

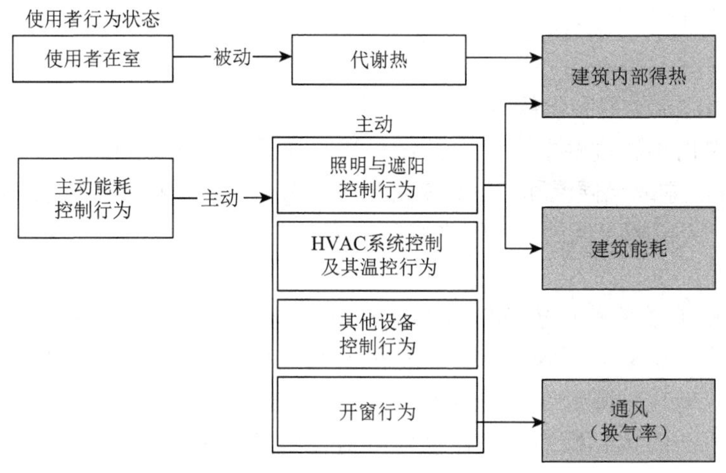

图 1-2　与建筑性能相关的各种使用者行为类型及其对建筑性能的影响[29]

IEA-EBC 项目附件 53 项目报告中定义了与建筑性能相关的使用者行为，即由内部或外部促动，以适应环境（温度、室内空气质量与光舒适感受等）的可观察到的行为或反应[30]。使用者在建筑空间内进行着主动的适应性行为或被动的非适应性行为，通过控制 HVAC（采暖和制冷）和热水等系统、照明和家电等设备的使用，以达到其对室内环境的期望水平，同时也带来使用者行为与建筑性能之间的互动。从图 1-2 可以看到，与建筑能耗相关的使用者行为主要包括照明与遮阳控制行为、HVAC 系统控制及其温控行为、其他设备控制行为、开窗行为，可对建筑能耗产生 50%以上的影响[31,32]。其中，基于行为选择的优先性分析，在全年周期内能源使用密度最高的行为是使用者开窗行为，其次分别为使用者代谢率、服装热阻改变、遮阳设备控制和设备温控调节[33]。表 1-1 总结了不同气候区建筑中使用者行为对能耗和舒适度性能提升的影响[33]。在炎热地区，控制太阳辐射比调控空气流动更有效，既舒适又节能。而在寒冷地区，使用者行为的影响与炎热地区恰恰相反。

表 1-1　不同气候区建筑中使用者行为对能耗和舒适度性能提升的影响[33]

排名	旧金山（地中海气候）		菲尼克斯（亚热带沙漠气候）		卡尔加里（温带大陆性气候）	
	能耗性能	舒适度性能	能耗性能	舒适度性能	能耗性能	舒适度性能
1	服装	开窗	遮阳	遮阳	风扇/采暖	服装
2	遮阳	风扇/采暖	活动	活动	活动	开窗
3	风扇/采暖	服装	开窗	服装	遮阳	风扇/采暖
4	活动	活动	风扇/采暖	风扇/采暖	开窗	遮阳
5	开窗	遮阳	服装	开窗	服装	活动

在相同建筑类型和气候条件下，使用者开窗行为的差异产生不同的建筑用能水平与建筑内部环境性能[34,35]，开窗行为的差异变化对建筑采暖能耗的影响达17%[36]。在夏季或气候温和地区，夜间开窗行为可以充分利用自然通风冷却建筑，从而减少白天机械冷源的能耗。在冬季开窗时，由于空气流量的增加，用于加热的能耗增加。

使用者开窗行为对建筑能耗和热环境性能的影响在具有被动设计特征和低能耗的建筑类型中更为突出[37]。与机械通风相比，采用自然通风被动式降温方式的建筑能耗可降低 30%～40%[38]。高性能建筑的实际性能取决于使用者对被动设计系统的实际操控和使用者对舒适性的期望等[39]。在缺乏准确使用者开窗行为预测的背景下，被动技术效果的预估精准度和被动技术的实际操作模式均受到影响。在部分地区，不同的混合式通风的节能效果也十分显著，如自然通风、切换式混合通风和并发式混合通风，可以显著降低 HVAC 系统的能耗，节能效果达 47%[32]。

虽然既有研究者明确了使用者开窗行为影响建筑的性能表现，但是多数研究未通过定量研究来全面、准确地得出不同气候区、各类型建筑中的使用者开窗行为对建筑能耗和热环境性能等建筑性能的影响程度。其原因主要包括两方面，一方面是调研与实测的难度大，缺乏以多气候区、多地域样本为数据支持的综合性研究；另一方面是使用者开窗行为对建筑能耗影响的精确计算需要考虑复杂的空气流动。在少量的已有研究中，Wang 等[32]基于性能模拟试验，得出了结合自然通风与空调制冷的混合式制冷模式对能耗和热环境性能的影响程度；Rijal 等[38]通过实地测量，获得了使用者开窗行为与采暖能耗的定量关系，如表 1-2 所示。

使用者开窗行为与其他使用者行为类似，具有随机性、多样性与复杂性的基本特征，这增加了研究行为发生机理及其变化规律的难度，也对行为数据的采集方案与数据分析方法提出了更高要求。

表 1-2　不同气候区建筑中使用者开窗行为对建筑热环境性能、节能和采暖能耗的影响

地区		气候区	建筑类型	样本数量	研究方法	主要结论	
						热环境性能	能耗性能
美国[32]	芝加哥	湿润大陆气候	办公建筑	1	性能模拟	混合式制冷显著提升热舒适时数	节能 23.3%
	休斯敦	湿润亚热带气候					节能 17%
	旧金山	地中海温和气候					节能 46.5%
英国[34]		温带海洋性气候	办公单元	1	性能模拟	—	减少适应性开窗行为，节约年采暖能耗 9kW·h/m^2
德国[36]		海洋性气候与大陆性气候间过渡气候	低能耗住宅建筑	22	实测	开窗次数与室内相对湿度线性相关	开窗次数与采暖能耗线性相关
立陶宛[38]		海洋性气候和大陆性气候间过渡气候	住宅建筑	2280	实测	—	开窗行为对采暖能耗的影响达 17%

1）随机性

随机性是指在多种因素影响下，使用者不严格重复其行为模式，行为状态的变化分布呈现一定的离散性特征。住宅和办公建筑使用者开窗行为的发生均具有一定的随机性[40]。随机性特征增加了使用者开窗行为模型建构的难度，需要通过合理的概率化表达将行为定量化、模式化。

2）多样性

多样性是指在相同的物理环境、建筑空间等背景条件下，由于使用者自身偏好与地域文化等差异，使用者开窗行为表现也不同。依据多样性特征，办公空间使用者开窗行为机理不仅应考虑使用者所处的客观环境，还需采集使用者的主观信息，解析使用者生理和心理等内在因素对行为变化的影响[41]。在定义行为规律与建构预测模型时也应考虑多样性特征，从而建立更全面的理论体系。

3）复杂性

复杂性是指使用者开窗行为的发生往往具有复杂的机理。办公空间使用者可在单一因素或多种因素的复合作用下产生不同的行为模式。依据复杂性特征，解析办公空间使用者开窗行为机理，能够更好地划分办公空间使用者开窗行为类别、建构行为预测模型。

3. 使用者开窗行为模拟计算方法与控件特征

在制订研究方案前，深入剖析建筑性能模拟平台使用者开窗行为模拟计算方法和控件特征，为选择数据采集对象和制订数据采集方案提供依据，并为后续研究界定解析范围、提出数据分析方法提供理论支撑，从而使办公空间使用者开窗行为研究能够应用于建筑性能模拟平台，实现提升模拟精度的研究目标。

1）模拟计算方法

建筑性能模拟平台 DesignBuilder 通过自然通风计算模块模拟使用者开窗行为。自然通风计算方法分为计划型与计算型两种类型。计划型自然通风计算方法需掌握较为精准的自然通风数据，才能够进行参数设定。计算型自然通风计算方法是通过控制真实的使用者开窗行为变化来计算建筑内的通风情况。二者均需在 HVAC 控件界面开启相关设定。

计划型自然通风计算方法通过设定最大外部空气自然通风率的方法控制窗口的变化，输入设定数值为恒定数值，可依据建筑空间或人均新鲜空气量为单位进行计算。

依据建筑空间的计算方法：使用空气循环次数与小时的比值计算，公式为

$$m^3/s = AC/H \times \text{ZONEVOLUME}/3600 \tag{1-1}$$

式中，m^3/s 为空气流量；ZONEVOLUME 为建筑空间的空气体积；AC/H 为空气循环次数/小时。

依据人均新鲜空气量的计算方法：根据行为活动空间中的最小新风量计算，公式为

$$m^3/s = \text{MinFreshAir} \times \text{NumberPeople}/1000 \tag{1-2}$$

式中，MinFreshAir 为人均最低新风量；NumberPeople 为使用者人数。

其中，计划型自然通风需满足三个要求才可计算。第一，开窗行为控制模块（schedule value）设定为开启；第二，建筑内部空间温度高于制冷空间设点温度；第三，建筑外部与内部温度差大于最大通风输入增量温度。如果室外与室内的温度差小于最大通风输入增量温度，则通风自动关闭。当最大通风输入增量温度设置为负数时，即使室外空气温度高于室内空气温度，也能够发生自然通风。

计算型自然通风计算方法是通过输入使用者的真实行为来设定建筑窗口是否开启，并依据模拟中的天气数据变化，利用风压和烟囱压力效应的压差，计算出能够实时进入建筑空间的通风率，公式为

$$q = C(\text{DP})^n \tag{1-3}$$

式中，q 为通过建筑开口的空气流量；C 为与开口/裂缝尺寸相关的流量系数；DP 为开口处的压力差；n 为流量指数。

仅当式（1-4）所述条件发生时，计算型自然通风开始计算：

$$T_{\text{zone\_air}} > T_{\text{setpoint}}{}^{\text{AND}} T_{\text{zone\_air}} > T_{\text{outside\_air}}{}^{\text{AND}} \text{ the schedule value ON} \tag{1-4}$$

式中，T_{zone_air} 为建筑空间空气温度；$T_{setpoint}$ 为制冷设定空气温度（设定的制冷恒定温度）；$T_{outside\_air}$ 为室外空气温度。

计划型自然通风计算方法不能够代表使用者对窗口的真实控制，且需要掌握进入建筑空间通风量的具体数据，使其成为已知信息。计算型自然通风计算方法通过输入开窗行为的真实变化进行模拟计算。二者相比，计划型是一种简化后的通风计算方式，计算速度较快，但只能够获得较为粗略的模拟结果。

由于计划型与计算型自然通风计算方法针对窗口状态改变的设定模块原理相同，研究得出的办公空间使用者开窗行为预测模型均能够应用于这两种方法。依据计算的精准程度，在研究的模拟运算中，采用计算型自然通风计算方法模拟真实的办公空间使用者开窗行为，并验证研究所得行为预测模型程序对模拟结果的修正作用。

2）模拟控件特征

建筑性能模拟平台 DesignBuilder 中，与使用者开窗行为相关的模拟控件主要为建筑窗口的相关控件，包括玻璃类型、窗口布局、窗口设计参数、窗框和分隔、遮阳、窗口变化控制等控件，如图 1-3 所示。本次研究得出的行为预测模型将链接建筑窗口变化控制这一控件，从而模拟办公空间使用者开窗行为。

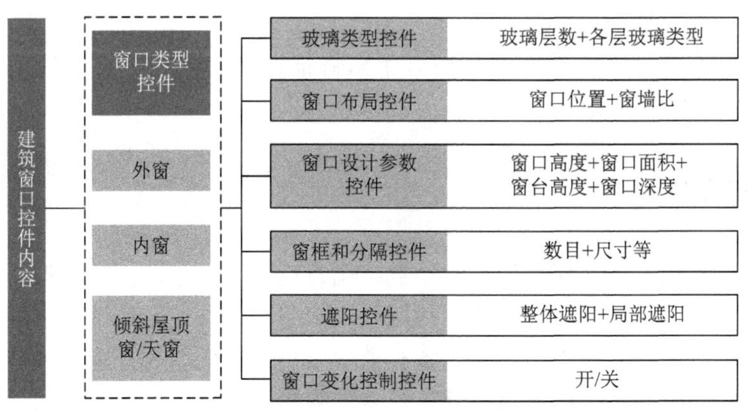

图 1-3　建筑性能模拟平台 DesignBuilder 建筑窗口控件内容

建筑窗口的开启方式通常会影响开窗的角度，如上下悬窗的开启角度通常小于平开窗与推拉窗。设定为计划型自然通风时，即使窗口设计参数、窗口开启方式改变，进入建筑空间的通风量也为恒定。设定为计算型自然通风时，窗口控件的输入也不包含建筑窗口开启方式和角度的设定，仅识别窗口的开启与关闭两种状态。两种计算类型均不考虑窗口开启方式和角度，其原因是在实际情况中，建筑窗口的开启角度主要影响建筑室内风环境，对建筑室内温湿度、制冷和采暖能耗的影响较低。通常窗口的开启位置也不影响建筑环境性能与能耗的模拟计算结果。

针对窗口形状方面，窗口控件的各级设定也均无与此相关的选项，但可通过建筑模拟模型建构绘制不同形状的窗口。通过建筑性能模拟平台 DesignBuilder 中的计算流体动力学（computational fluid dynamics，CFD）模拟计算，对窗口形状是否影响建筑性能模拟平台的模拟结果进行试验，从而判断是否需在数据采集时选择不同形状的建筑窗口作为数据采集对象。当建筑窗口为非矩形时，建筑性能模拟平台 DesignBuilder 仍在设定的开窗位置处开启矩形通风口，按照矩形窗口进行计算，如图 1-4 所示。可见，窗口形状的差异不影响建筑性能模拟平台的模拟结果。

进一步，将窗口设置为不同开启比例，图 1-4（a）中窗口开启比例为 5%，图 1-4（b）中窗口开启比例为 100%。通过 CFD 模拟计算可知，当设定为 100%全开口通风时，仅略微增大了实际通风面积，且二者通风量未有显著差别。这也再次证明了窗口的开启方式与角度对室内空气温度等模拟结果无显著影响。

基于以上分析，在进行与建筑性能模拟技术相关的使用者开窗行为研究时，数据采集对象的选择不需要考虑窗口的开窗角度、开启类型和窗口形状，可依据调查统计得出的窗口基本特征选取常见窗口类型。在实测中，无需监测开窗角度，仅需监测窗口的开启与关闭状态变化。本书研究将在上述分析结果基础上，结合寒地办公空间及使用者基本特征调查的统计分析结果，限定研究对象与范围。

1.1.2 研究目的

办公空间使用者开窗行为研究是数字化建筑设计与建筑性能模拟研究的重要研究课题，其研究范围和方法等尚待拓展。本书研究立足于寒地气候环境与办公空间特征，旨在通过对不同季节、各种类型办公空间使用者开窗行为及其相关参数的长期监测数据，建构使用者开窗行为预测模型，研发能够链接常用建筑性能模拟平台的行为预测模型程序。本书研究目的如下：

（1）完善办公空间使用者开窗行为理论研究。本书综合考虑心理学、建筑学等多学科要素，拓展研究范围，采用多种数据分析技术，制定办公空间使用者开窗行为数据采集方案、行为机理解析方案，提出办公空间使用者开窗行为预测模型建构与验证方法，完善使用者开窗行为研究方法，得出寒地办公空间使用者开窗行为的地域性特征、行为机理。深入研究不同类型与规模办公空间使用者开窗行为规律，并建构行为预测模型，完善寒地办公空间使用者开窗行为的理论研究成果。

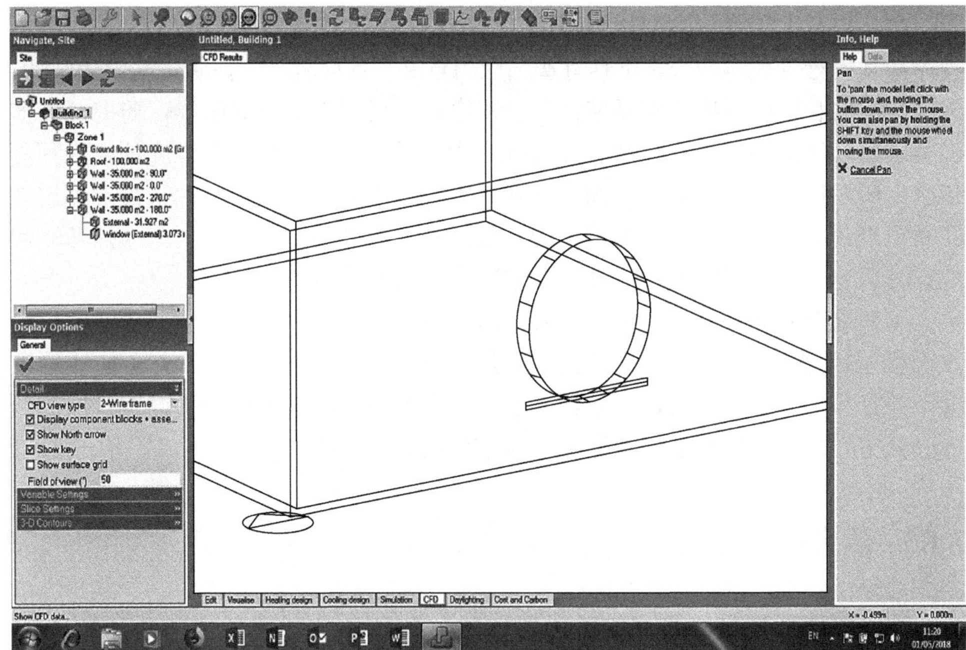

(a) 建筑窗口开启比例为5%

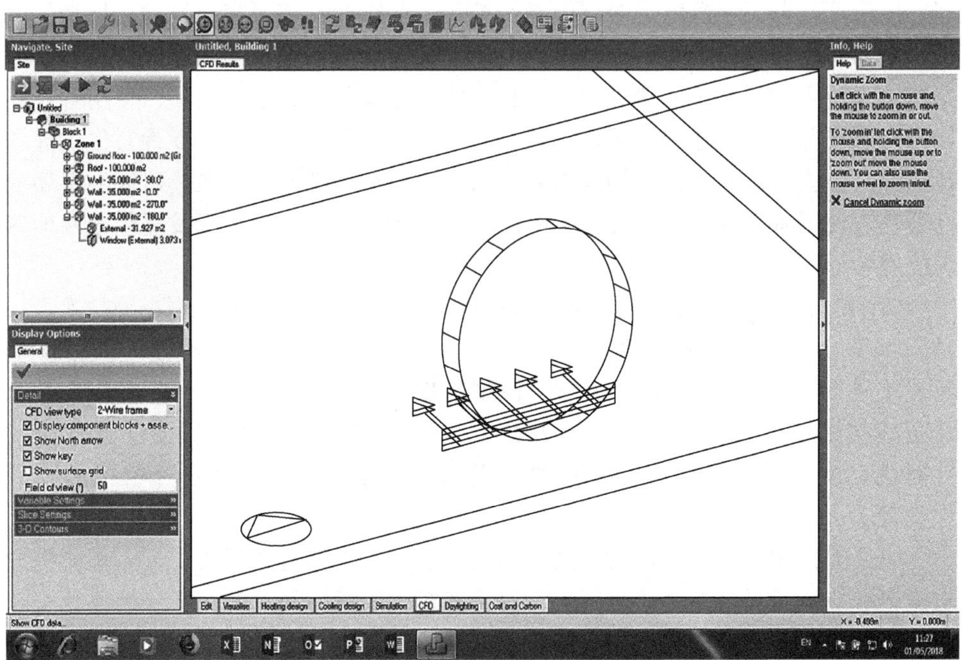

(b) 建筑窗口开启比例为100%

图 1-4 建筑性能模拟平台 DesignBuilder 圆形窗口通风量模拟

（2）提升办公空间性能模拟精度。建筑性能模拟平台的既有使用者开窗行为程序与真实行为差异较大，不具有普遍应用意义，且内容单一，缺乏气候适应性、地域适应性和建筑空间类型适应性。针对寒地不同季节的气候差异，研究开展多种类型和规模的办公空间使用者开窗行为数据采集，建构具有多维度的行为预测模型，研发适用于寒地办公空间使用者开窗行为预测模型程序，并链接于建筑性能模拟平台，弥补了既有行为程序的不足，从而有效修正办公空间室内热环境和能耗等建筑性能模拟结果，提升办公空间性能模拟精度。

（3）提升寒地办公空间环境品质。本书研发的寒地办公空间使用者开窗行为预测模型程序有效提升了建筑性能模拟平台能耗和热环境性能等方面的计算精度，并且易于操作与应用，能够辅助建筑师在数字化建筑设计中更好地开展高性能办公空间设计，从而进一步提升寒地办公空间环境品质。

1.1.3 研究意义

本书研究意义如下：

（1）增强办公空间使用者开窗行为研究的地域针对性。本书深入解析寒地物理环境特征、办公空间特征对使用者开窗行为的影响，获得寒地物理环境特征、办公空间及其使用者特征、办公空间使用者开窗行为特征、不同季节和各种类型办公空间使用者对环境的感受评价。集成寒地物理环境、办公空间、使用者及其行为信息，并依据上述详实数据，获得寒地办公空间使用者开窗行为发生机理和行为预测模型，拓展办公空间使用者开窗行为的地域性研究成果。研究结果还为办公空间使用者开窗行为研究标准的制定、协同模拟仿真工具开发提供了寒地建筑使用者行为研究支持。

（2）提高使用者开窗行为预测模型应用能力。本书采用多种数据挖掘技术，从时间维度、空间维度和机理维度建构行为预测模型架构，研发行为预测模型配置文件和程序，并提出行为预测模型的应用策略，将行为研究结果应用于常用建筑性能模拟平台。该寒地办公空间使用者开窗行为预测模型具有地域针对性、集成应用性的特征，且便于操作，从而提高了使用者开窗行为模型预测能力。

（3）提升建筑性能模拟技术的辅助设计能力。本书有效解决了行为预测模型与建筑性能模拟平台的集成难题，为常用建筑性能模拟平台补充了寒地办公空间使用者开窗行为预测模型程序，有效地提升了寒地办公空间室内物理环境的模拟精确度，提升了建筑性能模拟技术的辅助设计能力，使建筑性能模拟技术更好地应用于寒地数字化办公建筑设计。

1.2 国内外相关研究及其趋向

近年来，随着建筑性能模拟技术的发展，与其相关的使用者行为研究逐渐展开[42,43]。2017 年，IEA-EBC 项目附件 66 项目报告中提出了使用者行为研究框架，阐述了主要研究项目与内容[15]。依据建筑使用者行为及仿真项目报告中的这一研究框架，提出建筑中使用者开窗行为的研究项目与内容，主要包括数据采集、模型建构、模型检验、模型与模拟平台集成等，如图 1-5 所示。

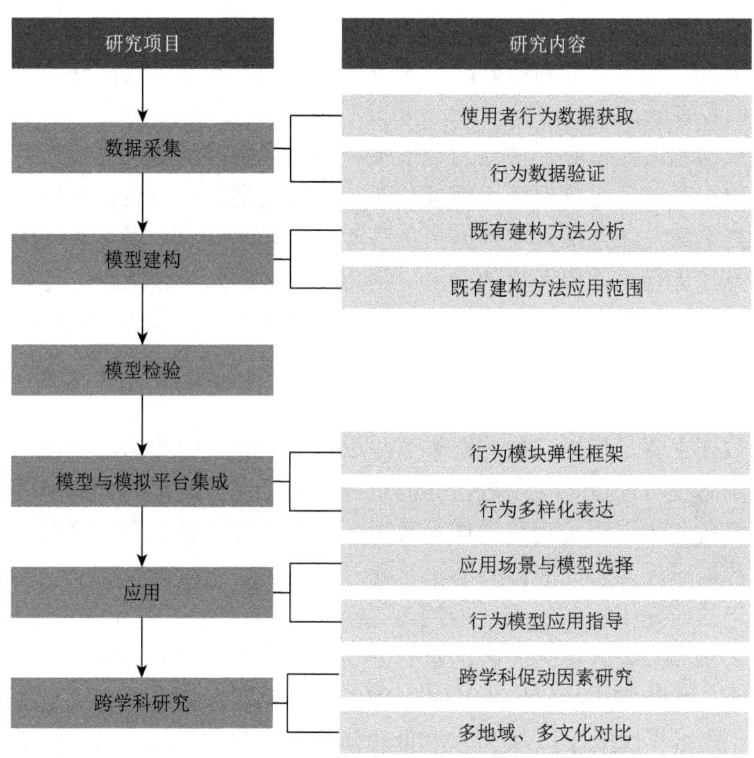

图 1-5 使用者开窗行为的主要研究项目与内容[15]

在使用者行为研究框架中强调，应掌握数据采集方法的特征与优势和模型建构方法的适用范围与特征。针对不同的行为研究项目，因地制宜地选择数据采集方法、行为模型建构方法，制定数据采集方案和行为研究方案。行为预测模型与建筑性能模拟平台链接时，更加强调行为模型建构方法的情景化应用，以能够实现行为模块程序的弹性表达、满足行为多样化表达的需求。同时，还指出了使用者行为研究的发展趋向，包括提升研究方法与方案的实用性、可操作性和指导性以及行为预测模型的辅助设计能力，从而行为研究成果能够发挥其在辅助建筑设计中的应有作用。此外，由于使用者行为的复杂性与多样性，跨学科与地域性因素也是行为研究的重点拓展领域。行为研究还应进一步考虑物理环境、空间环境、使用者自身偏好与习惯等因素，拓展研究的范围丰富研究的层次，将建筑学、建筑物理学与社会科学、心理科学结合起来，以使用者为中心提出跨学科的行为研究方案。下面主要从数据采集、行为机理和行为预测模型三方面对国内外研究现状进行解析。

1.2.1　数据采集相关研究

数据采集是使用者行为研究的重要方法，相关研究主要包括针对客观与主观数据的不同数据采集方法。

客观数据包括使用者开窗行为、采暖和制冷设备控制等使用者行为因素、室内外温度与相对湿度等物理环境因素和建筑空间类型、形态设计参数等建筑设计因素等，其采集方法包括真实数据采集与虚拟假设两方面。真实数据采集主要通过实测等方法进行，需要大量的人力、物力和资金投入，因此在一部分研究中采用虚拟假设行为模式的方法来替代。但在 IEA-EBC 项目提出的使用者行为研究框架中，明确指出了采用真实数据的重要性，虚拟假设方法不能有效代替真实的行为数据。

主观数据主要是指通过传感器等实测设备无法获得的数据，如使用者对物理环境的主观感受与评价、使用者内在需求等。由于主观数据的采集难度更高，多数既有研究倾向于采用客观数据作为数据源，但在使用者行为研究框架中明确指出了主观数据对行为研究的影响不容忽视。

在近年的研究中，Hong 等[44]对客观数据采集的典型工具和技术进行了总结。主观数据采集需要设计更为完善的数据采集方案[45,46]，包括访谈等定性分析方法与问卷调查、实验等定量研究方法[47]。随着传感器、通信、计算机技术的进步，现场实测（传感器或摄像）、实验室测量和问卷调查等常用的行为数据采集方法等都有了新的发展。

现场实测通过传感器等设备长期采集数据，对受试者心理感受和行为变化的影响较小。常用设备包括使用者行为状态记录器、CO_2 浓度变化率记录器、红外或超声波占用传感器、Kinect 建筑空间占用率监测器等[48]。现场实测时要注意有效进行设备的布点、减少实测时外部因素的干扰和使用者的被测试感受。

实验室测量需要高标准的实验环境，以便能够准确地改变和控制实验室的物理环境参数[49]。该方法的缺点是可持续时间短、实验成本高，且受试者及其行为易受到霍桑效应（Hawthorne effect）影响[50]，即当人们意识到被观察时改变自身行为的倾向。

问卷调查法通过记录受试者的自主反馈来监测行为变化。计算机与通信技术发展使问卷发放、回收和数据统计等更为便捷。一方面，问卷调查数据能够为测试设备存在局限时的实测数据提供补充信息，能够获得更全面的客观行为数据；另一方面，是针对使用者社会属性和心理活动等主观要素进行数据收集。在使用者行为研究的问卷设计中，多采用美国采暖、制冷与空调工程师学会在其ASHRAE 55-2013热舒适标准中提出的量表类型，包括3点、5点、7点标尺等[51]。问卷内容的设定应简明扼要、易于理解[52,53]，避免特异性、使用模糊的量词、问题间使用相等的量表等[54]。同时，问卷的试投放有助于完善问卷内容与表达。

上述每一种数据采集方法均有其优势与局限性，如现场实测能够获得长期连续的客观数据，但无法收集使用者的主观数据；问卷调查法能够获得主观数据，但需要大量志愿者参与，且获得的数据为定点数据，不具有连续性特征，过于频繁的问卷发送易引起受试者的反感和发生霍桑效应。近年来，更多的新技术与新方法被应用于行为数据的收集，如沉浸式虚拟现实研究（immersive virtual reality research）和Wi-Fi监测法等[55]。这些新方法虽然能够在短时间内获得更多的样本，并且具有针对室内环境的精确控制和良好的再现性，但因霍桑效应的影响，其数据的可信度易被质疑。一些新方法，如Wi-Fi监测法，在一定程度上还受到伦理道德方面的质疑[56]。

综上，本书研究采取主客观相结合的数据采集方案，综合采用问卷调查和现场实测等方法，采集的数据能够互为补充与验证，从而获得全面、详实的寒地办公建筑使用者行为情况。

1.2.2　行为机理相关研究

最初关于人群行为的研究，可以追溯到1895年法国社会心理学家古斯塔夫·勒庞（Gustave Le Bon）的经典著作《乌合之众》（*La Psychologie Des Foules*）[57]，他探讨了群体的特殊心理与思维方式，尤其对个人与群体的迥异心理进行了精辟分析，被誉为群体心理学的开山之作。

使用者行为的发生是一个复杂过程，作为行为的内因和外因相互联系作用的系统，使用者行为机理的研究横跨自然科学和社会科学，需要跨学科因素的综合解析。

在建筑科学领域，早期研究认为使用者行为与建筑热环境紧密相关，室外空气温度被认为是影响建筑内部环境、促动使用者行为改变的主要因素[58,59]。Schweiker[60]、Nicol等[61,62]、Fabi等[63]将此类因素定义为影响使用者行为的外部因素，并进行了深入分析。Nicol 等[64]提出了适应性行为理论，如果环境发生变化，人们产生不适，人们会为了恢复其舒适而做出反应。适应性行为主要包括开关窗、控制遮阳设备等改变环境状态以恢复舒适感受的行为[65]，也包括通过更换衣物等改变自身状态以获得舒适感受的行为[53]。

在社会学研究领域，Schweiker[60]认为人的行为受偏好、态度和经验等内部因素和个人要素影响，从认知等多方面通过复杂的衍生过程来影响人的行为。在行为心理学研究领域，Ajzen 等[66,67]通过实验提出和分析了影响人的行为的内部因素；Raja 等[68]通过探索建筑自然通风的热舒适问题，解析了内部因素对使用者行为的影响，提出使用者不受外部因素刺激与促动，仍会自主改变行为状态。

使用者开窗行为、行为促动因素与建筑间的关系如图 1-6 所示。开窗行为是使用者在建筑空间内进行的积极适应性行为。一方面，使用者的开窗行为变化会对室内环境条件产生扰动。开窗行为影响建筑中换气率的变化，而换气率是影响建筑能耗和室内热环境的主要因素。另一方面，环境条件触发使用者与建筑物的控制系统相互作用，引起环境性能的变化[69]。

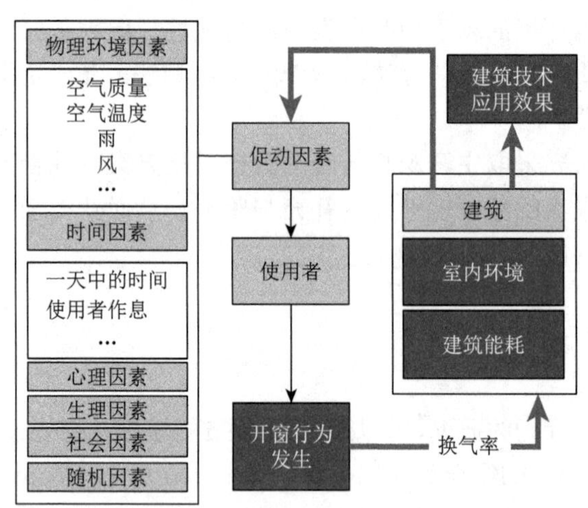

图 1-6　使用者开窗行为、行为促动因素与建筑间的关系

国际能源署对约 100 项研究材料进行了归纳总结，将影响使用者行为的因素划分为地点因素、时间因素和使用者自身因素三个方面[14]。多位学者也针对使用者行为影响因素，从不同角度进行了综述[70-74]。在此基础上，本书研究归纳了建筑使用者行为影响因素，如图 1-7 所示。

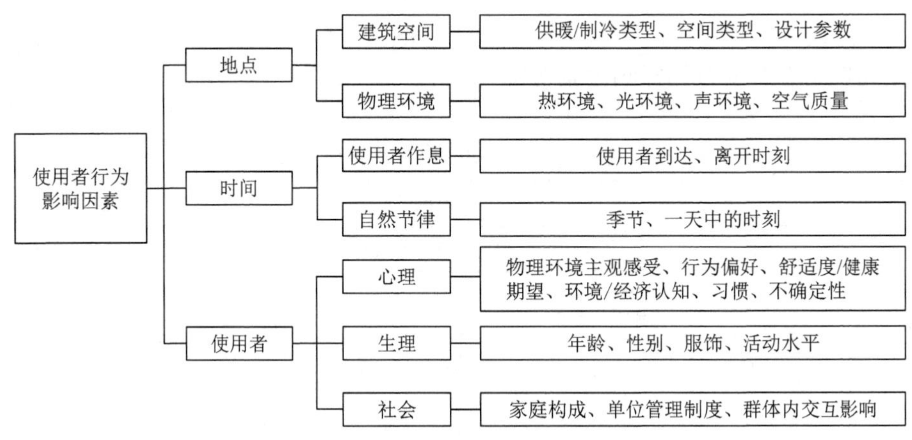

图 1-7 使用者行为影响因素分类

其中，地点因素包括使用者所在建筑空间基本属性与物理环境因素。建筑空间基本属性包括供暖/制冷类型、空间类型、设计参数等；物理环境因素包括热环境、光环境、声环境、空气质量等相关因素。

时间因素主要包括使用者工作作息、生活作息、季节和一天中的时刻等相关因素，作息变化和自然节律影响能够引发使用者习惯性的行为控制。

使用者自身因素包括心理、生理和社会因素。其中，心理因素包括物理环境主观感受、行为偏好、舒适度/健康期望（如温度期望和空气质量改善需求等）、环境/经济认知（节约能源意识、控制经济支出意识等）、习惯、不确定性；生理因素主要包括使用者年龄、性别、服饰和活动水平等；社会因素主要包括使用者的家庭构成、单位管理制度和群体内交互影响等。

我国幅员辽阔，被划分为 7 个主要气候区，不同地区气候差异显著。目前，国内使用者开窗行为研究较少，仅有部分针对夏热冬冷地区[75,76]的南京市、寒冷地区[77]的北京市办公空间和医院空间使用者开窗行为进行了研究。

Yao 等[37]对北京某办公空间使用者开窗行为进行了调研，得出室外空气温度是影响办公空间使用者开窗行为的最大因素，其次是室内 CO_2 浓度、室内空气温度、室内相对湿度、室外风向和风速等。Shi 等[78]对南京综合医院病房空间使用者开窗行为进行了为期一年的实测，得出室内外温度和相对湿度是影响开窗行为的主要因素。Zhou 等[79]对南京一间开放式办公空间的夏季开窗行为进行了实测，发现开放式办公空间使用者开窗行为受到室外空气温度、使用者工作作息和空调状态的影响。Pan 等[77]对北京一间办公空间进行了 9 个月的实测，解析了物理参数和非物理参数，得出室内外空气温度、风速、相对湿度、室外 PM2.5 浓度是办公空间使用者开窗行为的主要影响因素，季节、时间和个人偏好对开窗概率也表现出一定程度的影响。

在不同建筑类型中，使用者开窗行为机理有一定差异。表 1-3 为办公空间与住宅空间使用者开窗行为影响因素对比。

表 1-3 办公空间与住宅空间使用者开窗行为影响因素对比

类型	地点因素		时间因素		使用者因素		
	建筑空间	物理环境	使用者作息	自然节律	生理	心理	社会
办公空间	空间类型 建筑朝向 开窗数目 制冷类型	**室内空气温度** **室外空气温度** 室内相对湿度 室外相对湿度 风速	**工作作息**	**季节** 一天中的时刻	—	**习惯**	群体内交互影响
住宅空间	**住宅类型** **空间类型** **建筑朝向** 采暖类型 制冷类型	**室内空气温度** **室外空气温度** 风速 室内 CO_2 浓度	**生活作息**	**季节** 一天中的时刻	年龄 性别	使用者热感觉	家庭构成

注：加粗因素为既有研究得出的使用者开窗行为主要影响因素。

在办公空间和住宅空间的使用者开窗行为研究中，室内空气温度[19,80-85]、室外空气温度[38,81,86-90]、季节[88,91]和使用者作息[19,92,93]均表现出了与窗口状态变化的紧密联系。

由于主观因素较难量化，而客观因素的数据采集具有便捷性的特点，多数行为机理研究集中在物理环境和时间等客观因素方面。各类因素中，针对室内外空气温度与开窗行为关系的研究最多。基于适应性行为理论，室内外空气温度被公认为是影响办公空间和住宅空间的最主要参数。在早期的研究中，有学者得出室内外空气温度能够解释建筑中 65%～76%的使用者开窗行为这一结论[59,94,95]。诸多既有研究证明了在多种建筑空间类型中，室内外空气温度与使用者开窗行为的强相关性。由于建筑窗口是室内外的连通媒介，室内外空气温度等物理环境参数之间存在内在的复杂相互作用，因此既有研究尚未对室内外空气温度对使用者开窗行为的影响与主次程度形成明确的结论。

季节这一自然节律因素与室外空气温度变化紧密相关。在部分地区，不同季节的室外物理环境差异较大，导致使用者开窗行为的差异。而在某些地区，即使不同季节具有类似的室外气候条件，办公空间和住宅空间使用者仍表现出不同的开窗频次和时长。在长期经验与自然节律的促动下，在不同季节中，使用者易形成不同的开窗行为模式。

办公空间使用者通常具有稳定的工作时间，使用者在到达和离开办公空间时改变窗口状态。与住宅空间相比，使用者作息因素对办公空间使用者开窗行为的影响更为显著。

仅少量研究证明了建筑空间因素，如建筑空间类型、建筑朝向和开窗数目[88,96]对办公空间使用者开窗行为的促动作用。而建筑空间类型对住宅空间的影响更为显著，例如，IEA-EBC 项目附件 8 项目报告[97]依据比利时、德国、瑞士和荷兰等多国住宅空间样本，提出居住类型、朝向和房间类型（卧室、客厅或厨房）是影响使用者开窗行为的主要参数。

既有研究认为，客观影响因素通常不包括太阳辐射温度，这是因为室内空气温度是室内多种热负荷和太阳辐射热增益综合影响的物理环境参数[91]。由于此综合作用，无法确认开窗行为变化与太阳辐射之间明显的对应关系，在研究中，通常直接探讨室内外空气温度对行为的影响。而风速被认为是导致使用者关窗行为发生的因素之一[71]，但不影响使用者开窗行为。当较大风速的气流进入建筑空间内部时，使用者有关闭窗口的可能。

虽然客观因素对使用者开窗行为机理的促动作用已被普遍认可，但这并不影响对主观因素研究的必要性[98]。综合客观因素与主观因素，才能够更全面地解析使用者开窗行为机理[99]。

使用者主观因素数据主要通过问卷调查法采集。与连续现场实测相比，进行长期问卷数据采集的难度较大。因此，在既有研究中缺乏对使用者舒适度评价等主观因素的研究成果。目前，既有研究初步得出了住宅空间使用者热感觉与其开窗行为相关的结论，但尚未得出办公空间使用者主观因素与其开窗行为相关的结论。办公空间使用者开窗行为也没有表现出与性别、年龄等因素的关联关系[100]。

1.2.3 行为预测模型相关研究

使用者行为预测模型包括行为发生概率预测模型与行为模式分类预测模型。行为发生概率预测模型多为动态模型，能够分析各影响因素的预测能力，以反映影响参数与行为的关联程度、预测行为的发生概率；行为模式分类预测模型多为静态模型，能够将使用者行为进行分类，整合使用者的促动因素和行为随时间、空间的变化特征，建构多维度预测模型。

近年来，建筑使用者行为预测模型的建构方法逐渐呈现出多元化趋势，从既有研究来看，主要包括统计分析（statistical analysis）法、随机过程建模（stochastic process modeling）法、代理人基建模（agent-based modeling）法和数据挖掘建模（data mining modeling）法四种方法，每种建模方法均有其优劣势与适用范围。

统计分析法是通过回归分析建立影响因素与行为发生概率间的定量关系。通常此方法倾向以物理环境等定量因素作为输入数据、行为状态作为输出数据进行回归拟合，以获得此参数信息促动行为状态改变的概率或比例。统计分析法是建构使用者行为预测模型时最常采用的建模方法，但较难集成于建筑性能模拟平台。Haldi 等[19]在瑞士利用逻辑回归分析热环境因素对使用者开关窗、遮阳百叶、风扇和门等行为的影响，得出室内空气温度是使用者行为的主要影响因素。Mahdavi 等[101]收集了位于奥地利办公空间的室内环境、使用者在室情况等数据，利用回归统计方法，验证了利用室内外物理环境参数能够预测使用者行为发生概率。Peng 等[102]采用概率预测法建构了两种行为概率模型，第一种与时间因素相关，第二种与物理环境因素相关。Tabak 等[103]依据网络调查数据，应用 S 曲线开发使用者移动行为模型，并得出使用者行为变化与上一次行为的发生时间紧密相关。

随机过程建模法主要应用于使用者在室概率和使用者移动行为的预测。马尔可夫链（Markov chain）是随机过程建模的基本原理之一，遵循马尔可夫性质的随机过程，其未来状态仅取决于当前状态，而不受过去状态的影响。随机过程建模法较为复杂，更适合预测使用者行为计划。部分建筑性能模拟平台提供了与随机过程模型的应用集成。Erickson 等[104]利用实测数据开发马尔可夫链模型，预测使用者在室动态概率，并论证了其既往所开发的代理人基建模法和高斯模型的局限性。Dong 等基于半马尔可夫链优化了照明和空调控制时间表[105]，随后进一步基于高斯混合模型的隐形马尔可夫模型，预测空间内的使用者密度[106]。Lee 等[107]假设每个使用者在建筑空间停留的时间符合正态分布，并基于此建构预测模型，预测新使用者的到达时间。

代理人基建模法是基于一个自组织的仿真框架，即 Agent，根据特定规则相互作用并与外部环境互动[108]，通过系统内的既定规律，计算模拟对象之间及与外界交互关系的方法。此方法的“如果”规则，可以描述每个模拟计算周期中行为的交互和改变。代理人基建模法能够描述行为的不确定性，多应用于分析使用者与建筑系统间的关系及使用者之间的沟通与联系。该研究方法在建筑性能模拟中的应用尚处于初期阶段，具有发展潜力，能够应用于综合判断各类行为对建筑性能的影响。2007 年，Zimmermann[109]首先提出利用代理人基建模法来建构使用者在办公空间中的活动。Klein 等[110]开发了多智能体舒适性和能量系统来模拟建筑系统，进行使用者行为的替代性管理和控制。Alfakara 等[111]利用代理人基建模法，探索住宅建筑空间使用者与建筑系统之间的相互作用规律。

随着近年来机器学习的迅速发展，数据挖掘技术开始被应用于使用者行为研究，数据挖掘建模法也逐渐成为行为预测模型建构的热点方法之一。数据挖掘建模法以数据为基础，寻找数据间相同或相似的特征，来建构行为模式分类预测模型。其优点是数据管理易于实现，能够获得高精确度的数据挖掘结果，但是需要大量的数据支持，对数据采集提出了更高要求。目前，采用数据挖掘技术建构的行为模型多不能直接链接到建筑性能模拟平台。Zhao 等[112]在研究中以办公设备耗电数据对 6 名办公人员的设备使用时间和多样化个人使用行为进行数据挖掘。

D'Oca 等[113]应用决策树模型预处理办公空间使用者在室情况数据，并应用基于 k 均值聚类（k-means）算法的聚类分析将在室率划分为四种典型模式，从而得出办公空间使用者的在室模式。Alhamoud 等[114]利用随机森林分类算法，定义了使用者的位置和实时能耗间的关系，采用 Apriori 算法提取使用者各个活动间的时间关系，进而识别使用者的活动模式。

国内的相关研究集中在 2010 年以后，主要包括对使用者在室率、照明和空调等耗能使用行为的模型建构研究。周欣等[115]提出了人行为标准定义平台，以模拟工具为手段，建立行为模型，形成新的模拟分析方法。Sun 等[116]建构了杭州地区办公空间使用者加班时段在室情况模型。Ren 等[117]以北京和香港的大型办公建筑为研究对象，建构了开关灯行为随机模型，并对北京（寒冷地区）、南京（夏热冬冷地区）、广州（夏热冬暖地区）等 8 个城市的 34 户家庭进行调研，开发了基于环境触发或时间触发的空调设备使用随机模型。王闯等提出了基于马尔可夫链的室内使用者移动模型，以反映建筑中各个空间使用者的位置移动过程[118]；采用基于条件触发和分段条件概率函数建构行为模型，反映事件、环境和不同动作间的关联性[119]。Wang 等[120]对南京市开放式办公空间进行调研，利用 Wi-Fi 连接数据，统计使用者在室流动情况，强调检测信号的时间序列和随机特性，提出了一种新的动态马尔可夫模型来可靠地预测使用者在室占用率。

在既有的使用者行为模型建构方法中，统计分析法是最常用的使用者开窗行为概率预测方法；随机过程建模法多应用于建构随机变化的使用者活动和在室概率模型；代理人基建模法关注使用者与建筑系统的互动关系；数据挖掘建模法能够将使用者行为进行分类，建构行为模式预测模型。

使用者开窗行为建构方法包括统计分析法和随机过程建模法，数据挖掘建模法亦有涉及。统计分析法中的逻辑回归法是最广泛采用的行为概率预测模型建构方法[19,121]。2013 年，Gunay 等将 Nicol 在 1998 年采集的数据散点[122]拟合为逻辑回归模型和线性回归模型，发现逻辑回归模型具有更高的拟合度，更适宜预测开窗行为发生概率[123]。早在 1990 年，Fritsch 等[80]采用基于马尔可夫链的随机过程建模法建构了冬季开窗预测模型。2009 年，Haldi 等[84]开发和测试了几种建模方法，包括逻辑概率分布、马尔可夫链和连续时间随机过程。在近年的研究中，数据挖掘技术也被应用到使用者开窗行为模型的建构中。2014 年，D'Oca 等[124]对 16 个办公空间窗口数据进行分析，结合两种数据挖掘技术，确定了有效的使用者开窗行为模式。

逻辑回归统计法也是目前国内广泛研究并应用的开窗行为概率预测方法，此方法在我国部分地区的研究中也得到了验证。在开窗行为模型建构方面，Li 等[88]收集室内外温湿度、室内 CO_2 浓度和室外风速等六项物理环境数据，采用多因素方差论证六个因素对开窗活动的影响，得出室外空气温度为影响最大的因素，并基于该结果进行逻辑回归，得到开窗概率与室外空气温度间的定量关系。Yao 等[37]以物理环境参数为预测因素，利用多元逻辑回归法，建构了居住建筑的开窗行为概率预测模型；Shi 等[78]通过多元逻辑回归建立了医疗建筑不同季节的逻辑回归模型；Zhou 等[79]对夏热冬冷地区的开放办公建筑开窗行为进行了研究，应用室外空气温度为预测因素，建构了开窗行为概率模型。

依据上述研究，对既有使用者开窗行为预测模型建构方法与数据采集样本所在气候区与地区、样本类型和数量、数据采集季节进行统计，如表 1-4 所示。目前，使用者开窗行为研究主要集中在全年气候温和、潮湿的温带海洋性气候地区，包括英国、瑞士、德国和丹麦等国家。模型数据源的样本类型包括办公建筑或办公空间、住宅建筑和病房空间等。这些研究中，仅少量研究明确划分了实测办公空间的具体类型，且多以单人和双人办公空间为数据采集对象。既有研究中的样本所在地区未能覆盖严寒地区与寒冷地区。我国开展使用者开窗行为预测模型研究的地区包括重庆和南京，尚缺乏寒地，尤其是严寒地区办公空间使用者开窗行为预测模型的相关研究。由于数据采集的难度较高，既有研究的样本量均较少。在数据采集季节方面，部分地区仅以单一季节为研究对象，不能够基于全年数据建构完善的预测模型，数据覆盖四个季节的研究主要集中在温带海洋性气候地区。

表 1-4　使用者开窗行为预测模型建构方法与数据源基本信息统计

建构方法		气候区	地区	样本类型	样本数量	数据采集季节
统计分析法	逻辑回归	温带海洋性气候	英国牛津	办公建筑	9	春季、夏季、秋季和冬季
			英国阿伯丁		6	
			英国谢菲尔德		1	
			瑞士洛桑		8	夏季
			德国法兰克福	办公空间	17	春季、夏季、秋季和冬季
		温带大陆性气候	瑞典	办公建筑	25	—
		海洋性温带阔叶林气候	法国			
		地中海气候	葡萄牙			
			希腊			
		热带气候	巴基斯坦			
		亚热带季风性湿润气候	中国重庆	<6 人办公空间	5	秋季
		温带季风性气候	中国北京	多层住宅	19	春季、夏季、秋季和冬季

续表

建构方法		气候区	地区	样本类型	样本数量	数据采集季节
统计分析法	逻辑回归	温带海洋性气候	丹麦哥本哈根	住宅建筑	15	春季和夏季
			德国		1	春季、夏季、秋季和冬季
			英国		10	
		亚热带季风气候	中国南京	医院病房	2	
	一元三次回归	亚热带季风气候	中国南京	开放式办公空间	1	夏季和冬季
	多元线性回归	温带季风性气候	韩国首尔	多层住宅	20	春季和冬季
			英国剑桥	单人和双人办公空间	6	夏季
随机过程建模法		温带海洋性气候	瑞士洛桑	办公空间	4	春季、夏季和冬季
			瑞士洛桑	办公空间	15	春季、夏季、秋季和冬季
		亚热带季风性湿润气候	中国重庆	<6 人办公空间	5	秋季
		热带气候	巴基斯坦	住宅建筑	33	春季、夏季、秋季和冬季
数据挖掘技术		温带海洋性气候	德国法兰克福	单人和双人办公空间	15	—

现阶段，在使用者开窗行为预测模型的有效性和适用性方面，既有研究仍缺乏共识[15]。目前，使用者开窗行为模型建模逐渐向动态的、随机规律描述的领域发展，没有明确的研究证明，某种特定的模型构建方法可产生更精确的仿真结果[125]。简化的静态模型和确定性的使用者日程程序与配置文件仍被认为是最广泛的模型建构方法。静态模型的优点是具有更高的易操作性，缺点是时间维度的单一和行为类型多样性的缺乏，并不能确定行为始终按照稳定的时间规律发生，也不能确定当同一因素促动时，使用者采用相同的行为模式方法对应。可将使用者开窗行为进行多类型划分，得到多种典型行为预测模型，解决行为的多样性和随机性影响。复杂的随机过程模型建构方法能够将复杂、多变的行为模型拟合为数学模型。

无论采用静态还是随机动态的方法，建构的使用者开窗行为预测模型均应具有实际应用能力，能够集成于建筑性能模拟平台，并提供易操作与理解的预测模型程序，上述因素是使用者行为预测模型建构方法选择的重点。

值得注意的是，多数使用者开窗行为研究中所获得的行为模型仅用于预测开窗行为发生概率，不能够链接常用建筑性能模拟平台。使用者行为模型和建筑性能模拟平台的无缝集成有助于量化使用者行为对建筑的影响，提高建筑环境和能耗性能预测的准确性，以及将建筑性能模拟技术付诸建筑设计实践。

使用者行为模型链接建筑性能模拟软件的方法还待进一步的探索和研究[42]。常见仿真引擎模拟环境具有不友好的界面，并需要编程知识和特定代码验证程序以结合自定义行为模型，从而加剧了既有建筑性能模拟中使用者行为模型的差异。IEA-EBC 项目附件 66 项目报告[15]中比较了具体工程和仿真模拟领域八个最具代表性的项目，指出目前性能模拟中的使用者行为模型集成实现方法是直接选定或设置性能模拟参数（报告中八个项目案例研究均为此类型），修改或编译用户功能模块或自定义代码（EnergyPlus、DOE-2 和 IDA），内置 OB 模型（DeST 与 ESP-r）和使用者行为协同仿真 obFMU（EnergyPlus 与 ESP-r）。

部分软件可通过修改其模块程序，实现用户在建筑性能模拟软件的自控功能，如 EnergyPlus 中的能源管理系统这一高级控制方法[126]。目前这种方法仅有少数软件提供，并需对程序编写有较高程度的认知。此方法主要采用假设法，即在模拟工具中将使用者分为几种典型类型，进而得到不同类型行为的模型结果。D'Oca 等[124]认为，使用者行为是在同一气候区相同结构、相同采暖制冷系统建筑内部性能出现差异的驱动因素。他们分类了使用者的行为，在采暖和制冷温控行为、在室情况、采光控制行为等方面也将使用者分为节约、标准和浪费三个组别，从而将使用者行为的差异融入仿真模拟中。

另一些研究基于真实的测量数据或统计为基础，建构行为模式模型，并链接建筑性能模拟软件。例如，Hoes 等[12]以开窗数据为基础，基于常用建筑性能模拟软件 EnergyPlus，定义开窗、自然通风、混合模式、换气四种模式，并对不同气候区的模拟结果进行交叉比较，将不同使用者行为的模式与建筑性能模拟程序相结合。

上述方法能够对应静态的行为预测模型，采用使用者行为日程程序与行为配置文件等，简洁有效地进行使用者行为预测模型的集成。此方法可以应用于常用建筑性能模拟软件，如 EnergyPlus、IDA ICE、ESP-r、TRNSYS 和 DOE-2 等，上述软件大多只提供单一的配置文件。通常在建筑性能模拟平台中，未设置使用者开窗行为的行为配置文件，模拟时采用使用者在室情况时刻表代替开窗行为分布变化输入数据。

依据 IEA-EBC 项目附件 66 项目报告[15]，常用的建筑性能模拟软件的使用者行为输入方式差异性较大，这些模拟平台分别通过独立的变量和度量标准开发。洪天真在多篇研究中指出，在建筑性能模拟中始终缺乏标准化方法来表达使用者行为模型[128-131]，并与清华大学燕达等合作开发了使用者行为与在室模式的标准配置文件，开发了一套新的使用者行为建模工具，以捕捉行为在建筑中的多样性、随机性和复杂性，提出了使用者用能行为定量描述的扩展标识语言架构（obXML Schema）[132]，建立了 obXML 模式，完成了使用者用能行为模块的 obXML 接口开发[133]，用于规范行为建模的表达和平台交换[130]，并进一步形成了 obFMU 模块化软件组件，以功能模块单元表现使用者行为[129]。模拟工具 XML 模式（obXML），尝试提供不同建筑性能模拟平台以及各类行为的标准化表示，如可对接 EnergyPlus 的 obFMU，其基于马尔可夫链的使用者在室情况应用程序，能够预测使用者在建筑中出现与移动的随机过程[134]。有学者以办公建筑中使用者的空调行为为例，讨论了建筑中人行为模拟的重复模拟和时间步长[135]，开发了“建筑用能人行为模拟模块”，并将其集成于 DeST 软件系统[136]。通过详细的使用者行为模型建构和案例研究，其他研究者创建了可反映使用者多样性和复杂性的使用者行为协同模拟仿真，集成于建筑性能模拟程序中[137]。

简便易行与复杂的行为模型建构及集成方法的优势和劣势是行为研究中始终不断讨论的热点话题。以上研究方法都为建筑使用者行为研究向模块化、标准化、集成化发展提供了支持，均能够在一定程度上优化建筑性能模拟计算精度，但如何在建筑设计过程中提供设计者易操作、实用性强的开窗行为预测模型或协同仿真方法，平衡行为模型的多样性与可实施性，仍需进一步研究与探讨。使用者行为预测模型能够集成于建筑性能模拟平台，是研究建筑中使用者行为的应用目标。行为研究获得的行为预测模型应能够辅助建筑设计者在日常设计中应用。

使用者开窗行为模型建构方法选择需依据应用性、平衡性与标准化原则，依据行为预测模型的应用需求，平衡复杂性与应用性，情景化选择模型建构方法。本研究提出在行为预测模型建构的基础上进行标准化表达，从而为不同的建筑性能模拟平台提供可供参考的行为配置文件或行为预测模型架构，增加使用者开窗行为预测模型的应用能力。

1.2.4 国内外研究趋向

国际能源署研究指出使用者行为的数据采集、行为机理解析和预测模型建构是行为研究中的三个关键问题，表明跨学科、地域性研究是获得更完善的行为发生机理与建构预测模型的必要选择。

既有研究的数据采集对象类型受限，多以单人或双人规模的办公空间为数据采集对象，缺乏对不同规模、类型的办公空间使用者开窗行为的比较研究。由于主观数据采集难度较大，既有研究多采集物理参数等客观数据，且主要集中在室内外空气温度。办公空间使用者开窗行为的数据采集研究应拓展数据采集的对象类型，并向多学科因素交叉、多采集方法交互的趋向发展。结合主观和客观测量方法的数据采集方案，能够获得更全面、详实的数据。

在使用者开窗行为机理研究方面，基于不同气候条件下的行为发生机理，在数据源差异性的影响下，异中有同，具有一定的共识性。依据既有研究，使用者开窗行为机理可自上而下分为内在因素和外在因素促动机理，开窗行为的影响因素可自下而上划分为地点、时间和使用者三方面因素。既有研究认为，影响办公空间使用者开窗行为的主要因素为室内外空气温度、使用者工作作息、季节和行为习惯。既有研究较少关注建筑环境、使用者主观感受等因素，而探究上述因素是更好地剖析使用者开窗行为发生机理的基础[138]。

在使用者行为预测模型建构方面，建构方法包括统计分析法、随机过程建模法、代理人基建模法和数据挖掘建模法四类，其中统计分析法是使用者开窗行为的主要建构方法。近年来，少数研究人员通过数据挖掘方法建构使用者开窗行为模式模型，是行为研究发展的新方向。

使用者开窗行为预测模型与建筑性能模拟软件的链接和集成仍具有较大难度。目前，多数行为模型仅能够预测行为的发生概率，不能够链接常用建筑性能模拟软件，行为研究成果缺乏应用性。如何提供易操作的行为预测模型集成方法，将预测模型应用于建筑性能模拟平台，是使用者行为研究的难点之一。

在地域性方面，环境和气候等背景因素影响使用者开窗行为机理与行为模式。既有建筑性能模拟平台中的使用者行为程序没有针对地域性，对办公空间使用者开窗行为进行模块划分，既有使用者行为协同仿真技术仍无法覆盖不同地域和气候条件的行为变化。我国既有研究中，尚缺乏针对寒地办公空间使用者开窗行为的研究。为建立可广泛应用的使用者行为标准，增加行为研究在建筑性能模拟平台中的可应用性，仍需建构多地区、多文化、多气候背景下的行为预测模型，并攻克行为预测模型在建筑性能模拟平台中的应用难题。

依据上述基本理论研究、相关方法与技术的特征和研究发展趋向，办公空间使用者开窗行为研究中，应依循地域化、多学科因素交叉、多采集方法交互的发展趋向，拓展数据采集对象类型，界定办公空间使用者开窗行为机理研究范围，采用多种行为机理解析方法，基于应用性、平衡性和标准化原则，提出办公空间使用者开窗行为预测模型建构与应用方法。

1.3 使用者行为规律及热性能模拟研究范围、内容与方法

1.3.1 研究范围

本书从以下四个方面进行研究范围的界定：

（1）适用地域的界定。隶属同一气候区的城市，其全年物理环境具有较大的相似性。本书以寒地办公空间使用者开窗行为为研究对象，选取哈尔滨市为寒地代表

城市，研究寒地办公空间使用者开窗行为机理，建构寒地办公空间使用者开窗行为预测模型，为行为研究制定标准，拓展寒地办公空间使用者开窗行为研究成果。

（2）使用者行为的界定。建筑能耗和环境性能相关的使用者行为包括办公空间使用者开窗行为、照明行为、遮阳行为、空调使用和使用者作息。

本书在哈尔滨市96栋办公建筑、557名使用者中开展寒地建筑及使用者基本信息调查，统计结果表明，约74.3%的办公建筑为自然通风办公空间，没有使用空调制冷，89.6%的集中供热办公空间不可控制其供暖设备开关，且无温控控件，92.3%的办公空间没有遮阳设备或有遮阳设备但几乎不使用。

办公空间使用者开窗行为的变化改变了室内空气温度和空气质量，是改善室内热环境的基本方法。建筑性能模拟平台中使用者开窗行为程序的不精准，会导致室内热环境、建筑采暖和制冷能耗的模拟结果与实际有较大差异。这一结果在住宅和办公建筑的研究中均已被证实[10-12]。

本书以办公空间使用者开窗行为为研究对象，得出寒地办公空间使用者开窗行为机理与预测模型，对制冷温控调节、空调设备使用等其他行为的基本概况进行分析。在寒地办公空间及其使用者基本特征调查中，主要对使用者开窗行为、遮阳行为、采暖与制冷温控控制、空调与风扇的使用情况进行调查。在寒地办公空间使用者舒适度及其开窗行为调查中，追踪不同室内环境评价所对应的使用者开窗行为、空调和风扇设备的使用情况，并对室内外物理环境、使用者开窗行为实时变化和使用者在室情况进行长期的数据追踪。探究不同类型的办公空间使用者开窗行为机理，并从时间、空间和机理等多维度建构适用于我国寒地办公空间使用者开窗行为预测模型。

（3）建筑空间的界定。通常在使用者行为研究中，通过办公空间使用者人数对办公空间规模进行划分，即单人、双人和多人办公空间等。依据寒地办公空间特征，本书建筑空间类型界定为不同规模的单元式和开放式办公空间。

在寒地办公空间使用者开窗行为数据采集中，依据抽样调查原理，计算办公空间及使用者基本特征调查的样本量。在自愿参加长期调查和实测的办公建筑数量、实验设备数量等客观条件受限的条件下，依据办公空间及使用者基本特征调查结果，在志愿者中选取5个规模的10个办公空间作为数据采集对象。为降低其他因素影响，尽量选择同一办公建筑中的多个办公空间进行研究。

（4）建筑窗口的界定。建筑中的窗口类型包括矩形窗、幕墙、落地窗、圆形窗、半圆形窗、天窗、高窗和异形窗等。依据本书寒地办公空间及使用者基本特征调查结果，矩形窗占82.9%。从调查的样本选择维度，按照抽样调查相关理论和公式计算，调查样本可代表总体。又依据建筑性能模拟平台中使用者开窗行为的模拟计算与建筑窗口的形状无关，不同形状的窗口均依据矩形计算。因此，在办公空间使用者舒适度及开窗行为调查中，调查对象的办公空间窗口均选为矩形窗。

窗口的开启类型包括推拉式、平开式、上下悬式和平开加上下悬式。依据寒地办公空间及使用者基本特征调查结果，平开窗占 84.5%。窗口的开启方式影响开窗的角度。在既有建筑性能模拟平台中，对建筑空间的能耗和热环境模拟时，没有开窗角度或窗口开启方式的控件或模块。开窗角度主要影响建筑室内通风环境，不影响建筑内部温湿度和能耗的模拟结果。因此，本书对办公建筑中高概率占比的矩形窗窗口的开启与关闭进行实测，能够通过样本反映总体，且满足建筑性能模拟的窗口设置需求。

1.3.2 研究内容

本书立足于寒地气候特征，从建筑学、计算机科学和心理学等多学科交叉视角开展寒地办公空间使用者开窗行为研究。以长期主客观数据为基础，以统计分析和数据挖掘技术等方法为主要分析手段，结合理论分析与实证分析，解析寒地办公空间使用者开窗行为发生机理，建构寒地办公空间使用者开窗行为预测模型，将行为研究应用于建筑性能模拟平台，研发可链接常用建筑性能模拟软件的行为预测模型程序，并提出应用策略。研究结果可有效提升办公空间室内空气温度等环境性能模拟预测精度。本书研究内容主要包括以下六个方面：

（1）办公空间使用者开窗行为研究趋向。依据国际能源署提出的使用者行为研究的科学框架，从使用者开窗行为的数据采集、行为机理和预测模型三个方面展开研究现状解析，从而阐明使用者开窗行为研究的发展趋向，得出办公空间使用者开窗行为研究在界定研究范围、制定数据采集和行为机理方案、选择行为预测模型建构方法等方面的研究重点与原则。

（2）寒地办公空间使用者开窗行为研究的地域化特征。深入解析严寒地区物理环境特征和办公空间特征，基于心理学理论进行理论分析，阐明物理环境特征对使用者感觉控制和知觉控制的影响、空间环境特征对使用者知觉控制和需要的影响，从而得出办公空间使用者开窗行为研究的地域化特征，并解析地域化特征对办公空间使用者开窗行为研究方案的影响。

（3）寒地办公空间使用者开窗行为数据采集与分析。制定主客观结合的数据采集方案，提出数据采集流程，明确数据采集对象。结合寒地办公空间及使用者基本特征调查和办公空间使用者舒适度及开窗行为调查，采用主客观数据采集方法，采集办公空间使用者开窗行为及其相关数据。开展横向与纵向两阶段调查，横向调查为纵向调查的样本选择和内容设计提供依据，纵向调查侧重追踪使用者对环境的主观感受与评价、各类行为状态的实时变化。结合横向与纵向调查结果，集成寒地办公空间的建筑空间因素、使用者心理和生理因素、使用者行为信息，为行为研究提供全面、详实的数据。

（4）寒地办公空间使用者开窗行为机理。依据国际能源署行为研究框架、寒地办公空间使用者开窗行为的地域性特征和办公空间及使用者基本特征调查结果，提出行为机理解析方案，界定行为机理解析范围、确定行为机理解析方法，采用相关性分析、逻辑回归分析和决策树分析，从建筑空间和物理环境因素、时间因素、使用者心理和生理因素多方面进行实证分析，结合理论分析结果，得出寒地办公空间使用者开窗行为机理。在传统室内外空气温度影响参数的基础上，加入使用者热环境、空气质量和声环境感受与评价、性别与年龄等心理和生理的主观因素，更为全面地分析寒地办公空间使用者开窗行为作用机理。

（5）寒地办公空间使用者开窗行为预测模型建构。在办公空间使用者开窗行为机理研究结果的基础上，运用聚类分析和关联规则分析等数据挖掘技术，得出办公空间使用者开窗行为规律，从时间维度、空间维度和机理维度得出寒地办公空间使用者开窗行为预测模型架构，研发可链接常用建筑性能模拟平台的办公空间使用者开窗行为预测模型配置文件与程序，并提出应用策略。

（6）寒地办公空间使用者开窗行为预测模型验证。采用模拟验证法提出办公空间使用者开窗行为预测模型验证方案。通过模拟计算验证模拟平台中所建构的办公空间模拟模型的可靠性，解析未修正的既有行为程序的模拟结果与实际性能表现的差异。将办公空间使用者开窗行为预测模型程序、建筑性能模拟平台既有行为程序的模拟值与实测值进行对比，验证寒地办公空间使用者开窗行为预测模型的有效性。

1.3.3　研究方法

本书综合运用文献归纳与案例分析法、横纵向调研法、现场实测法、统计分析法、数据挖掘技术和模拟验证法，各个方法在本书中的具体应用如下：

（1）文献归纳与案例分析法。本书应用文献归纳与案例分析法对办公空间使用者开窗行为研究的发展趋向进行分析，并揭示在办公空间使用者开窗行为数据采集、行为机理解析、行为预测模型建构等多个关键问题的研究进展、不足和待研究的难点问题。基于既有研究，从心理学层面上分析寒地办公空间使用者开窗行为的地域化特征及其对研究方案的影响。

（2）横纵向调研法。寒地办公空间及使用者基本特征调查为横向调查，采集办公空间、使用者及其行为基本特征数据。寒地办公空间使用者舒适度及开窗行为调查为纵向调查，长期追踪使用者对所在办公环境的主观感受及此感受下的各类行为状态，从而获得各个季度、不同类型办公空间使用者心理和生理数据等。本书将横向拓展与纵向延伸相结合，寒地办公空间及使用者基本特征的横向调查使后续寒地办公空间使用者舒适度及开窗行为的纵向调查有据可依，保证了后续调查方案的合理性和调查对象的典型性。

（3）现场实测法。采用红外线测距仪对调查办公空间的形态、空间设计参数进行测量，采用气象站和物理环境感应器等实测设备对全年室内外物理环境参数进行记录，通过行为状态变化记录器记录办公空间使用者开窗行为、使用者工作作息等，获得连续的使用者行为数据。依据 ASHRAE 55-2013 标准和《民用建筑室内热湿环境评价标准》（GB/T 50785—2012）的安装要求，着重对实测设备水平与垂直方向的布点进行设计，从而保证实测数据采集的合理性和准确性。

（4）统计分析法。结合相关性分析与逻辑回归分析，解析影响使用者开窗行为的因素及各种因素预测行为发生概率的预测能力。通过 Lambda 系数、tau-y 系数、点二列相关系数和优势比等多种统计系数解析影响因素对开窗行为发生概率的促动作用，得出办公空间使用者开窗行为作用机理。还采用非参数检验等方法对行为数据进行非正态分布数据的差异性检验。

（5）数据挖掘技术。将数据挖掘技术应用于数据采集获得的集成数据，挖掘寒地办公空间使用者开窗行为的作用机理和分布规律。采用决策树分析进行实证分析，得出物理环境因素、建筑空间因素、使用者心理和生理等因素与办公空间使用者开窗行为的关系。采用聚类分析解析办公空间使用者开窗行为规律，划分时间维度的行为类别。采用关联规则分析，结合时间维度、空间维度和机理维度，建构寒地办公空间使用者开窗行为预测模型。此开窗行为预测模型所提供的行为配置文件可解决行为模型无法链接常用建筑性能模拟软件的难题。

（6）模拟验证法。通过模拟验证法，对研究所得使用者开窗行为预测模型的有效性进行检验。在多种规模与类型办公空间中，将行为预测模型程序与软件平台既有行为程序计算得到的室内空气温度模拟值与实测值对比，进行实例检验，并解析行为预测模型程序对寒地办公空间室内空气温度模拟结果的优化作用。

第2章　寒地办公空间使用者行为规律的地域性特征

本章以开窗行为为代表对寒地办公空间使用者行为的地域性特征进行理论分析，通过分析寒地物理环境特征和办公空间特征对使用者感觉、知觉和需要的影响，阐明办公空间使用者开窗行为发生的心理过程，完善使用者开窗行为理论。本章还将解析物理环境特征和办公空间特征对寒地办公空间使用者开窗行为研究方案的影响，为制定办公空间使用者开窗行为研究方案提供理论基础。

2.1　寒地物理环境特征

以严寒地区为例，依据《民用建筑热工设计规范》（GB 50176—2016），我国建筑热工设计分区对严寒地区划分的主要指标是最冷月的最低温度低于或等于−10℃[139]。严寒地区主要分布在黑龙江省、吉林省、辽宁省、内蒙古自治区、新疆维吾尔自治区北部和西藏自治区北部等。严寒地区包括三个子分区[140]，其划分指标为采暖度日数，即室外逐日平均温度低于室内温度基数的度数之和。从严寒地区三个子气候区中选择示例城市，包括黑龙江省哈尔滨市和齐齐哈尔市、吉林省长春市、辽宁省沈阳市、内蒙古自治区满洲里市和新疆维吾尔自治区阿勒泰市。以 1981～2010 年的气象数据为数据源[141]，对严寒地区的季节性差异特征、供暖期与制冷期特征进行解析，得出严寒地区物理环境特征。

2.1.1　季节性差异特征

严寒地区的示例城市具有类似的月均空气温度分布趋势，均为钟形曲线分布（图 2-1）。1 月的月均空气温度最低，7 月的月均空气温度最高。过渡季节，即春季和秋季，其月均空气温度十分接近。严寒地区城市月均空气温差示例如图 2-2 所示。季节间的温度变化特征为：冬季与过渡季节间温度变化较大，月均空气温差多高于10℃，其他季节间的温差较小。在春季、夏季和秋季，月均空气温度在 0～25℃变化。月均空气温度最高的沈阳，其 1 月与 7 月的空气温差达 35.8℃。月均空气温度最低的满洲里，其 1 月与 7 月的空气温差达 43.5℃。单一季节内的温度变化特征为：夏季的月均空气温度变化较小，冬季的月均空气温度变化较大。在夏季，空气温度变化的跨度仅为 2.4℃，各个月份间的空气温差均低于 2.5℃；在冬季，空气温度变化的跨度可达 25℃，但 12 月和 1 月间的空气温差很小，多低于 3.3℃。

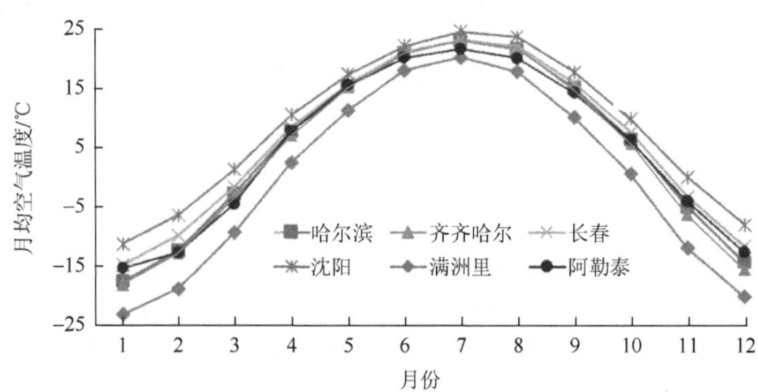

图 2-1　严寒地区城市月均空气温度示例

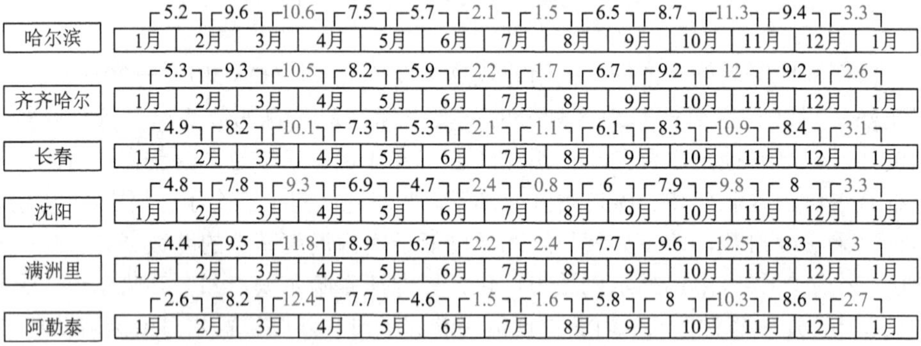

城市	1月—2月	2月—3月	3月—4月	4月—5月	5月—6月	6月—7月	7月—8月	8月—9月	9月—10月	10月—11月	11月—12月	12月—1月
哈尔滨	5.2	9.6	10.6	7.5	5.7	2.1	1.5	6.5	8.7	11.3	9.4	3.3
齐齐哈尔	5.3	9.3	10.5	8.2	5.9	2.2	1.7	6.7	9.2	12	9.2	2.6
长春	4.9	8.2	10.1	7.3	5.3	2.1	1.1	6.1	8.3	10.9	8.4	3.1
沈阳	4.8	7.8	9.3	6.9	4.7	2.4	0.8	6	7.9	9.8	8	3.3
满洲里	4.4	9.5	11.8	8.9	6.7	2.2	2.4	7.7	9.6	12.5	8.3	3
阿勒泰	2.6	8.2	12.4	7.7	4.6	1.5	1.6	5.8	8	10.3	8.6	2.7

图 2-2　严寒地区城市月均空气温差示例（单位：℃）（扫封底二维码可见彩图）

严寒地区城市月均空气相对湿度示例如图 2-3 所示。各个城市的月均空气相对湿度在 40%～80%。东北部各个城市的月均空气相对湿度具有类似的分布趋势，其季节性波动明显。春季最为干燥，夏季和冬季相对湿润。与东北部各个城市相比，位于西北部的阿勒泰在夏季时月均空气相对湿度较低，在其他季节时与东北部城市类似。

这一结果与《建筑气候区划标准》（GB 50178—1993）一致[142]，在建筑气候区划分中，严寒地区中的第Ⅰ建筑气候区包括黑龙江省全境、吉林省全境、辽宁省部分地区、内蒙古自治区部分地区等我国东北部地区，严寒地区中的第Ⅶ建筑气候区包括新疆维吾尔自治区北部等我国西北部地区。第Ⅰ建筑气候区城市的室外物理环境相对湿润，第Ⅶ建筑气候区城市的室外物理环境相对干燥。

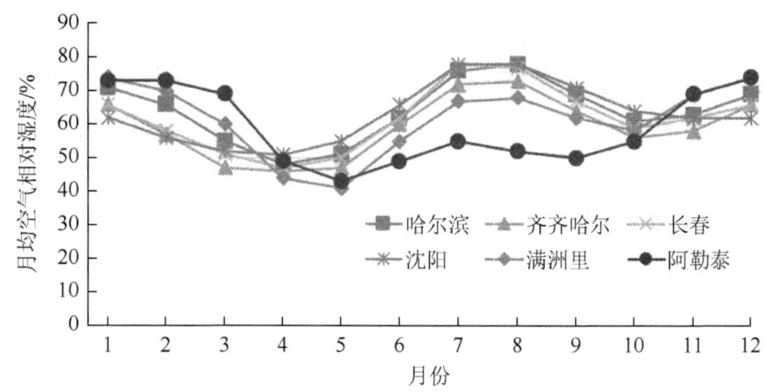

图 2-3　严寒地区城市月均空气相对湿度示例

严寒地区具有冬季漫长而寒冷，春季、夏季和秋季相对短暂的特点。由上述分析可知，与其他地区相比，严寒地区室外物理环境的季节性差异明显。从季节间的温差来看，冬季与其他季节之间的月均空气温差大，春季、夏季和秋季三个季节间的月均空气温差相对较小；从季节内的温差来看，在夏季的 6～8 月及冬季的 12 月和 1 月，月份间的月均空气温差较小。在相对湿度方面，严寒地区的东北部城市在夏季和冬季空气相对湿度相对较高，西北部城市在冬季空气相对湿度较低。春季与秋季的空气温度类似，但与秋季相比，春季的月均空气相对湿度较低，略为干燥。

2.1.2　供暖期与制冷期特征

严寒地区城市供暖期和供暖延长期如图 2-4 所示。各个示例城市的供暖期较长，一般为 5～6 个月。在供暖期前后，通常有 10 天的供暖延长期。在供暖期，

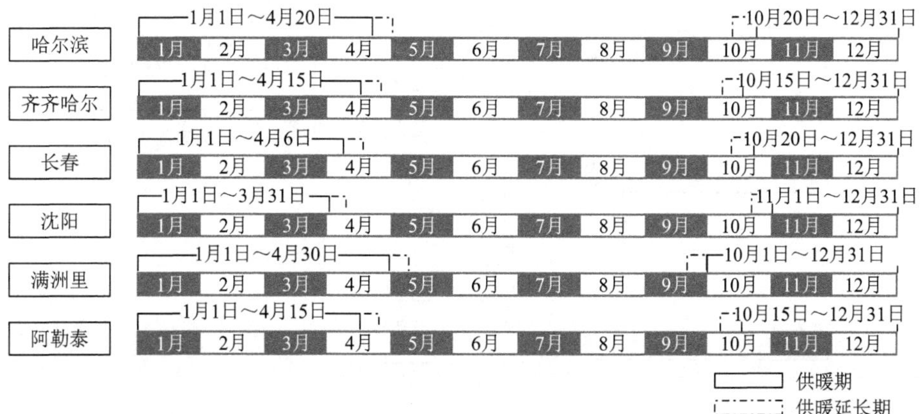

图 2-4　严寒地区城市供暖期和供暖延长期

示例城市的月均空气温度为–23.2～7.9℃，月均空气相对湿度为44%～74%。属于第Ⅰ建筑气候区的示例城市夏季7月的月均空气温度低于25℃，属于第Ⅶ建筑气候区的示例城市夏季月均空气温度更低，可达20℃。严寒地区城市多不具有显著的制冷期。

在严寒地区，供暖期与制冷期的特征主要包括供暖期漫长、制冷期不显著，供暖期的室外空气温度低、室内物理环境恒定且干燥等。在供暖初期和末期，供暖程度较低。

2.2 寒地办公空间特征

寒地办公建筑的保温设计是其建筑设计的重点。《民用建筑热工设计规范》（GB 50176—2016）指出，寒地建筑需充分满足建筑的保温需求，可不进行建筑的防热处理[139]。在寒地办公建筑设计中，多通过控制体形系数和窗墙比等方法降低建筑的耗热量，从而达到提升建筑保温效果、减少供暖期能耗的目的。本小节解析寒地办公建筑的空间构成与组织及办公建筑中办公空间的类型和特征，阐明在不同类型的办公空间中使用者的心理特征。

2.2.1 办公建筑空间构成与组织模式特征

办公建筑空间构成如图2-5所示。办公建筑的核心空间主要包括办公空间和公共服务空间等，辅助空间主要包括公共交通空间和附属空间等[143]。办公空间主

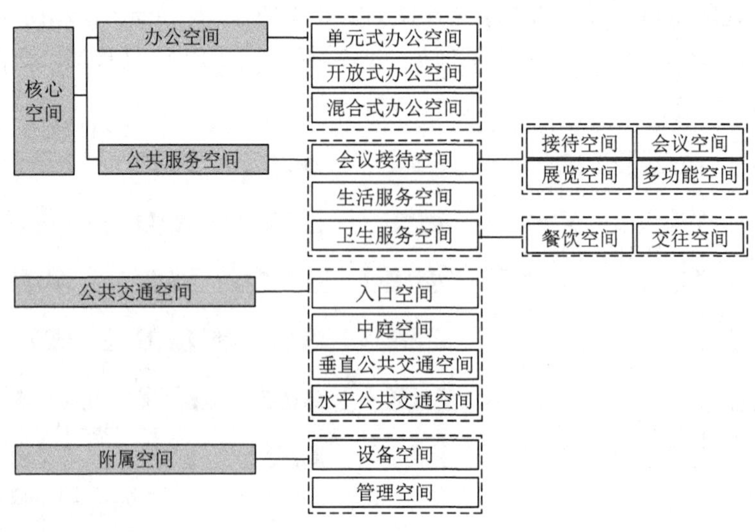

图2-5 办公建筑空间构成

要包括单元式办公空间、开放式办公空间和混合式办公空间等，公共服务空间主要包括会议接待空间、生活服务空间和卫生服务空间等，公共交通空间主要包括入口空间、中庭空间、水平公共交通空间和垂直公共交通空间等。

办公空间是办公建筑中的主要空间，其使用者在室密度、在室时间占比最高，具有一定的静态特性。办公建筑中的公共服务空间和公共交通空间具有显著的动态属性，使用者在这些空间短暂停留或通过。

办公建筑主要从平面和剖面两个维度，通过核心空间、辅助空间和水平与垂直公共交通空间组织各个空间。由于严寒地区的保温设计需求，办公建筑的建筑形态、建筑立面多较为简洁。严寒地区办公建筑的相关研究依据大量的实地调研，指出了严寒地区办公建筑的主要设计特征[144-146]。在建筑形态方面，建筑形体简洁、少见凹凸变化的建筑体块；在建筑结构方面，多采用钢混框架结构等；在建筑空间方面，多为完整形态的平面或剖面形态，多采用带状或点状的水平公共交通空间，多为 I 型或 L 型的垂直公共交通空间，多为单元式或开放式的办公空间类型，多采用 I 型或 U 型的平面辅助空间等。总结上述研究，得出严寒地区办公建筑各个空间构成部分空间组织的常见基本模式，如图 2-6 所示。

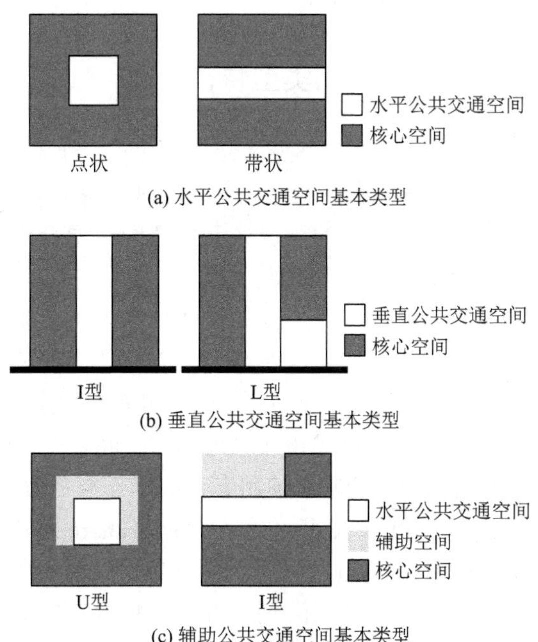

图 2-6　严寒地区办公建筑空间组织的基本模式

在严寒地区，因室外物理环境条件和建筑形态的限制，办公建筑多为各个空间构成部分的基本类型。通常在办公建筑空间组织中，除上述空间的基本模式外，还会出现衍生模式。例如，水平和垂直公共交通空间会衍生出偏心、边界和角部等类型，如图 2-7 所示。上述基本空间的组织和联系，组成了严寒地区办公建筑的空间结构。

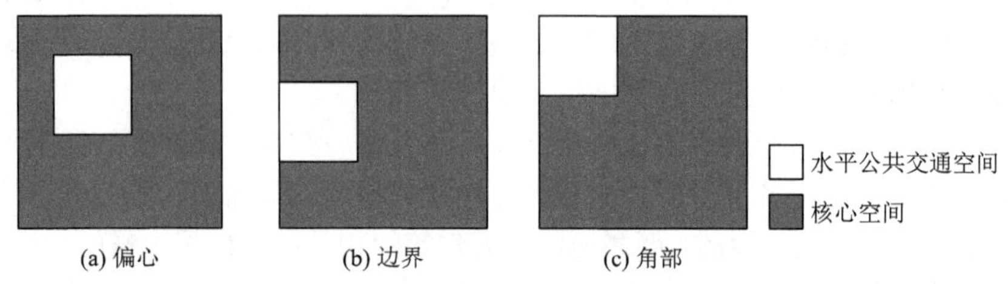

图 2-7 严寒地区办公建筑水平公共交通空间的衍生模式

在既有研究中，研究者通过横向调查[146]，得出了超过 50%的办公建筑是以单元式办公空间为核心空间，通过带状水平公共交通空间、I 型垂直公共交通空间将其组织、联系的办公建筑空间类型；以开放式办公空间为核心空间，通过点状水平公共交通空间、I 型垂直公共交通空间将其组织、联系的办公建筑空间类型约占各类办公建筑空间组织的 25%。

2.2.2 单元式与开放式办公空间类型特征

在办公建筑设计中，办公空间类型主要分为单元式、开放式和混合式三类[143]，如图 2-8 所示。单元式办公空间是指使用者人数为单人或双人的封闭式办公空间，开放式办公空间是指多人共同工作的开放式办公空间，混合式办公空间是指单元式办公空间和开放式办公空间的混合式组合空间。

使用者在多数情况下，仅在自身所处的空间控制窗口状态的变化，使用者的开窗行为受到空间界限的影响。因此，对混合式办公空间的使用者开窗行为进行研究时，将其拆解为单元式和开放式办公空间分别解析。图 2-9 为寒地办公建筑办公空间示例，其办公空间为单元式和开放式办公空间。

在使用者开窗行为研究中，通常以使用者人数来分类办公空间的类型和规模，按照单人办公空间（private office）、双人办公空间（shared-private office）和开放式办公空间（open plan office）的划分进行分组研究。在解析数据时，基于行为的空间隔离特征和既有研究对办公空间的划分方式，将办公空间划分为单元式和开放式两种类型。

单元式办公空间是寒地最为常见的办公空间类型[146]，其空间具有环境私密性、封闭性和使用者行为的自主性。单元式办公空间可配备独立的休息空间或卫生服务空间，但其实质仍为独立的办公空间。单元式办公空间的人均办公空间面

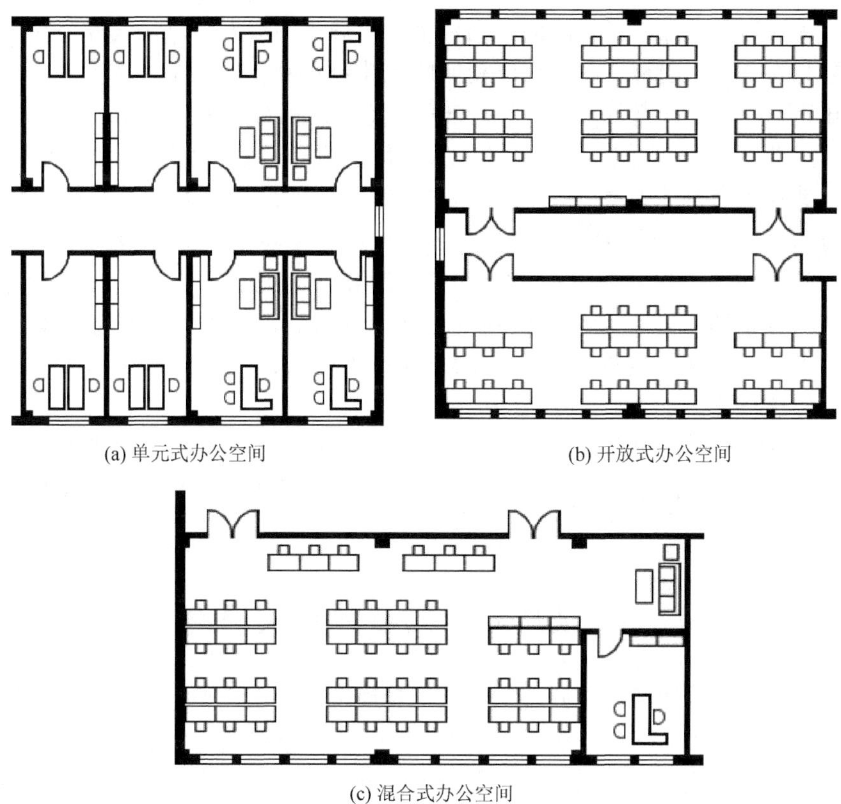

(a) 单元式办公空间　　(b) 开放式办公空间

(c) 混合式办公空间

图 2-8　单元式、开放式和混合式办公空间示例

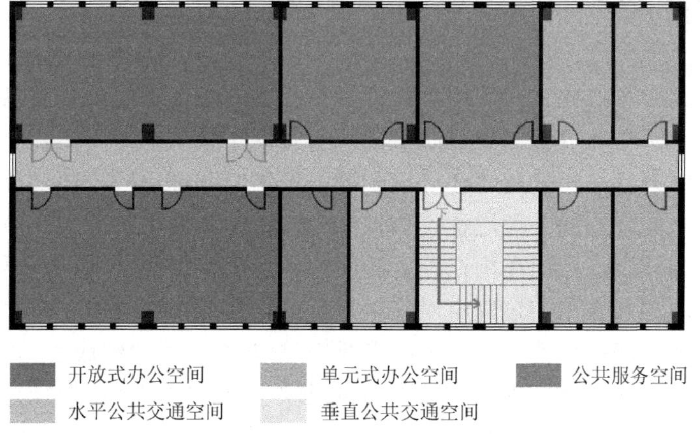

图 2-9　寒地办公建筑办公空间示例（扫封底二维码可见彩图）

积较大，其使用者能够不考虑他人的影响，自由控制办公空间的建筑窗口、照明设备和制冷设备等。在仅有单人办公的单元式办公空间中，其使用者具有更多的

私密性和行为自主性。在封闭的空间环境下，规模为双人的单元式办公空间使用者有更多的交流，通常更易表现出利他性和社会交换性等特征。

开放式办公空间起源于 20 世纪 50 年代[57]，相对于单元式办公空间的封闭性，其主要特征是开放性。开放式办公空间宽敞、视线开阔，办公桌椅的密度较高，其使用者的人均办公面积较小、私密性较低。由于办公空间内的群体工作环境和开阔的空间环境，开放式办公空间的使用者多不具有双人单元式办公空间的私密交流环境，其使用者之间的沟通和交流更公开化。开放式办公空间使用者的行为和人际关系更易受到群体环境的影响，受到群体情感支配、群体规范压力、从众压力的影响，表现出个体个性压抑、意识消失和群体意识、意见的替代等特征。

除上述特征外，单元式和开放式办公空间使用者均受到单位管理的限制。在多数情况下，均需遵从群体规范的要求，包括稳定的工作作息时间和高效的工作效率等。

2.3 使用者行为心理相关理论

基于感知或过往经验，办公空间使用者通过有意识或无意识的行为控制建筑环境，以满足其实际舒适需求或心理需求[60]。国际能源署将影响使用者行为的因素自下而上分为地点、时间和使用者因素。既有研究多认为使用者开窗行为的主要影响因素是室内外空气温度和使用者工作作息，分别对应热舒适促动机理和行为习惯促动机理。可以看出使用者的开窗行为与使用者自身和使用者所处的空间、时间因素紧密相关。使用者在外部环境和内在自我因素的促动下，产生开窗行为的变化。

既有研究中与办公空间使用者开窗行为相关的心理学理论主要包括感觉控制理论、知觉控制理论和需要理论[147]，前两者强调了采用自然科学客观方法研究行为。感觉控制理论是指使用者在环境刺激下产生的即刻反应过程，在外部因素的影响下直接产生行为的心理过程。知觉控制理论是指使用者受到环境刺激，形成内在的经验与认识，从而在内在因素的影响下形成习惯性行为。需要理论是指在人与客观环境相互作用的过程中对某种目标的内在渴求或欲望，产生了自然性需要（生理需要）和社会性需要（社会需要），这些内在需要组成了其行为的动机。感觉控制理论、知觉控制理论和需要理论反映了办公空间使用者行为发生的心理过程的不同侧面。

依据感觉控制理论，办公空间使用者在外部因素的促动下直接产生开窗行为；依据知觉控制理论和需要理论，办公空间使用者在内部因素的促动下产生开窗行为，如图 2-10 所示。

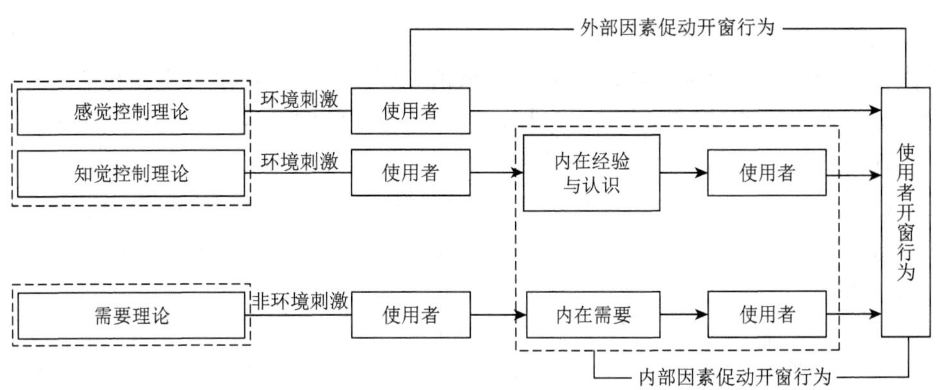

图 2-10　基于感觉控制理论、知觉控制理论和需要理论的办公空间使用者开窗行为内外部因素促动机理

基于上述理论，对办公空间使用者开窗行为发生的心理过程进行解析，易于更深入地阐明在复杂的室内环境中，个体和群体的交互作用关系及交互作用关系对行为的影响[148]。

2.3.1　感觉控制理论

感觉是人的感官系统对外界环境的觉察并编码的最初过程，是对事物个别属性的反馈[149]。感觉控制过程是人体的一种基础反馈过程，具有直接、立即的特征，具体过程如图 2-11 所示。

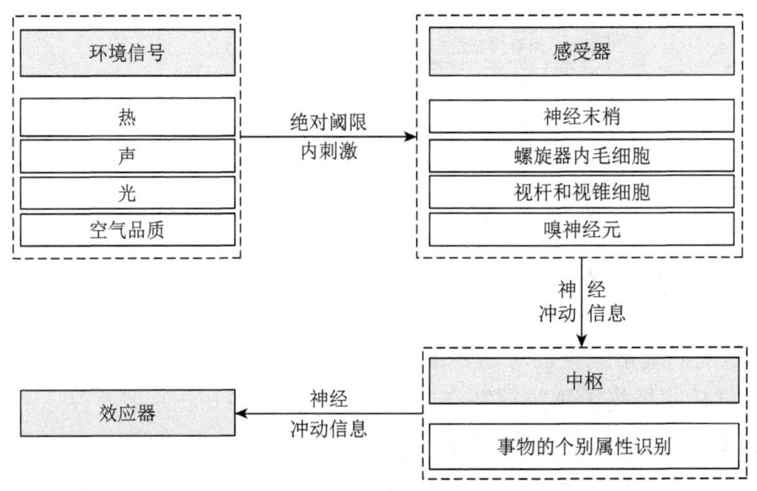

图 2-11　感觉控制过程

人的感官系统接收到环境信号，当信号在绝对阈限范围内时，信号刺激作用于人的感受器，将相应的冲动传入神经末梢。环境信号包括热、声和光信号等多种类型，所对应的感受器为神经末梢、螺旋器内毛细胞及视杆和视锥细胞等。感受器作为传导作用的换能器，通过跨膜信号转换等把信号的刺激转换为跨膜电变化。感受器将刺激所包含的变化信息转换至新的动作电位序列之中进行编码，产生神经冲动信息，作用于中枢系统，对事物的个别属性进行识别，进而通过神经冲动，反馈于运动神经，最终作用于效应器而产生行为。

在使用者行为研究中，Nicol 和 Humphreys[64]提出了适应性行为理论，其主要内容是使用者如果因环境变化感觉到不适，往往通过行为变化以恢复他们的舒适性，适应性行为过程为感觉控制过程。

热适应性行为是适应性行为中的一种常见类型。以热适应性行为为例，阐述感觉控制行为的变化过程，如图 2-12 所示。在热觉和冷觉的作用下，皮肤和黏膜的外周温度感受器（包括温觉感受器和冷觉感受器）将温度变化传递给中枢，在中枢进行热觉与冷觉的信号接收，并在下丘脑进行温度调节。当信号刺激偏离下丘脑的温度调定点时，进一步刺激效应器的变化，从而产生调整内部发热率、调整人体热损失率、改变热环境和选择不同的热环境等动作行为。这个过程为反馈效应，直至热感觉不再偏离温度调定点[150]。

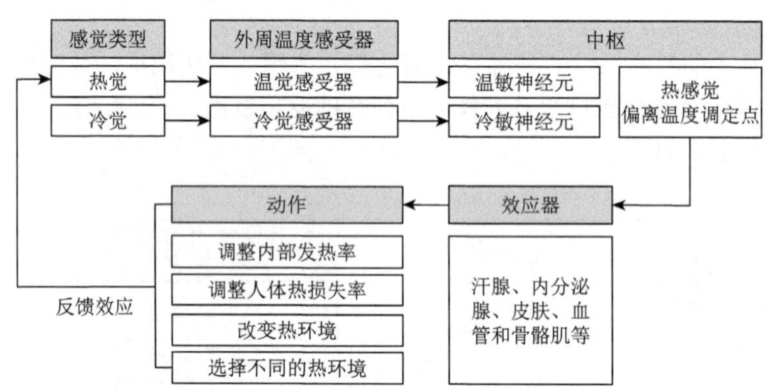

图 2-12　热适应性行为的感觉控制行为过程

2.3.2　知觉控制理论

知觉是人们基于既往的环境、语义和关系等，产生记忆和经验的心理过程结果[149]。知觉控制可先于感觉控制产生，使用者已经由知觉控制产生了行为，往往却没有意识到知觉过程的发生[151]。

知觉控制行为的过程分为 11 个层级：强度、感觉、配置、转换、事件、关系、类别、序列、程序、原则和系统，如图 2-13 所示。每个层级都是由感知输入、比较器、行为输出、控制、参考和干扰变量构成的控制子系统。人们对于外部世界的认知通过知觉的逐级控制来构建。

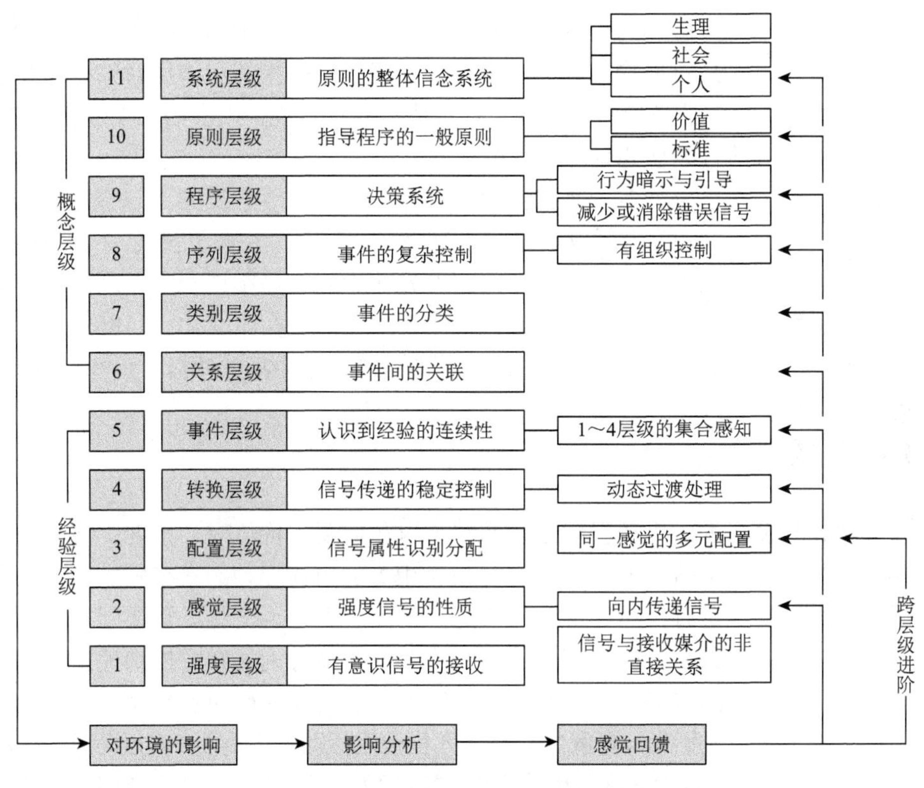

图 2-13　知觉控制理论 11 层级模型的分层反馈图解

知觉控制过程的 11 个层级分为两个层级类别来组织人体系统，从物理现实的“经验层级”发展到主观现实的“概念层级”。经验层级包括强度、感觉、配置、转换、事件五个层级，通过人体内部的信息传导，构成了一个外部环境的模拟模型。在这一阶段，当强度层级的信号具有高强度刺激时，可不经过感觉层级，越级进入配置层级。概念层级包括关系、类别、序列、程序、原则、系统六个层级，不再构建外部环境模型，进入主观控制体系。第 6～8 层级将事件进行联系、分类和排序，形成对外部刺激的描述。在程序层级进行决策，通过价值和标准等原则，对程序的决策进行修改和评估。在系统层级将原则聚合，进一步修改原则和程序层级的决策。层次结构中的低级别是高级别设置的引用值。

通常情况下，人体自动启动已编程的知觉控制过程产生行为，且不产生有意识的感知。只有当一个变量的控制是有组织的，需要在层级之间进行选择，或者对该控制变量的感知和既有参考值之间产生不一致时，意识才会出现。知觉控制行为不是基于外部刺激引起直接反应的行为控制过程，而是在经验和概念两个层级影响下的反馈行为。

知觉具有选择性、整体性、理解性和恒常性。选择性是指在环境或场景中，人们往往只选择自身敏感的信号产生知觉控制。整体性是指知觉控制过程不对事物的个别属性，而是对事物的整体产生感知。理解性是指经验作用对知觉控制过程的重要影响。恒常性是指即使外部条件产生一定的改变，人们的认知保持不变，因知觉控制形成的行为模式也保持不变。

感觉与知觉都是外界客观事物作用于人体所产生的感官反应。与感觉的直接反馈控制过程不同，知觉对感官的过程进行组织、整合，并赋予含义[152]，形成对事物、环境事件和场景的认识。两者间的差异在于知觉控制过程中，刺激信号与人体直接接触信号的接收媒介间并无直接关系，不产生实质变化。引起使用者开窗行为变化的是感觉控制、知觉控制，或感觉与知觉的同时作用。

2.3.3 需要理论

使用者开窗行为的内在促动因素通常与内在需要、价值观、态度、责任和优先事项等相关[153]。通常态度、责任等与信念相关的内在促动因素在知觉控制的原则层级和系统层级进行组织、综合和筛选，从而产生行为变化。需要则是办公空间使用者因自身对某目标的渴望或欲望而改变其开窗行为。知觉控制理论和需要理论阐明了在内在因素影响下，办公空间使用者发生开窗行为的心理过程。

需要理论是指人们为了自我生存和融入社会生活而产生需要，通过需要产生动机，动机产生行为，行为促进目标的实现。需要理论指出人的需要主要包括八个方面[154,155]：①生理需要，指人们对基本生存的需要；②安全需要，指秩序和社会安定等方面的需要；③爱和归属需要，如被接受度、情感的接收和给予等方面的需要；④自尊需要，即自我和获得他人尊重的需要；⑤认知需要，即对知识和环境等探索的需要；⑥审美需要；⑦自我实现需要，即对自我成长和发展的需要；⑧超越需要，指对超越自我价值观的需要，如对科学的追求或对他人与社会的付出。

需要理论中最重要的理论为马斯洛需要层次理论[156]，该理论指明人需要具有如下特征：第一，需要具有多个层次，各个层次可能同时出现，通常多个需要层次共同作用形成了行为的动机；第二，需要层次间可越级转换，多数情况下，低层次需要在一定程度被满足后向高层次进阶，但各个需要层次不是固化的单向进阶，而是可以在各层次间转换，或并不具有显著的需要层次划分；第三，需要具有优势等级，当人们具有特定动机时，某一层次的需要会优于其他层次[157]，需要的顺序可能受到外部环境或个体差异的影响。基于上述理论特征，办公空间使用者可具有生理、安全、爱和归属、自我实现等需要，使用者可因单一或多个需要而产生开窗行为的动机。在空间环境的影响下，办公空间使用者会对需要的优势等级进行调整，进而产生不同的开窗行为。

2.4　物理环境特征对行为规律的影响

本节依据寒地物理环境特征，解析季节性差异特征、供暖与制冷期特征对办公空间使用者的感觉和知觉控制行为的影响，并阐明寒地特殊的物理环境对办公空间使用者开窗行为及其研究方案的影响。

2.4.1　物理环境特征对感觉控制的影响

夏季和制冷期物理环境特征对办公空间使用者感觉控制行为的影响如图 2-14 所示。寒地夏季时间短暂，与其他建筑热工设计区相比，室外物理环境较为凉爽，但在极端天气时仍会产生短暂的高温现象。同时，由于寒地建筑设计注重保温，一般不考虑防热，在室外高温时，室内的空气温度也较高。在无制冷设备降温时，办公空间使用者受到热觉信号刺激，在感觉控制的作用下，将产生开启窗口、增加人体热损失率和增加临时制冷设备等行为。

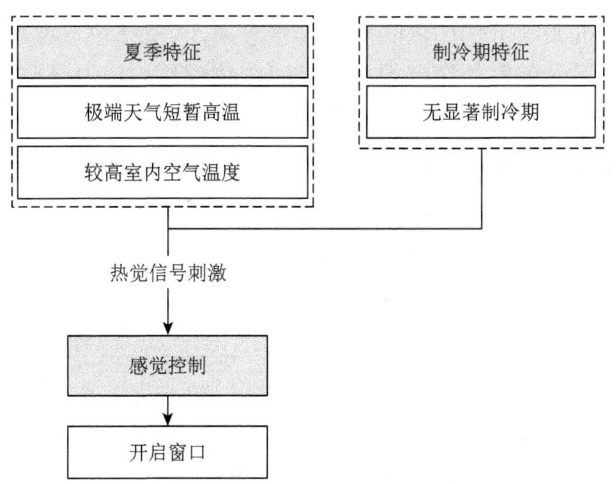

图 2-14　夏季和制冷期物理环境特征对办公空间使用者感觉控制行为的影响

冬季和供暖期物理环境特征对办公空间使用者感觉控制行为的影响如图 2-15 所示。在冬季，寒地室内外温差显著。在供暖期间，建筑内部的室内空气温度基本恒定，办公空间使用者多无法调节空间内部温度。当室内空气温度较高时，使用者在热觉信号刺激下，经由感觉控制开启窗口。由于室内外温差较大，在开启窗口后，使用者将迅速在冷觉信号的刺激下，经由感觉控制产生关窗行为，表现出短暂的开窗时长。当恒定的室内空气温度在办公空间使用者的舒适温度范围内时，使用者不受外界环境信号刺激，保持窗口的关闭状态。当室内空气温度较低时，办公空间使用者在冷觉信号的刺激下不会开启窗口。

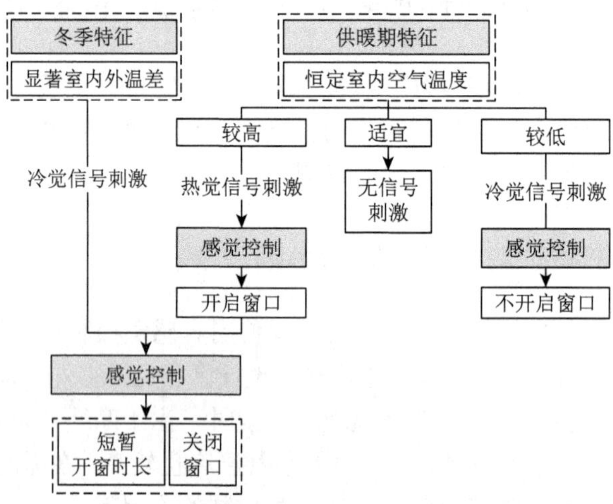

图 2-15　冬季和供暖期物理环境特征对办公空间使用者感觉控制行为的影响

过渡季节和供暖期物理环境特征对办公空间使用者感觉控制行为的影响如图 2-16 所示。过渡季节包括供暖期和非供暖期，其室外空气温度变化范围较大。在春季供暖期，上升的室外空气温度影响室内物理环境，办公空间使用者通常会受到热觉信号刺激，从而在感觉控制的影响下开启窗口。在供暖期结束后，室外环境适宜，办公空间使用者不会受到热觉或冷觉的信号刺激，不会发生开窗行为。

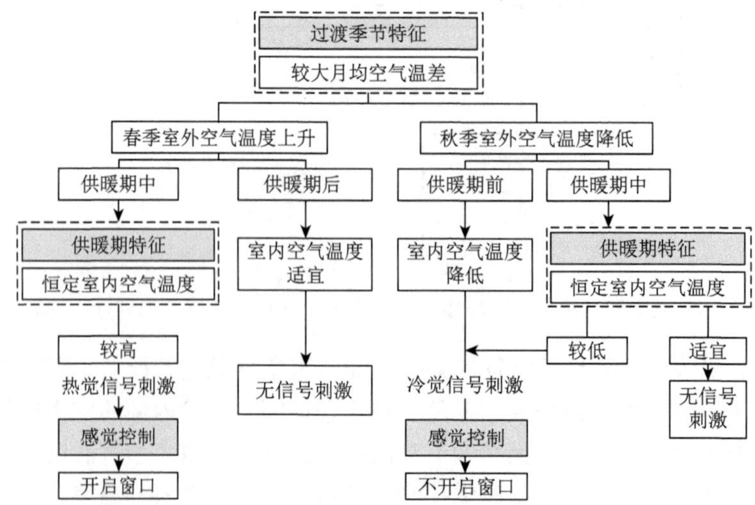

图 2-16　过渡季节和供暖期物理环境特征对办公空间使用者感觉控制行为的影响

在秋季，室内空气温度随室外物理环境的变化而下降，在供暖期开始前，办公空间使用者受到冷觉信号刺激，在感觉控制下不会开启窗口。在供暖期开始后，由于室外空气温度较低、供暖初期供暖程度不高，室内的空气温度通常较低，此时办公空间使用者仍受到冷觉信号刺激或无信号刺激，产生相应的感觉控制过程，不会开启窗口。

2.4.2　物理环境特征对知觉控制的影响

物理环境特征对办公空间使用者知觉控制行为的影响如图 2-17 所示。室外物理环境的季节性差异特征，易使办公空间使用者在实际物理环境变化前受到知觉控制经验层级的影响，在自身内部因素的促动下产生行为变化，表现出固有的行为模式。由于冬季供暖，办公空间使用者不会受到室外环境的冷觉信号刺激，此时办公空间使用者虽有健康需求、空气质量需要等，但受到内在经验影响，认为室外空气温度过低，从而不产生开窗行为。夏季周期内，月均室外空气温度波动较小。当进入夏季时，办公空间使用者在受到热觉信号刺激前，即因知觉控制开启窗口，并可受夏季高温的经验认知，表现出连续开窗的行为模式。

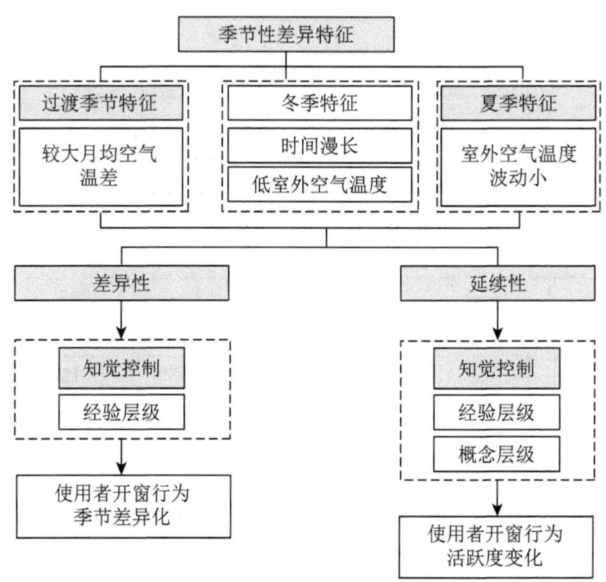

图 2-17　物理环境特征对办公空间使用者知觉控制行为的影响

办公空间使用者的知觉控制行为受到季节间的延续性影响。在知觉控制过程中，办公空间使用者不仅通过经验层级进行事件判断，还通过概念层级联系、分类和排序季节间的延续性特征，从而判断其行为状态是否需要改变。虽然过渡季节具有类似的物理环境特征，由冬季进入春季时，办公空间使用者受到室外空气温度将会上升的知觉印象影响，产生较为活跃的开窗行为变化。而由夏季进入秋季时，办公空间使用者具有寒冷将至的知觉印象，与春季相比，其开窗行为的活跃度大大降低。

2.4.3 物理环境特征对行为研究方案的影响

物理环境特征对办公空间使用者开窗行为研究方案的影响如图 2-18 所示。供暖期特征主要影响办公空间使用者的感觉控制过程，季节性差异特征影响办公空间使用者的感觉和知觉控制过程。基于物理环境对办公空间使用者感觉控制的影响解析，在办公空间使用者开窗行为机理研究方案中，将季节因素、使用者热舒适评价因素加入解析因素范围内，并按照季节分组进行解析。预判其可能受热舒适的促动作用，形成适应性的开窗行为变化。基于物理环境对办公空间使用者知觉控制的影响解析，在季节性差异的影响下，在行为机理研究方案中也应将季节因素加入解析因素范围内，并按照季节分组进行解析。办公空间使用者开窗行为预测模型架构设计中也应加入季节维度。办公空间使用者开窗行为的季节性差异将影响行为预测模型架构的结果。

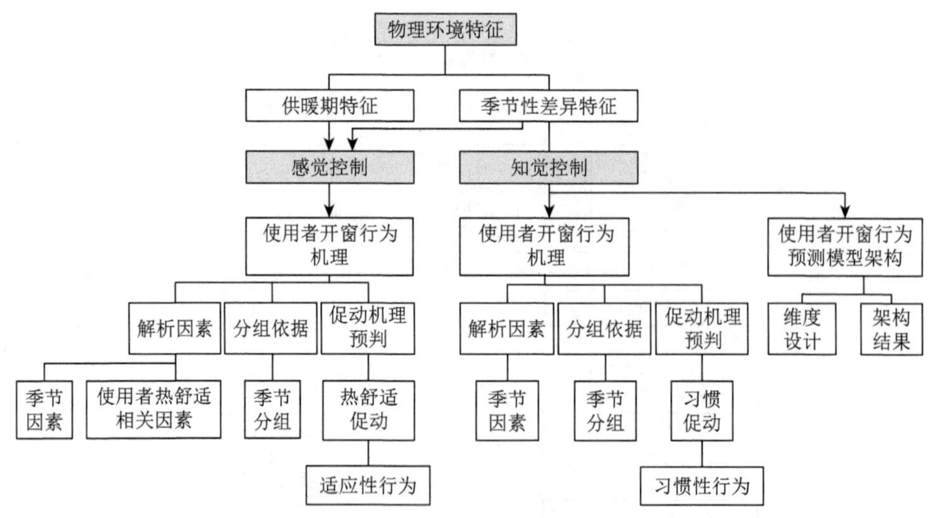

图 2-18　物理环境特征对办公空间使用者开窗行为研究方案的影响

2.5 办公空间特征对行为规律的影响

本节依据办公空间特征解析结果，分别阐述单元式和开放式办公空间中空间属性和群体环境对使用者内在需要和知觉控制行为的影响，阐明办公空间特征对寒地办公空间使用者开窗行为及其研究方案的影响。

2.5.1　办公空间特征对需要心理的影响

不同类型办公空间中的使用者均受到群体规范的管制。群体规范是指在群体中，个体共同接受的、限定行为和价值观等的标准体系[57]。群体规范形成群体规范压力，使群体中对群体规范具有不同意见的使用者也接受此标准体系。单元式办公空间和开放式办公空间中，影响使用者内在需要的群体规范压力主要包括工作作息和工作效率，如图 2-19 和图 2-20 所示。

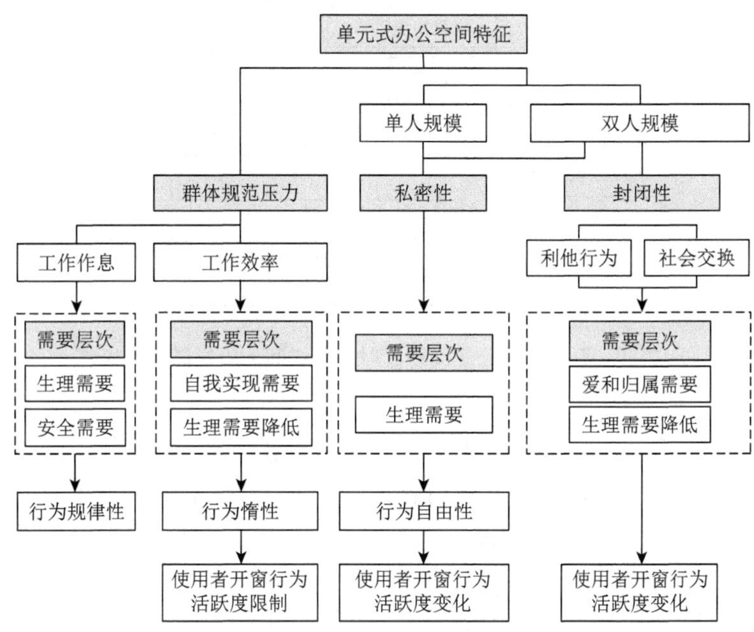

图 2-19　单元式办公空间特征对办公空间使用者需要的影响

通常情况下，办公空间使用者都需遵循单位管理要求的工作作息。办公空间使用者在到达空间时会在健康、空气品质期望等生理需要的影响下开启窗口，在离开空间时会基于安全需要关闭窗口，即表现出到达办公空间开窗、离开办公空间关窗的规律性行为，从而形成随工作作息变化的开窗行为分布。

群体规范压力的另一方面是来自工作效率。通常办公空间使用者需在固定的时间内完成定额的工作内容，部分使用者还会在自我实现需要的影响下提升自我的工作效率和工作质量，因而减少其他行为变化。在专注于工作时，办公空间使用者会对舒适度、环境品质等生理需要降低标准，从而形成惰性行为模式，办公空间使用者开窗行为变化的活跃度保持在较低水平。

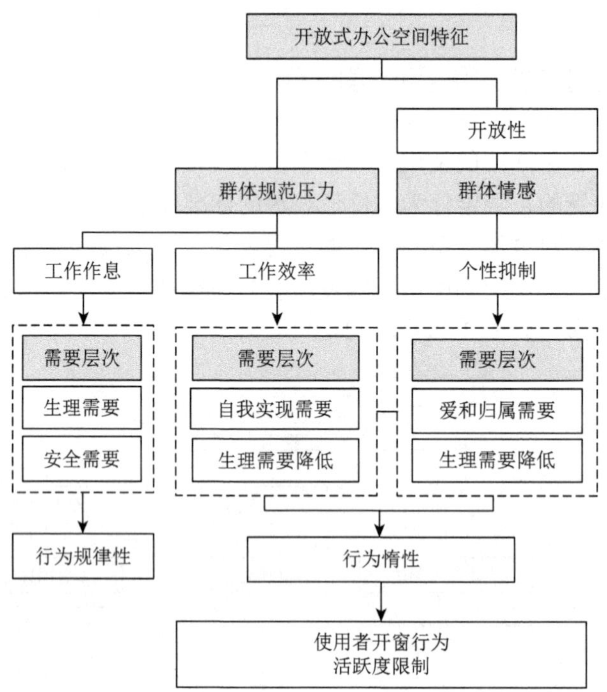

图 2-20　开放式办公空间特征对办公空间使用者需要的影响

除群体规范压力外，单元式办公空间为使用者提供了私密的工作环境，与开放式办公空间的群体环境不同，使用者无需询问，或仅需询问 1 人即可控制办公空间的窗口。在此空间特征影响下，办公空间使用者提升了对自身舒适水平和健康的需要，行为控制更为自由。

在规模为双人的单元式办公空间中，两个使用者的行为交互、情感交互更多，使用者可能受到利他行为和社会交换心理影响，内在情感需要提升，对自身的生理需要下降，其开窗行为模式服从于他人行为习惯。利他行为是在损耗或不损耗自我利益的情况下，以减少自我困扰或他人困扰为目标的助人行为。办公空间使用者在为对方考虑或减少自我交际烦恼的情感需要下，即使可能影响自我舒适度，也不改变空间中另一使用者的行为选择。利他行为类似于经济学中的获利与损失比概念，人们在社交过程中也通过最大化收获与社交付出比来取得较大的利益，办公空间使用者放弃窗口控制的主动权，试图获得更稳定的人际关系等收益。若两个使用者均产生了利他行为和社会交换心理[158]，还可能减少办公空间使用者开窗行为发生的频次，降低行为活跃度。

与单元式办公空间相比，开放式办公空间具有开放性特征，使用者在开放的空间中具有更多的群体交流机会，群体的组织化程度更为明显，在群体情感的压力下，个体的意识与意见被压抑，办公空间使用者对情感和归属的需要增加，对自我的生理需要降低，产生惰性的行为状态，导致使用者开窗行为活跃度较低。

2.5.2　办公空间特征对知觉控制的影响

办公空间使用者在空间特征影响下，经过知觉控制的经验层级和概念层级的综合作用，即办公空间使用者经过联系、分类和排序，并依据自我和社会的价值、标准等原则，控制办公空间窗口。

单元式和开放式办公空间中，办公空间使用者在工作作息群体规范压力的影响下，在到达或离开办公空间时改变窗口状态，如图 2-21 和图 2-22 所示。在这一过程循环发生后，办公空间使用者形成知觉印象，先于意识产生前，产生知觉控制过程，表现出规律性的行为模式。在工作效率群体规范压力的影响下，办公空间使用者产生惰性开窗行为。在知觉印象形成后，即使在没有受到工作效率要求的外部刺激下，办公空间使用者也会减少与工作无关的其他行为，形成惰性行为模式，从而导致办公空间使用者开窗行为活跃度较低。

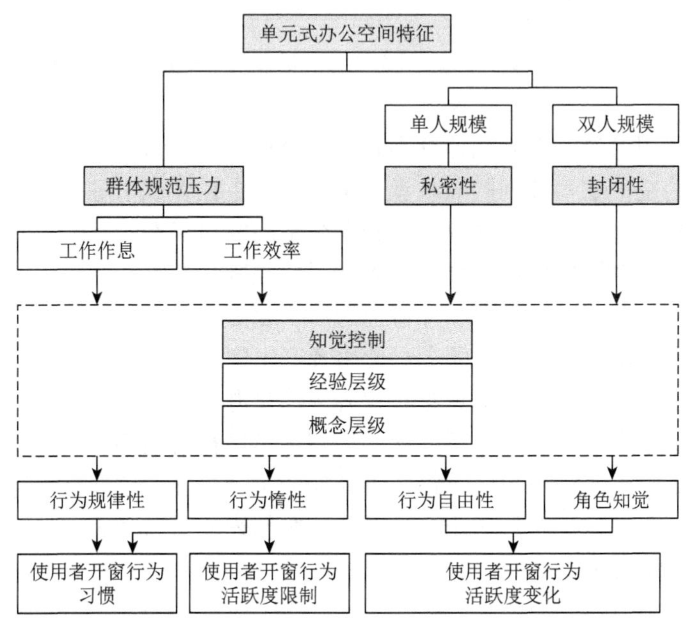

图 2-21　单元式办公空间特征对办公空间使用者知觉控制行为的影响

单元式办公空间的私密性，使其使用者具有较大的行为自由度，在知觉形成后，办公空间使用者会先于空间环境刺激产生行为变化。规模为双人的单元式办

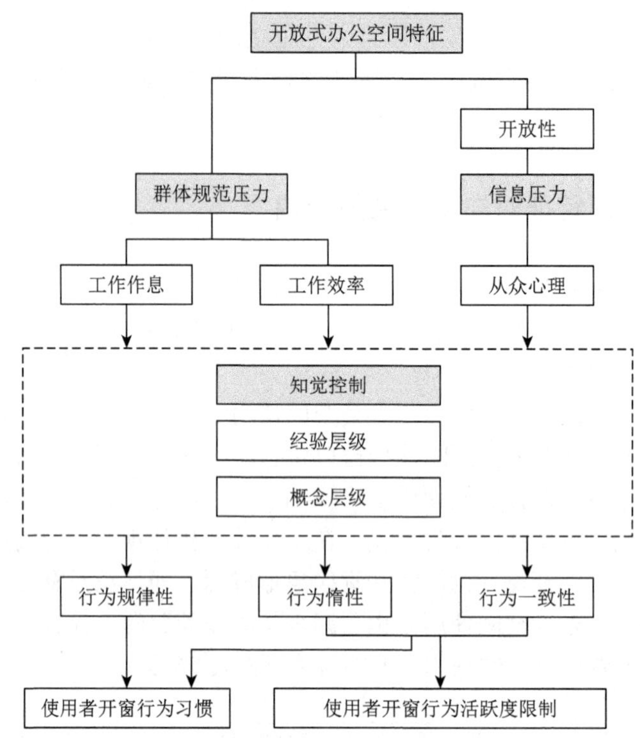

图 2-22　开放式办公空间特征对办公空间使用者知觉控制行为的影响

公空间中，使用者反复受到利他行为和社会交换心理的影响，形成空间中的角色知觉，即办公空间窗口控制的顺从者、干扰者、主控者或平等控制角色等。当办公空间行为控制不平等时，主控者控制办公空间窗口状态，不会产生窗口状态的频繁更替；而当办公空间内出现干扰者或平等控制角色时，会产生窗口状态的不断更替与转换，办公空间使用者开窗行为活跃度变高。

开放式办公空间的开放性还会对使用者产生信息压力[158]。信息压力是指人们在群体中会参照群体中他人的意见和行为等信息源，顺从于他人的行为。信息压力构成了开放式办公空间使用者从众心理的信息性社会基础。在从众心理的影响下，使用者的行为易表现出一致性，群体如同单一个体，体现出群体稳定的窗口使用习惯。在群体中的个体，不会反复改变空间内的窗口状态，从而降低了办公空间使用者开窗行为的活跃度。

2.5.3　办公空间特征对行为研究方案的影响

办公空间特征对办公空间使用者开窗行为研究方案的影响如图 2-23 所示。

在办公空间群体规范压力的影响下，办公空间使用者受到内在需要和知觉控制行为的作用，形成与时间维度相关的规律性行为或惰性行为。因而，在办公空间使用者开窗行为机理研究中，考虑使用者工作作息等时间因素。预判行为机理时，办公空间使用者在行为习惯的影响下产生习惯性开窗行为。依据采集的数据，证实了工作作息对开窗行为的影响，在办公空间使用者开窗行为预测模型架构中加入时间维度设计，并可依据工作作息进一步划分时间维度的层次。在后续实证分析中，若证实了寒地办公空间使用者开窗行为具有较强的规律性或行为惰性特征，则行为与影响因素之间无法形成函数形式的概率预测模型。预测模型建构方法的选择不采用传统的概率预测模型，而采用通过行为模式预测的模型。办公空间因其开放性所产生的群体情感压力和信息压力也对行为研究产生类似的影响。

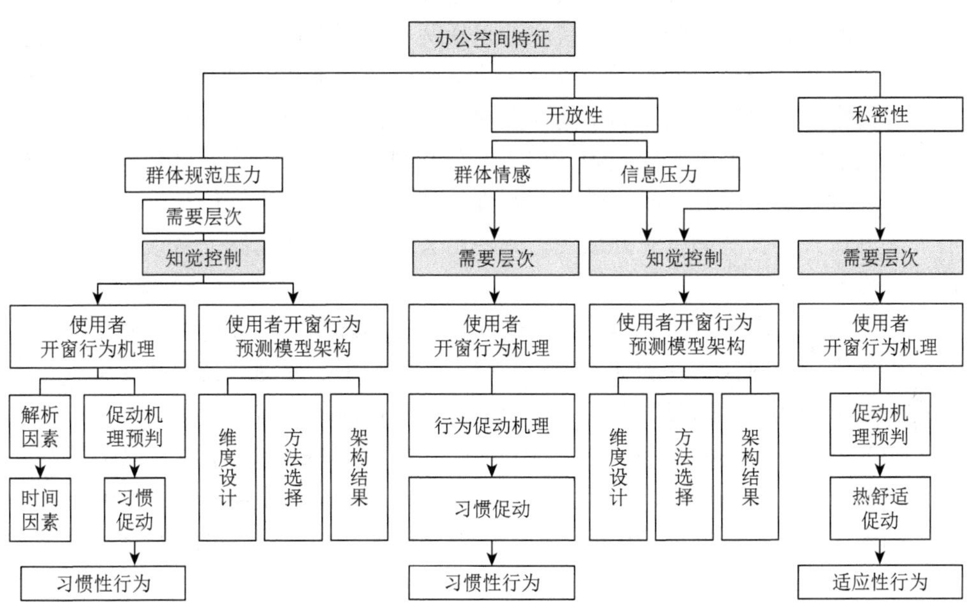

图 2-23　办公空间特征对办公空间使用者开窗行为研究方案的影响

由于单元式办公空间私密性和开放式办公空间开放性的影响，办公空间使用者开窗行为因空间类型不同而产生差异，因而在办公空间使用者开窗行为预测模型架构中应加入空间维度的设计。

在私密性较强的单元式办公空间中，随着办公空间使用者生理需要的增强，其可不受他人或群体的影响而自由改变窗口状态，此时预判办公空间使用者更易受热舒适促动而产生适应性行为。

2.6 本 章 小 结

本章基于理论层面的研究，得出了在物理环境和办公空间环境影响下使用者开窗行为的地域性特征，解析了地域性特征对寒地办公空间使用者开窗行为研究方案的影响。本章的主要结论如下：

（1）寒地物理环境的季节性差异显著，冬季漫长寒冷，冬季与其他季节之间的月均空气温差大。其他季节相对短暂，且季节间月均空气温差相对较小。过渡季节的空气温度类似但相对湿度不同。

寒地采暖期较长，无明确制冷期。采暖期内，室内外温差大。采暖期前后，室内空气温度相对较低。因供暖程度不同，可出现室内环境过热、过冷的现象。因无明确制冷期，夏季时室内空气温度普遍较高。

（2）寒地办公空间的典型模式主要包括两类，一类核心空间为单元式办公空间，水平公共交通空间为带状，垂直公共交通空间为 I 型；另一类核心空间为开放式办公空间，水平公共交通空间为点状，垂直公共交通空间为 I 型。

对核心空间而言，单元式和开放式办公空间使用者均受到群体规范压力的影响。单元式办公空间具有封闭性和私密性，其使用者易产生利他行为和社会交换心理。开放式办公空间具有开放性，其使用者易受到群体情感、从众心理、信息压力等影响。

（3）寒地物理环境特征影响办公空间使用者的感觉和知觉控制，办公空间特征影响使用者的内在需要和知觉控制。在上述影响下，寒地办公空间使用者开窗行为易在热舒适和行为习惯的促动下产生适应性行为和习惯性行为。

（4）依据行为的地域性特征，制定办公空间使用者开窗行为机理研究方案时，在解析因素范围中加入季节因素、使用者热舒适评价因素和时间因素。在办公空间使用者开窗行为预测模型架构的维度中增加时间和空间维度的设计层次。

第 3 章　寒地办公空间使用者行为数据采集与分析

本章采用实地调研、问卷调查和实测等数据采集方法，提出主客观结合的行为数据采集方案，建构使用者开窗行为及相关因素的数据集合。数据采集流程分为横向与纵向调查两个部分，通过横向调查获得办公空间使用者及其行为的基本特征。基于上述基本特征，选择纵向调查的样本，制定调查流程与内容。通过长期的问卷调查与实测，采集在不同办公空间中使用者热舒适感受、声舒适感受和空气质量评价等主观心理评价数据及对应的各类适应性行为数据，得到使用者舒适度与开窗行为的基本特征。

3.1　寒地办公空间使用者行为数据采集方案

本章依据既有研究的发展趋向和不足，基于理论分析结果，提出了办公空间使用者开窗行为数据采集方案。综合采用传感器实测等客观测量方法、问卷调查与访谈等主观测量方法，从客观、主观和主客观结合三方面采集寒地办公空间使用者及其开窗行为的相关数据（图 3-1）。数据采集方案的设计依循行为研究的发展趋向，即多学科因素交叉、多采集方法交互的地域性研究趋向，能够改善既有研究中主观数据缺失、问卷数据不连续等问题。第 2 章的理论分析结果也表明了办公空间使用者的主观心理因素影响开窗行为变化。因而，相较于既有研究，在数据采集方案中加入主观数据采集具有重要意义。

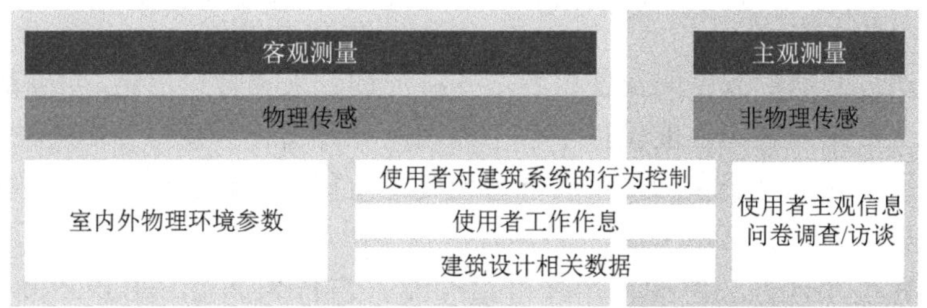

图 3-1　寒地办公空间使用者开窗行为数据采集方案

在客观因素方面，通过传感器实测设备，收集了办公空间的室内外物理环境数据。在主观因素方面，主要通过问卷调查与访谈，获得了使用者的年龄、性别和环境熟悉度等数据。数据类型包括使用者心理、生理要素和社会学属性。在主客观交互测量方面，通过结合问卷调查、实测和实地调研等，采集了办公空间使用者对建筑构件与系统的控制行为，如制冷和采暖设备的使用、开窗行为变化、工作作息，明确了建筑几何设计参数、建筑中的制冷与采暖设备的使用期限与控制特征等，得到了办公空间使用者开窗行为和工作作息的实时记录。实测数据与主观问卷数据互为验证和补充。

3.1.1 数据采集流程

数据采集流程分为两个部分，分别为寒地办公空间及使用者基本特征调查和寒地办公空间使用者舒适度及开窗行为调查，如图 3-2 所示。

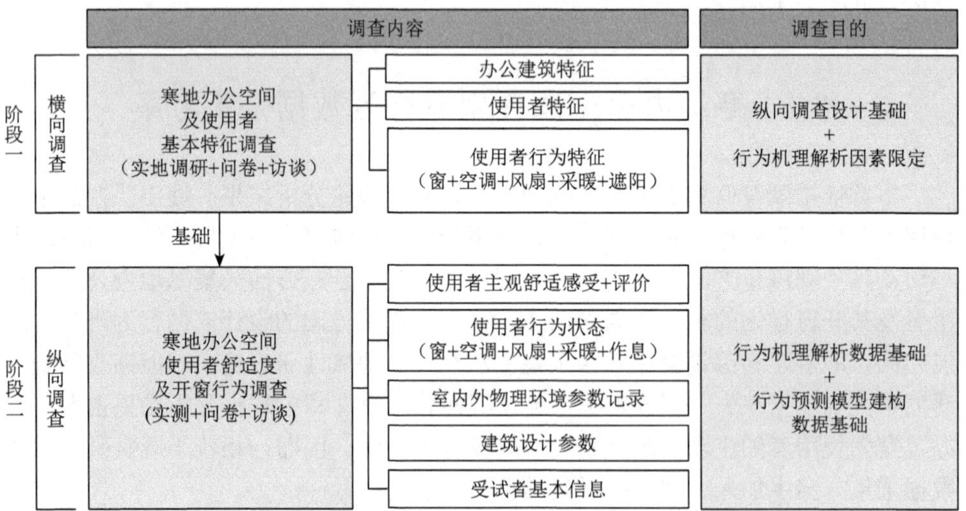

图 3-2　寒地办公空间使用者开窗行为数据采集流程

首先通过寒地办公空间及使用者基本特征调查采集背景信息，明确基本特征。在此基础上，结合建筑性能模拟平台中的使用者开窗行为模拟计算方法与控件设定要求，设计寒地办公空间使用者舒适度及开窗行为调查的数据采集流程，选择其数据采集对象。

然后通过寒地办公空间使用者舒适度及开窗行为调查，追踪不同类型办公空间中使用者的舒适感受与评价及行为状态的改变。同时，在各季节的典型月，通过实测设备连续记录室内外物理环境参数变化、使用者工作作息情况和使用者开窗行为变化。从主观与客观两方面记录建筑及其物理环境、使用者与使用者开窗行为信息。

寒地办公空间及使用者基本特征调查是横向调查，寒地办公空间使用者舒适度及开窗行为调查是纵向调查。横向调查是指在一个时间点进行数据采集，每一个数据采集对象仅参加一次调查。纵向调查是指在不同时间点进行数据采集，每一个数据采集对象反复参与调查。基于横向调查数据解析，得到了办公空间及其使用者的基本特征，为纵向调查的流程设计、样本选择及行为机理解析因素的筛选提供了依据。

寒地办公空间及使用者基本特征调查流程如图 3-3 所示。首先，对办公建筑朝向和所在街道走向等进行了实地调研。在实地调研的同时，征集愿意参加长期纵向调查的办公空间使用者，并进行问卷调查。问卷内容主要包括三个部分，即办公空间基本特征、使用者基本特征和使用者行为基本特征（附录 2）。通过专业软件"问卷星"平台制作问卷，使用常用社交软件微信平台发布问卷，随机抽取调研办公建筑中的使用者发送问卷。在正式调查开始前进行预调查，并对问卷的内容与发送方式等进行适当的调整，以保证调查能够顺利开展。对问卷进行再测信度检验，以保证问卷数据的有效性。

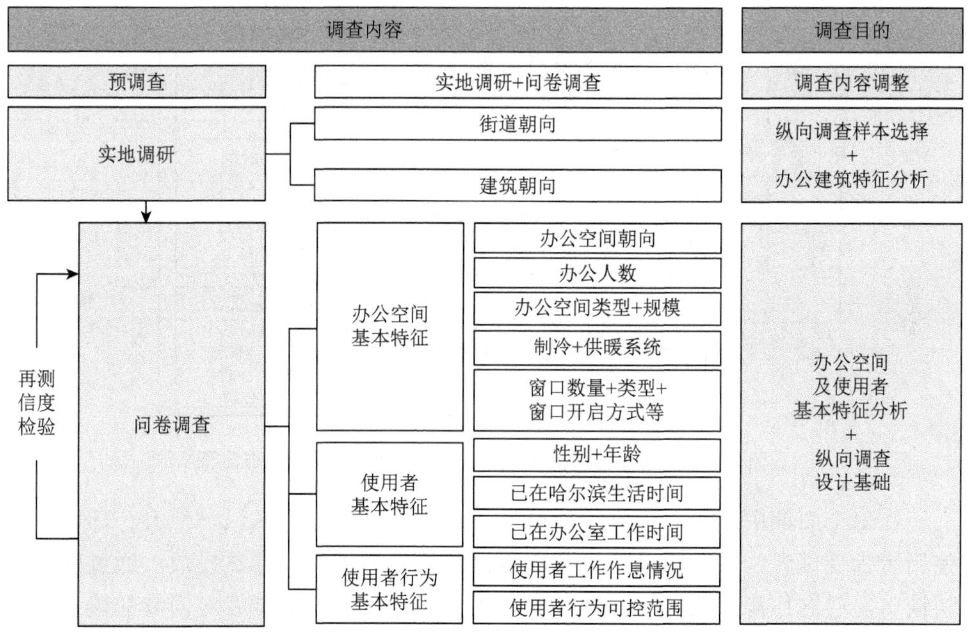

图 3-3　寒地办公空间及使用者基本特征调查流程

纵向问卷调查有多种类型，本章采用追踪式纵向问卷调查，即在一定时间内，对同一样本的反复问卷投放或数据测试。在各个阶段的调查中，问卷的受试者为相同人群，旨在追踪受试者沿时间轴线的特征变化。

在 2017 年夏季至 2018 年春季进行了问卷调查和实测，为期 12 个月。各个季节的实测分别在 4 月、7 月、9～10 月和 12～次年 1 月进行。从主观和客观两个角度追踪了各个季节中不同类型办公空间中的使用者对热环境、声环境和室内空气质量的主观感受与评价，以及室内外物理环境数据、使用者开窗行为和在室情况行为变化，为分析办公空间使用者与建筑的互动关系建构数据集。

寒地办公空间使用者舒适度及开窗行为调查流程如图 3-4 所示，共分为四个部分，分别为问卷预测试、初始问卷、日常问卷和最终问卷。在每个季节，均进行实测和问卷调查。

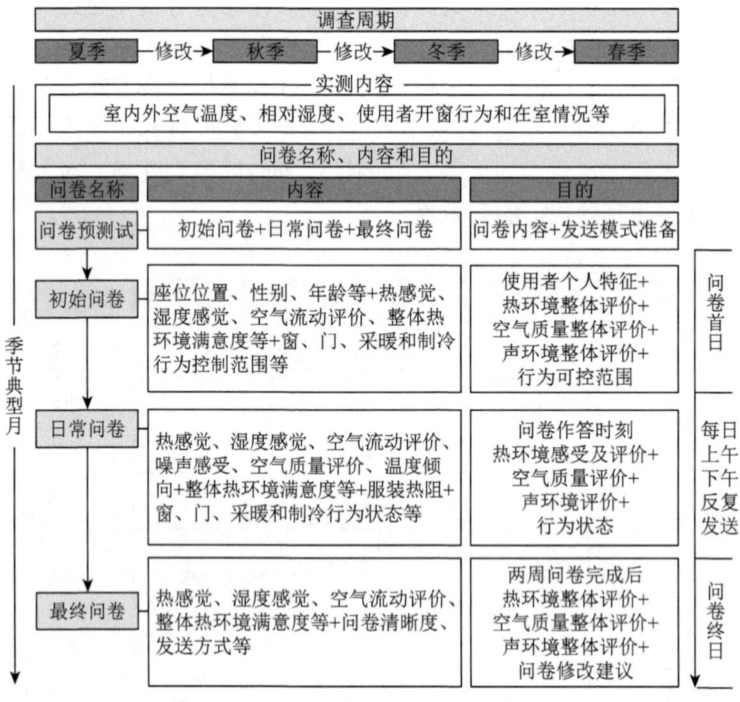

图 3-4　寒地办公空间使用者舒适度及开窗行为调查流程

在每个周期中，正式问卷投放前均进行预测试。预测试以类似办公环境下的使用者为受试者，按照问卷的完整流程进行为期一周的问卷试投放。通过受试者访谈、问卷的作答效果分析和问卷内容评价等方式获得受试者对问卷的建议，并进行适当的修改。在每个季度的预调查中，同时完成设备的调试与校正工作，如设备的安装位置调整和准确度检查等。

在正式问卷调查阶段，初始问卷旨在获得受试者背景信息、影响开窗行为因素的主观判断等。受试者的基本信息包括性别、年龄、在哈尔滨生活时间、已在办公室工作时间和座位位置等。影响开窗行为因素的主观判断包括室内外空气质量、室外噪声和室外景观需求等。

日常问卷连续记录了办公空间使用者对办公空间物理环境的感受和评价及对应的各个行为状态。问卷在每个季节典型月的工作日反复发送给受试者，发送时刻为每日上午 10 点和下午 3 点。既有研究中，纵向问卷多为早、中、晚三次。但依据横向调查结果，哈尔滨地区办公建筑中的使用者通常在午休时间不工作，因此问卷的投放时间避开此时段。问卷内容包括使用者在回答问卷时的热感觉、湿度感觉、空气流动评价、噪声感受、空气质量评价、温度倾向和整体热环境满意度等，还包括使用者着装的热阻水平、回答问卷时的行为状态，包括门、窗及采暖与制冷设备的使用情况。在问卷中，每个使用者还反馈了离其最近的建筑构件与设备的使用状态。纵向问卷中，舒适度投票的评价标准设定和服装热阻取值均参考 ASHRAE 55-2013 标准[51]和《民用建筑室内热湿环境评价标准》（GB/T 50785—2012）[159]。

最终问卷在正式问卷周期的最后一天进行，包括使用者调查期间对办公空间热环境、空气质量、声环境的整体评价，还包括问卷问题的清晰度、问卷发送方式、问卷单次耗时和整体耗时评价等内容。通过问卷和访谈，受试者可以给出具体建议，以便于更为合理地展开下一季度调查。

在调查中，采用的实测设备包括行为状态、物理环境参数和使用者在室情况记录器。实测设备选择和布点的具体内容如下：

（1）实测设备选择。采用 hobo U12-012 扩展式温湿度记录器记录室内的物理环境情况，hobo UX90-001m 状态记录器监测开关窗行为变化，hobo UX90-005m、hobo UX90-006m 状态记录器记录使用者工作作息情况（表 3-1）。位于哈尔滨市市区内的两个 E-log 气象站（临近调研办公建筑 E 和 F）记录了室外物理环境数据变化。

表 3-1　使用者行为实测设备概况

设备名称	测量精度	测量范围	测试目的	输出数据模式
hobo UX90-001m 状态记录器	—	—	开窗行为	开关窗机械变化次数
hobo UX90-005m 状态记录器	1s	≤5m	小规模空间使用者工作作息情况	使用者实时在室时间
hobo UX90-006m 状态记录器	1s	≤12m	大规模空间使用者工作作息情况	
hobo U12-012 扩展式温湿度记录器	温度：–20～70℃ 相对湿度：0%～95%	温度：±0.35℃ 相对湿度：±2.5%	室内空气温度 相对湿度	间隔 15min 室内空气温度（℃） 相对湿度（%）
E-log 气象站	温度：–30～70℃ 相对湿度：0%～100%	温度：±0.1℃ 相对湿度：±1.5%（5%～95%） ±2%（<5%，>95%）	室外空气温度 相对湿度	间隔 30min 室外空气温度（℃） 相对湿度（%）
Bosch GLM150 红外线测距仪	0.05～150m	1.0mm	建筑几何参数	距离测量（m）

（2）实测设备布点。设备布点基于两个标准的安装要求进行：一是 ASHRAE 55-2013 标准；二是《民用建筑室内热湿环境评价标准》（GB/T 50785—2012）。实测设备安装图如图 3-5 所示。

(a) hobo UX90-001m 状态记录器

(b) 镍铜导电布和设备导电端头

(c) hobo UX90-005m/hobo UX90-006m 状态记录器

(d) hobo U12-012 扩展式温湿度记录器

(e) Bosch GLM150 红外线测距仪

图 3-5　实测设备安装图

hobo U12-012 扩展式温湿度记录器的水平布点位置由实测办公空间面积而定。面积低于 16m^2 的办公空间，其水平布点位置为办公空间的中心点；面积为 16～30m^2 的办公空间，其水平布点位置为对角线二等分点；面积为 30～60m^2 的办公空间，其水平布点位置为对角线三等分点；面积大于 60m^2 的办公空间，其水平布点位置为对角线五等分点。各个布点保持与外墙及窗口水平直线距离 1m 以上，并避免太阳直射。

实测设备垂直布点示意图如图 3-6 所示，布点位置由受试者在办公空间内的长期静态姿态决定。因受试者在办公期间的状态为坐姿，通常选择 0.1m、0.6m 和 1.1m 为布点高度，当设备数量限制时，可以仅选择 0.6m 为布点高度。本次研究选择 0.6m 为布点高度。

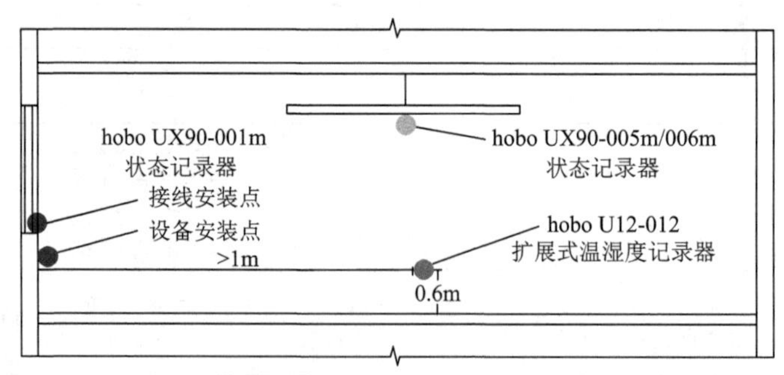

图 3-6　实测设备垂直布点示意图

在 hobo UX90-001m 状态记录器的布点中，将设备接线粘合于窗户边框，采用导电金属材料扩大线端接触面积，使设备能够敏感记录建筑窗口的状态变化。

部分窗口具有多种开启方式，如上下悬式结合平开式。接线设置点需要设置在不同开窗方式状态下，均能够监测窗口变化的位置。在实测中，由于设备数量限制，仅记录办公空间中最经常使用的窗口状态变化。问卷数据记录的使用者开窗行为变化作为实测数据的验证与补充。通过纵向调查正式问卷前的访谈，确定空间内最常使用的窗口。例如，某办公空间样本有两个窗口，窗口 A 为常开启窗口，窗口 B 外设有阳台，使用者反馈窗口 B 全年不会开启。因此，仅在窗口 A 安装状态记录器即可。

为使办公空间使用者在室状态传感器的辐射范围能够覆盖完整空间，在 10 人以下办公空间中安装 hobo UX90-005m 状态记录器，在 10 人以上办公空间中安装 hobo UX90-006m 状态记录器。设备安装在吊灯或屋顶等位置，使其能够辐射更广泛的区域。

3.1.2　数据采集对象

在数据采集前，明确横向调查和纵向调查数据采集对象的选择原则。数据采集对象依据选择原则来限定，能够保证采集数据的有效性和可靠性。

1. 数据采集对象选择原则

隶属寒地的省会城市气候特征具有一定的相似性，包括哈尔滨、沈阳、长春及乌鲁木齐等市。本节选取哈尔滨市作为寒地代表城市，主要对哈尔滨市 2000 年后新建建筑及其办公空间使用者进行调查。

寒地办公空间及使用者基本特征调查的数据采集对象依据以下原则选择：

（1）区域分布均衡。哈尔滨市区包含 9 个市辖区，其中道里区、南岗区和道外区为核心区域，集中了大量的企事业单位办公建筑。南岗区中的开发区也是新建办公建筑较多的地区之一。在核心区范围内，力求在数量和地理位置分布两方面均匀选择数据采集对象。

（2）类型均衡。办公建筑主要分为行政办公楼、专业性办公楼和出租办公楼，调查对象覆盖了上述三类办公建筑类型。

（3）样本量控制。依照抽样调查原理，采用式（3-1）确定调查的样本量。

$$N = Z^2\sigma^2 / d^2 \tag{3-1}$$

式中，N 为样本量；Z 为置信水平的 Z 统计量；σ 为总体的标准差；d 为调查误差，即容许误差，为置信区间的 1/2。容许误差是指在一定观测条件下，偶然误差的绝对值不应超过的限值。容许误差的取值由调研者决定，一般不超过 20%。

在基本特征调查问卷数量的计算中，置信水平选择常用取值 95%，经计算 Z

值为 1.96；σ 选择常用取值 0.5，d 取较小数值 5%，经计算，样本总量为 384，即至少需要 384 份问卷的反馈，才能保证通过样本反映总体状况。由于新建办公建筑数量限制，在实地调研办公建筑的样本量计算中，置信水平取值为 95%，σ 取值为 0.5，d 取值为 10%，计算所得样本总量为 96，即调查中能够在 10%容许误差情况下用调查样本代表整体样本。

在参与基本特征调查的样本范围内，寻找自愿参加办公空间使用者舒适度及开窗行为调查的办公空间。在自愿参与的办公空间中，选取在建筑空间特征、建筑设备等控制系统和使用者基本特征等方面符合基本特征调查结果的办公空间及其使用者。除上述要求外，办公空间使用者舒适度及开窗行为调查的数据采集对象还依据以下原则选择：

（1）建筑样本均衡性。在样本中，均匀分配办公空间类型和规模。在同一办公建筑中，尽量选择同一规模和类型的建筑空间，从而排除其他无关变量的影响。

（2）建筑信息完整度。在自愿参与调查的样本中，选择能够获得其建筑施工图纸的样本。依据图纸信息，能够准确掌握调查建筑的形态、空间设计参数和建筑围护结构等详细信息，从而保证在进行行为模型验证时，能够建构与真实情况接近的办公空间模拟模型。

（3）受试者符合样本要求。依据 ASHRAE 55-2013 标准的要求，对办公空间使用者舒适度调查时，当室内办公人数超过 45 人时，受试者应超过 35%；当室内办公人数在 20～45 人时，受试者应达 15 人；当室内办公人数少于 20 人时，受试者应超过 80%。符合上述标准的办公空间被选为数据采集对象。

（4）实测建筑空间与问卷受试者一致性。问卷调查的受试者均来自进行实测的办公空间，即数据采集对象应通过办公空间管理者许可，一是允许安装传感器设备进行长期实测，二是允许员工在工作时间参加长期问卷调查。

（5）受试者主动意愿。纵向问卷调查持续时间长，且每日反复投放，需考虑办公空间使用者的实际意愿与参与兴趣，在一定物质鼓励下才能有效进行。

优选建设完成时间晚于 2000 年，且无特殊空间形态、建筑形态和维护结构材料的办公建筑。

客观来说，数据采集对象的选择受到两方面因素限制，即数据采集对象的主观意愿和设备数量的限制。一方面，开展行为研究时，需在办公空间中安装实测设备，在工作时间进行问卷调查，并反复出入办公空间进行设备的调试和修整。这极大地限制了自愿参加行为研究数据采集的样本数量，也是既有研究中通常仅以一间办公空间作为研究对象的原因。另一方面，采集物理环境数据需要大量实测设备，包括物理环境传感器和行为状态记录器等多种设备类型，因研究经费的限制，难以开展大规模的行为数据采集。

2. 数据采集对象特征

依据数据采集对象的选择原则，在办公空间及使用者基本特征调查中，选择行政办公建筑、专业性办公建筑和出租类办公建筑等，它们分别占 50%、29%和 21%。

依据办公空间及使用者基本特征调查的结果，得出寒地办公空间使用者舒适度及开窗行为调查的对象应具有如下特征：

（1）办公空间的朝向选择不受限制。在哈尔滨市，窗口朝向为南北向和东西向的办公空间均常见。

（2）办公空间类型包括单元式和开放式，办公空间面积多为 10～60m^2。

（3）窗口形状为矩形、开窗方式为平开窗的办公空间最为常见，选择此类型办公空间作为主要调查对象。

（4）制冷类型选择自然通风、具有独立空调设备与中央空调设备制冷的办公空间，主要选择自然通风办公空间。采暖类型选择集中供热与电采暖的办公空间，主要选择集中供热采暖的办公空间。

（5）受试者男女比例接近 1∶1，年龄范围为 20～60 岁。

（6）受试者工作时间较为固定，午休现象普遍，加班现象较少。上班时间主要集中在 7:00～9:00，下班时间主要集中在 16:00～18:00。

（7）调查中考虑一定比例的风扇、空调制冷设备与电采暖设备的开启与关闭，不考虑遮阳设备的使用。

最终选定的样本位于哈尔滨核心区域，包括 6 个办公建筑中的 10 个办公空间，样本所在区位、总平面图和办公空间室内内景图如图 3-7 所示。

建筑 A 为行政办公建筑。此建筑中，有两个单元式办公空间自愿参与调查。

建筑 B 和建筑 C 为行政办公建筑。这两栋建筑中，均有一个单元式办公空间自愿参与调查。

建筑 D 为企业办公建筑。此建筑中，两个规模为 3～10 人的开放式办公空间自愿参与调查。

建筑 E 为高校办公建筑。此建筑中，两个规模为 11～20 人的开放式办公空间自愿参与调查。

建筑 F 为企业办公建筑。建筑内多以规模较大的开放式办公空间为主。各个办公空间在空间形式、设计参数和人员数量等方面较为相似。其中，两个规模大于 20 人的开放式办公空间自愿参与调查。

调查办公空间基本信息和使用者可控设备如表 3-2 所示。

哈尔滨市基本信息

东经：125°41′～130°13′
北纬：44°03′～46°40′

历史平均温度
1月：−17.6℃
7月：−23.1℃

历史极端温度
1月：−37.7℃
7月：36.5℃

调研区域

道里区
南岗区
开发区

调查办公建筑总平面图

建筑A　建筑B　建筑C　建筑D　建筑E　建筑F

A1 A2 D2 D1 E2 E1 F1 F2

调查办公空间室内内景图

A1 A2 B C D1 D2 E1 E2 F1 F2

图 3-7　调查办公建筑在哈尔滨的区位、总平面图和办公空间室内内景图

表 3-2　调查办公空间基本信息和使用者可控设备

编号	类型（人数）	受试者数量/使用者总数量	男性数量	办公面积/m²	朝向	可控设备
A1	单元式（1）	1/1	0	25.62	东北	风扇、电暖气
A2	单元式（2）	2/2	0	15.47	西南	风扇、电暖气
B	单元式（1）	1/1	1	21.74	东北	风扇、集中供热/电暖气
C	单元式（2）	2/2	0	18.6	西北	风扇、集中供热/电暖气
D1	开放式（3～10）	5/5	2	40.34	西	空调、风扇、集中供热/电暖气
D2		5/5	4			
E1	开放式（11～20）	15/16	6	66.2	西南	风扇、集中供热/电暖气
E2		8/11	6	37.66		
F1	开放式（>20）	22/50	15	380	西	空调、风扇、集中供热/电暖气
F2		21/50	9	380	东	空调、风扇、集中供热/电暖气

1）单元式办公空间

单元式办公空间中，单人办公空间均为东北朝向，且空间面积类似。依据办

公空间及使用者基本特征调查的统计结果，单人办公空间的使用面积未超过 $30m^2$。在夏季，两个单人办公空间均配备风扇设备。在供暖季节，空间 A1 以电采暖为主要采暖方式，空间 B 为集中供热，在过渡季节为电采暖辅助采暖。双人办公空间的使用面积类似。在夏季，两个双人办公空间均配备风扇设备。在供暖季节，办公空间 A2 以电采暖为主要采暖方式，办公空间 C 以集中供热为主要采暖方式。上述所有办公空间的使用者均参加了问卷调查。

2）开放式办公空间

开放式办公空间的办公人数阈值较大，因此依据使用者数量分为三个规模，即 3～10 人办公空间、11～20 人办公空间和大于 20 人办公空间，每一规模的办公空间均属于同一建筑。所有办公空间均以集中供热为主要采暖方式，同时以电采暖作为辅助采暖设备。

规模为 3～10 人的办公空间的设计参数完全相同，朝向均为西向。在夏季，两个办公空间均采用独立空调协同风扇制冷，使用者具有开关制冷设备的权限。两个办公空间的所有使用者均参加了问卷调查。

规模为 11～20 人的办公空间朝向均为西南向。在夏季，两个办公空间仅有风扇制冷设备。办公空间 E1 的 15 名使用者和办公空间 E2 的 8 名使用者参加了问卷调查。

规模大于 20 人的办公空间中，办公空间 F1 朝向为西向，办公空间 F2 以东向开窗为主、南向开窗为辅。在夏季，两个办公空间为中央空调协同风扇制冷。使用者无法控制空调设备的开关，无法调节空调设备的温度。两个空间中，接近 50%的使用者自愿参加问卷调查。

由于自愿参加问卷调查的办公空间限制，调查办公空间的朝向多为东西向。由办公空间基本特征分析结果可知，东西向的办公空间较为常见，具有普遍性。独立空调制冷多在 3～10 人办公空间中使用，中央空调类制冷通常在面积较大的开放式办公空间中使用。办公空间样本符合寒地办公空间的普遍特征。

3.1.3　数据采集有效性检验

数据采集方法主要包括实测与问卷调查两种，因此对这两种方法进行有效性检验。

1. 实测数据有效性检验

在实测数据检验方面，IEA-EBC 项目附件 66 项目报告中[15]指出“Ground truth”验证方法被应用于使用者行为数据采集中的传感器实测、摄影机实测和问卷收集的数据检验。这一方法首先被普遍应用于计算机视觉和生物研究的数据采集，其概念是信息具有基本、绝对状态或表达时即为正确的数据。因此，对办公空间使用者开窗行为与使用者工作作息等实测数据采集而言，在精准的设备仪器和合理的设备安装方案支持下即能够获得准确数据。

2. 问卷调查数据有效性检验

问卷调查数据的检验主要包括问卷设计、采集数据和样本量的有效性检验。问卷设计和采集数据的有效性检验主要从信度、效度和项目分析等维度判断问卷的稳定性与可靠性[160]。样本量的检验主要通过抽样调查原理计算和验证。

信度检验是反映问卷一致性和可靠性的测试，包括外部与内部两方面。外部信度检验是指反复发给一个人，以确定此受试者的答案是否会有较大的差异性，其信度系数为再测信度。在进行办公空间及使用者基本特征调查时，随机选取调研办公建筑中的使用者为问卷受试者，在其允许下，间隔 2 周后对其进行追访，进行再测信度检验。由于室内外温度和相对湿度等物理环境条件的不可复制性，对办公空间使用者舒适度及开窗行为调查的问卷进行问卷再测试，可能会得到不同的问卷结果，因而无法对其进行再测信度检验。

内部信度检验是指当问卷中包含态度或看法等主观题目时，经常设置两个以上题目，以询问对同一问题的态度。在研究中，办公空间及使用者基本特征调查问卷中的每一项内容均为客观事实信息，不包含受试者的态度或观点等问题。办公空间使用者舒适度及开窗行为调查问卷在较长时间内，每日定点时刻反复发送。为避免受试者在反复回答问卷时产生厌烦心理，问卷需控制整体长度，尽量缩短受试者填写问卷的时间。问卷内容需要极度精练化、高效化。问卷题目分别针对使用者对温度、相对湿度与空气流动等方面的感受与评价，不具有重叠性，没有相同的问题表达对同一主题的看法或态度，研究各个阶段的调查问卷均无需测试问卷内部的一致性。因而，无需进行内部信度的检验。

效度检验是针对问卷是否能够精确地测量研究人员想要得到的内容或特征，包括内容效度、表面效度、效标关联效度和结构效度。

内容效度和表面效度分别指由专家和非专家评定问卷的问题设置是否有效。通常在效度检验中，两检验的取值并没有严格的要求。为使研究中的调查问卷既被专家认可又能被普通民众接受，采用了以下方法：在问卷设计过程中，基本特征问卷的内容所问即所需；纵向问卷设计严格按照 ASHRAE 55-2013 标准的建筑内部环境舒适调查标准设计[51]。同时，在每一个阶段，正式问卷投放前均进行了预测试，通过受试者的反馈修正问卷。纵向问卷，在每一季度问卷调查结束后，依据最终问卷中的问卷满意度调查，对问卷的内容进行适当的修改，以确保问卷的内容效度和表面效度均保持在较高水平。

效标关联效度是指通过问卷结果与其他问卷的经验结果对比来验证此问卷的

有效性。因地域与气候差异，研究中的问卷结果必与类似问卷的结果有一定差异，不具有比较意义。

结构效度检验需要对某一理论进行假设，并在得到结果后检验此假设。在研究中不涉及对构想理论的检验，因而不需采用结构效度对问卷进行检验。

问卷的项目分析是指不同受试者针对同一题目的回答是否有明显的鉴别度，即区分程度。在研究中，问卷为对办公空间使用者舒适感受的客观记录。两个阶段的问卷对同一题目的差异性均没有要求。例如，炎热夏季带来较高的室内空气温度，导致办公空间使用者均选择“热”这一热感觉评价等级，使问卷的数据不具有较高的离散性。因而，本次研究的问卷题目设计不进行项目分析。

在样本量控制方面，办公空间及使用者基本特征调查中的样本量控制已在数据采集对象的选择原则中详细论述。实地调研和问卷调查的样本数量均满足抽样调查原理。在办公空间使用者舒适度及开窗行为调查中，严格按照 ASHRAE 55-2013 标准中对受试者选择的样本量要求选择数据采集对象，数据采集的样本量能够通过样本代表整体。

3.2　寒地办公空间及使用者基本特征调查分析结果

寒地办公空间及使用者基本特征调查共调研 96 栋办公建筑，随机抽取 557 名使用者参与问卷调查，因完成所有问卷问题才能够提交问卷，所获问卷均为有效问卷，其中 448 份问卷通过了外部信度的再检测。

3.2.1　办公空间基本特征调查分析结果

办公空间基本特征主要包括建筑朝向、办公空间规模、窗口类型与开启方式、制冷与采暖方式等。

1. 建筑朝向

建筑的主立面朝向受街道走向影响，哈尔滨市核心区域街道的走向多与正南正北向形成一定角度，多接近 45°，建筑朝向顺应街道走向，形成了诸多以东南、西北、西南或东北方向为主立面朝向的建筑。

办公建筑主立面朝向调查统计结果如表 3-3 所示。在建筑设计中，一般建筑主立面多采用南北向。但在随机选择的调研办公建筑中，当建筑街道的走向为南北向，即建筑的沿街立面是东西向时，84.4%的办公建筑采用东西向为建筑主立面，以保证建筑形象的整体效果和城市街道景观需求。因此，在纵向调查的数据采集中，可以选择非南北朝向的办公建筑作为长期监测对象。

表 3-3　办公建筑主立面朝向调查统计结果

<table>
<tr><th rowspan="3">街道方向</th><th colspan="6">建筑朝向</th></tr>
<tr><th colspan="5">建筑平面为长方形</th><th>建筑平面为 L 形</th></tr>
<tr><th>南北</th><th>东西</th><th>南北 + 东西</th><th>西北 + 东南</th><th>东北 + 西南</th><th>西北 + 东南
东北 + 西南</th></tr>
<tr><td>东西</td><td>21</td><td>2</td><td>2</td><td>—</td><td>—</td><td>—</td></tr>
<tr><td>南北</td><td>3</td><td>27</td><td>2</td><td>—</td><td>1</td><td>—</td></tr>
<tr><td>东北、西南</td><td>—</td><td>—</td><td>—</td><td>15</td><td>—</td><td>2</td></tr>
<tr><td>西北、东南</td><td>—</td><td>—</td><td>—</td><td>—</td><td>—</td><td>17</td></tr>
<tr><td>未临近街道</td><td>1</td><td>3</td><td>—</td><td>—</td><td>—</td><td>—</td></tr>
<tr><td>总计</td><td>25</td><td>32</td><td>4</td><td>15</td><td>1</td><td>19</td></tr>
</table>

2. 办公空间规模

通过对办公空间规模的调查，得到了办公空间使用者人数与办公空间面积统计结果，如表 3-4 和表 3-5 所示。

表 3-4　办公建筑办公空间使用者人数调查统计结果

办公空间人数	办公空间数量
单人	127
双人	155
3～10 人	95
11～20 人	84
＞20 人	96
总计	557

表 3-5　办公建筑办公空间面积调查统计结果

办公空间面积	办公空间数量
＜$10m^2$	25
10～$20m^2$	191
20～$40m^2$	138
40～$60m^2$	79
＞$100m^2$	124
总计	557

由表 3-4 可知，单人与双人办公空间较为常见，单人办公空间占 22.8%，双人办公空间占 27.8%。

由表 3-5 可知，10～20m^2 与 20～40m^2 的办公空间总占比超过 50%，10～20m^2 的办公空间占 34.3%，20～40m^2 的办公空间占 24.8%。

3. 窗口类型与开启方式

办公建筑办公空间窗口的数量、类型和开启方式调查统计结果如图 3-8 所示。可以看出，窗口数量为 2 个的办公空间占 43.4%，窗口数量为 1 个的办公空间占 27.8%，其他窗口数量的办公空间比例较为均衡。

办公空间的开窗类型主要以矩形窗为主，落地窗与半圆形窗分别占 11.1%和 2.8%，其他类型的建筑窗口较为少见。窗口的开启方式主要为平开式，其次为平开+上下悬式。在其他地区常见的幕墙式办公建筑，在哈尔滨地区仅占 1.7%。寒地玻璃幕墙表皮办公建筑窗口开启类型如图 3-9 所示，可见其窗口开启类型有两种：可开启窗口和不可开启窗口。若窗口可开启，则其开启方式多为上下悬式，其窗口使用与非玻璃幕墙办公建筑窗口无异；若窗口不可开启，则此办公建筑通过机械通风，无需研究其使用者开窗行为。

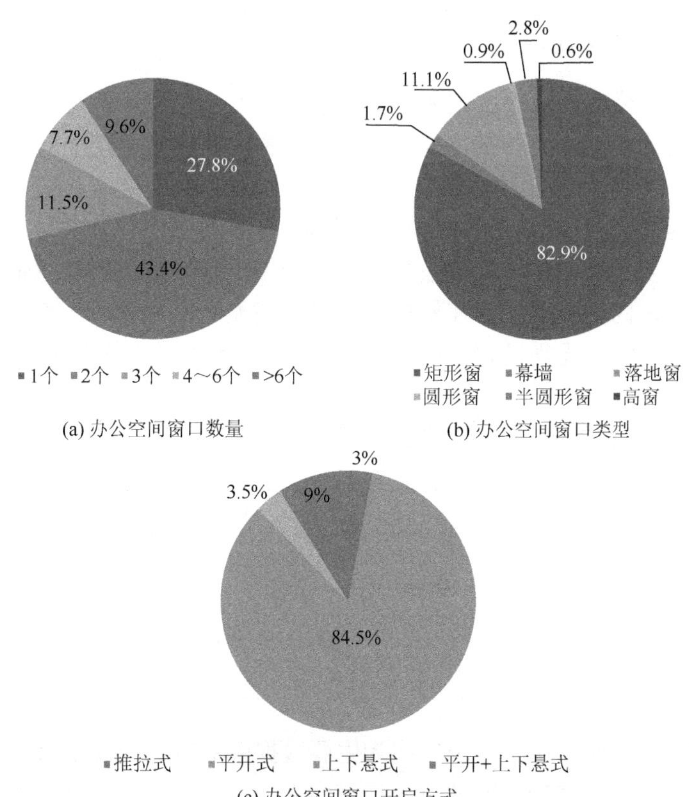

图 3-8　办公建筑办公空间窗口数量、类型和开启方式调查统计结果（扫封底二维码可见彩图）

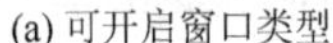

(a) 可开启窗口类型

(b) 不可开启窗口类型

图 3-9　寒地玻璃幕墙表皮办公建筑窗口开启类型

综合上述寒地办公空间常见窗口类型统计结果，具有平开式、矩形窗口的非幕墙办公空间占比较高。在建筑性能模拟平台中，开窗行为的参数设定无需限制于窗口形状和开启方式。在自愿参与长期纵向调查的办公空间数量与实验设备数量受限的条件下，长期纵向调查的数据采集选择具有此类窗口的办公空间为主要数据采集空间。

4. 制冷与采暖方式

办公建筑办公空间制冷方式调查统计结果如表 3-6 所示。可以看出，自然通风办公空间占比较高，独立空调与中央空调设备的使用比例较小，风扇是最常用的制冷设备。采用独立空调制冷的空间多为 3～10 人办公空间，采用中央空调制冷的空间多为规模大于 20 人的大型办公空间，单人与双人办公空间较少采用空调制冷设备。需要注意的是，风扇设备仅能改善使用者的局部热舒适感受，并不能影响办公空间内的温度变化。在模拟计算建筑耗能、室内物理环境参数和热舒适指数等建筑性能时，无需设置风扇参数。HVAC 系统也不包含风扇设备模块。

表 3-6　办公建筑办公空间制冷方式调查统计结果

制冷方式	总计	办公空间人数				
		单人	双人	3～10 人	11～20 人	>20 人
风扇	343	105	99	45	56	38
独立空调	49	2	3	19	8	17
中央空调	65	3	2	3	22	35
自然通风	443	122	150	73	54	44

纵向调查以自然通风类办公空间为主要数据采集对象。规模为 3～10 人的办公空间选择使用独立空调制冷的办公空间作为样本，规模大于 20 人的大型办公空间选择中央空调制冷的办公空间作为样本。

办公建筑办公空间采暖方式调查统计结果如表 3-7 所示。可以看出，集中供热为主要采暖方式，电采暖占比很小，主要集中在小型办公空间。在纵向调查选择样本时，以集中供热办公空间为主要数据采集对象。

表 3-7　办公建筑办公空间采暖方式调查统计结果

采暖方式	总计	办公空间人数				
		单人	双人	3～10 人	11～20 人	>20 人
集中供热	486	141	74	91	84	96
电采暖	39	14	21	4	—	—
无采暖设备	0	—	—	—	—	—

3.2.2　办公空间使用者基本特征调查分析结果

通过统计分析，得到了办公空间使用者基本特征，包括使用者的性别、年龄、在哈尔滨生活的时间和在办公室工作的时间等。

1. 性别与年龄

办公空间使用者性别与年龄比例调查统计结果如图 3-10 所示。男、女性别比例分别为 51.2%、48.8%，比例接近 1∶1。在年龄分布方面，20～30 岁的使用者占比最大，为 67.1%；40～60 岁的使用者占比较少，为 7.6%。

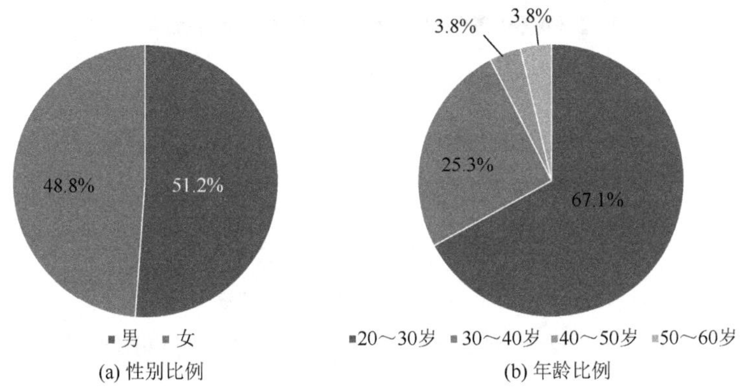

(a) 性别比例　　(b) 年龄比例

图 3-10　办公空间使用者性别与年龄比例调查统计结果（扫封底二维码可见彩图）

2. 在哈尔滨生活的时间

办公空间使用者在哈尔滨生活的时间调查统计结果如图 3-11 所示。在哈尔滨生活小于半年的使用者占 7.5%，可见在寒地办公空间中，存在一部分非常住居民。办公空间使用者对气候熟悉程度不同，易引起热舒适感受差异与适应性行为差异。因此，在办公空间使用者舒适度及开窗行为调查中，将分析使用者在哈尔滨生活的时间与开窗行为的关系。

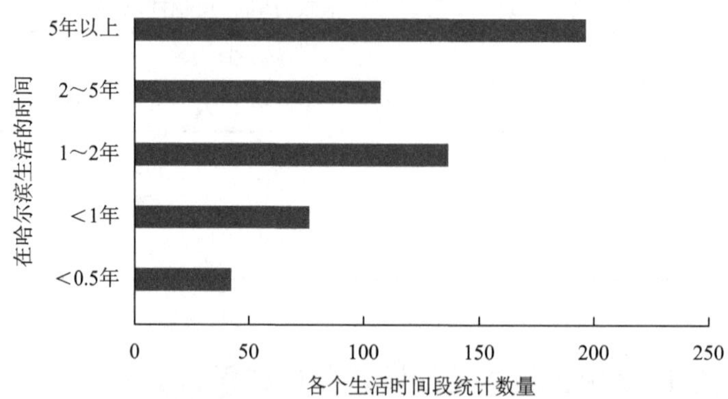

图 3-11　办公空间使用者在哈尔滨生活的时间调查统计结果

3. 在办公室工作的时间

办公空间使用者在办公室工作的时间调查统计结果如图 3-12 所示。在办公室工作的时间为 2～5 年的使用者占比为 37.3%，其他年限也有一定分布。工作环境的熟悉程度可能会影响使用者行为变化，在纵向问卷中也加入使用者在办公室工作的时间这一要素，并纳入行为机理解析中。

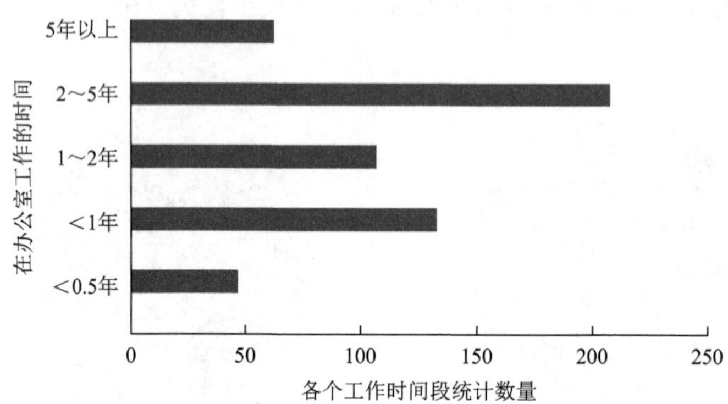

图 3-12　办公空间使用者在办公室工作的时间调查统计结果

3.2.3　办公空间使用者行为基本特征调查分析结果

寒地办公空间使用者的行为特征主要包括使用者工作作息及制冷、采暖和遮阳设备的使用者行为可控范围等。

1. 使用者工作作息

办公空间使用者工作作息时刻调查统计结果如图 3-13 所示。在寒地办公建筑中，使用者上班时间多集中在 7:00～9:00，上班时间晚于 9:00 的样本仅占 3.6%。下班时间多集中在 16:00～18:00，下班时间晚于 19:00 的样本仅占 2.6%。午休的开始时间多集中在 12:00～13:00，午休的结束时间多集中在 13:00～14:00，使用者工作作息情况分析结果为分析办公空间使用者的开窗行为与使用者工作作息的关系提供了数据基础，这有助于在后续模拟验证阶段界定模拟的时间范围。

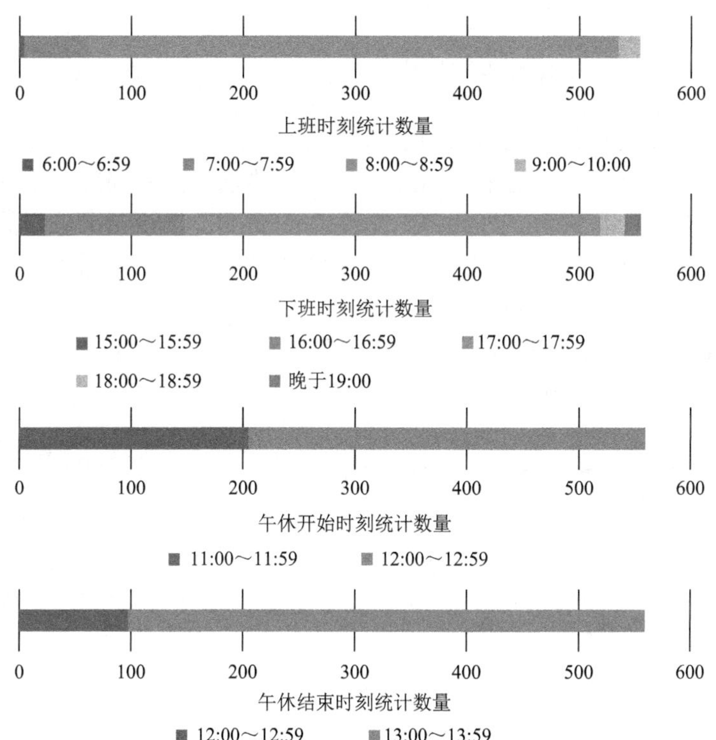

图 3-13　办公空间使用者工作作息时刻调查统计结果（扫封底二维码可见彩图）

2. 制冷设备的使用者行为可控范围

办公空间制冷设备可控范围调查统计结果如图 3-14 所示。在使用独立空调设备的样本中，93.9%的使用者可控制空调温度，95.9%的使用者可控制空调开关。而在中央空调制冷的样本中，全部使用者均无法控制其开关，仅有 6.2%的使用者可以调节空调温度，中央空调制冷设备的可控范围相对受限。在进行使用者热舒适及开窗行为调查时，关注独立空调设备的使用情况，记录空调设备的控制行为变化，分析办公空间使用者的空调控制行为对开窗行为的影响。

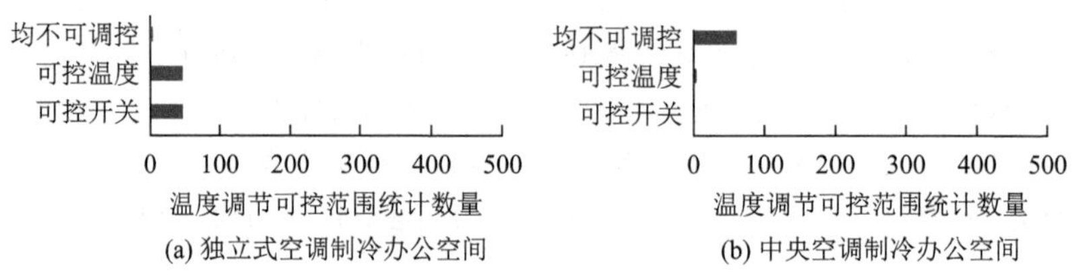

图 3-14　办公空间制冷设备可控范围调查统计结果

3. 采暖设备的使用者行为可控范围

办公空间采暖设备可控范围调查统计结果如图 3-15 所示。采用集中供热的办公空间均无法调节其温度变化，仅有 11.4%的样本能够控制局部办公空间的供热开关。采用电采暖的办公空间中，66.7%的办公空间能够控制电采暖的开启与关闭，且办公空间的使用者能够相对自由地控制设备的温度。采暖设备的温控调节是办公空间使用者行为研究的主要内容之一。但寒地办公建筑多采用集中供热，且多不设置温控键。在纵向调查中，仅考虑电采暖设备的控制行为对办公空间使用者开窗行为的交互影响。

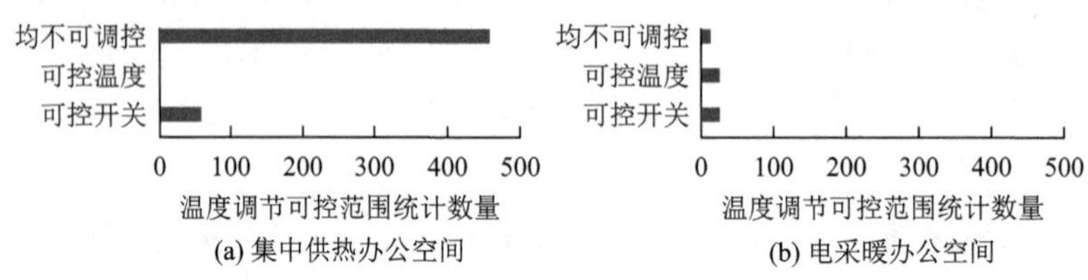

图 3-15　办公空间采暖设备可控范围调查统计结果

4. 遮阳设备的使用者行为可控范围

办公空间遮阳设备可控范围调查统计结果如图 3-16 所示。在遮阳设备的使用方面，96.6%的办公空间没有遮阳设备，或有遮阳设备但不经常使用，表明在寒地办公空间中，遮阳设备的使用率低。因此，本次研究在开展长期纵向调查时，数据采集对象不需具有遮阳设备，在机理分析中不考虑遮阳设备对办公空间使用者开窗行为的影响。

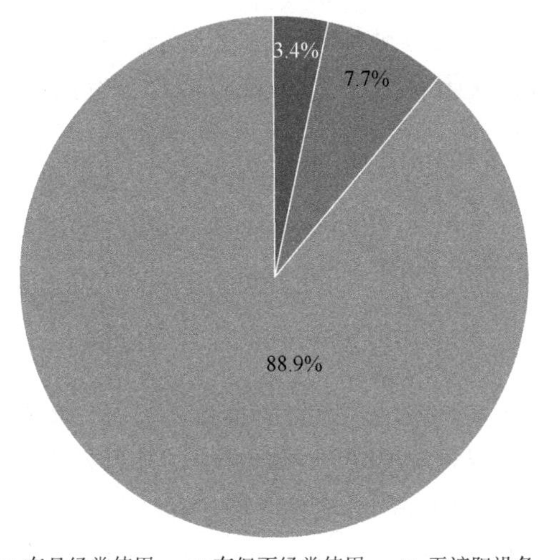

图 3-16　办公空间遮阳设备可控范围调查统计结果（扫封底二维码可见彩图）

3.3　寒地办公空间使用者舒适度及行为调查分析结果

在自愿参与调查的办公空间与设备数量均受限的条件下，基于办公空间及使用者基本特征，依据数据采集对象选择原则，办公空间使用者舒适度及开窗行为调查共收集 10 个办公空间 82 名使用者在全年的开窗行为相关数据。每个季节均投放 1400 份问卷，全年共收集 5079 份有效问卷，统计得到不同类型办公空间的使用者舒适水平及行为状态的分析结果。

哈尔滨市属于中温带大陆性季风气候，四季鲜明。冬季寒冷而漫长，供暖时间长达 6 个月。与中国大部分地区相比，夏季温度较低。依据统计数据，1 月的最低月均空气温度为–22.9℃，7 月的最高月均空气温度为 27.8℃。夏季、冬季的历史极端日均空气温度差达 80.6℃[161]。春季与秋季较为短暂，为冬夏季交替的过渡季节。

通过 hobo U12-012 扩展式温湿度记录器，获得了纵向调查期间的实测数据。因设备丢失或损坏，部分样本的数据未能收集。纵向调查的问卷和实测阶段的室内外物理环境数据较为接近。以问卷数据为代表，具体分析结果如下。

1. 夏季物理环境分析结果

自然通风类办公空间、具有空调设备但未使用的办公空间室内空气温度多高于 29℃，应用空调设备制冷的办公空间室内空气温度范围为 26～29℃。

2. 冬季物理环境分析结果

采用电采暖的办公空间中，室内空气温度差异加大，在 17～20℃范围内波动。依据问卷结束后的访谈和问卷中的供暖状态记录，办公空间使用者会在每一次离开办公空间的时刻关闭采暖设备，却在进入办公空间时不一定开启采暖设备，因而造成了上述温度差异。集中供热办公空间的室内空气温度分布具有较高的一致性，其室内空气温度较为稳定。因间断性供热，电采暖办公空间中的相对湿度较高。集中供热的办公建筑中，多数办公空间的相对湿度低于 30%的相对湿度舒适标准。

3. 过渡季节物理环境分析结果

春季和秋季时，其室外空气温度较为接近，办公空间的供暖程度较低。但春季时，各个办公空间的相对湿度处于较低水平，多数样本的相对湿度仅为 30%～40%，少数样本甚至低于 30%的相对湿度舒适标准。

在秋季时，一间规模为双人的办公空间室内空气温度显著低于其他样本。

依据非人工冷热源热湿环境评价等级 I 级标准，室内空气温度的舒适限定标准为 18～28℃。在《室内空气质量标准》（GB/T 18883—2022）中，夏季空调制冷建筑的室内相对湿度舒适限定标准为 40%～80%，冬季采暖建筑的室内相对湿度舒适限定标准为 30%～60%。依据上述标准，对调查期室内空气温度和相对湿度均值不在舒适限定标准的办公空间进行总结。室内空气温度超过舒适限定标准的办公空间包括夏季的办公空间 A1、B、A2、C、D1、D2 和 E2，秋季的办公空间 C，冬季的办公空间 A2。室内相对湿度均值超过舒适限定标准的办公空间包括春季的办公空间 B、E1、E2 和 F1，秋季的办公空间 F1 和 F2，冬季的办公空间 A2、C、E1、E2、F1 和 F2。

3.3.1 办公空间使用者舒适度调查分析结果

在上述物理环境背景下，本节解析办公空间使用者对所处环境的感受与评价的统计结果，通过初始问卷、日常问卷和最终问卷，分别得出办公空间使用者对环境的既有印象、真实的舒适度感受与评价、对环境的综合评价等。

1. 春季分析结果

春季调查的统计结果如附表 4-1 所示。春季时，各个办公空间的室内空气温度均在舒适限定标准内，40%办公空间的相对湿度低于舒适限定标准。

在热感觉方面，办公空间使用者对热环境的既有印象多与实际热感觉不一致。多数办公空间使用者对所在热环境既有印象不接近适中水平，为热或者冷。而其真实热感觉水平和问卷结束后的综合评价多接近适中水平，为凉至暖。

在热环境整体热满意度方面，办公空间使用者的不同阶段评价多接近适中水平，其既有印象与真实感受十分接近。干燥的室内物理环境没有影响办公空间使用者对热环境的感受与评价。办公空间使用者能够接受干燥的室内热环境。

春季时，较热的热环境更易被办公空间使用者接受，较冷的热环境易使其感受到不舒适。当办公空间使用者认为所在热环境为热时，其对热环境也较为满意。而当办公空间使用者认为所在热环境为冷时，其对热环境整体满意度评价较低。

2. 夏季分析结果

夏季调查的统计结果如附表 4-2 所示。办公空间使用者对热环境的既有印象与真实感受十分接近。

虽然在我国气候区划分中，严寒地区夏季气候被定义为凉爽，但是本研究各个阶段的问卷结果反馈多数自然通风和独立空调制冷办公空间使用者的热感觉类似，为热或非常热。这些办公空间室内物理环境类似，室内空气温度均超出了舒适限定标准。虽然上述办公空间使用者具有相同的热感觉，但其使用者热环境整体满意度评价受到办公空间类型的影响，单元式办公空间使用者热环境整体满意度评价高于开放式办公空间。

独立空调制冷办公空间与自然通风办公空间的热感觉与热环境整体满意度评价类似的原因是，其使用者为防止感冒多不使用空调设备，在调查后期，其制冷设备因设备更新而被移除。

中央空调制冷设备办公空间使用者的热感觉和热环境整体满意度评价均处于适中水平，其室内物理环境在舒适限定标准内。

办公空间 C 在夏季调查期间处于放假阶段，故其使用者未参与调查。

3. 秋季分析结果

秋季调查的统计结果如附表 4-3 所示。秋季时，部分办公空间的室内空气温度和相对湿度较低，低于舒适限定标准。在此物理条件下，多数办公空间使用者的不同阶段热感觉和热环境整体满意度评价多接近适中水平。物理环境没有影响使用者主观感受与评价。可见在秋季，办公空间使用者多能够接受冷而干燥的室内热环境。

少数办公空间物理环境与其他办公空间类似，且在舒适限定标准内，但其使用者热感觉和热环境整体满意度评价均较低。

4. 冬季分析结果

冬季调查的统计结果如附表 4-4 所示。冬季时，少数办公空间室内空气温度低于舒适限定标准，多数办公空间室内相对湿度低于舒适限定标准。但在问卷的各个阶段，多数办公空间使用者的热感觉水平均集中在凉至暖范围内，热环境整体满意度水平接近适中。可见在秋季，办公空间使用者多能够接受干燥的室内热环境。

与秋季类似，少数办公空间物理环境与其他办公空间类似，且在舒适限定标准内，但其使用者热感觉和热环境整体满意度评价均较低。

由上述分析可知，物理环境的舒适限定标准不绝对代表寒地办公空间使用者的实际舒适度水平。

3.3.2　办公空间使用者行为调查分析结果

基于调研数据的统计分布，不同季节各个办公空间使用者开窗行为的基本特征如下所述。

1. 春季分析结果

春季办公空间使用者开窗行为实测分布如图 3-17 所示。整体而言，各个办公空间使用者开窗行为活跃，其使用者开窗行为发生的时刻、开窗时长分布较不规

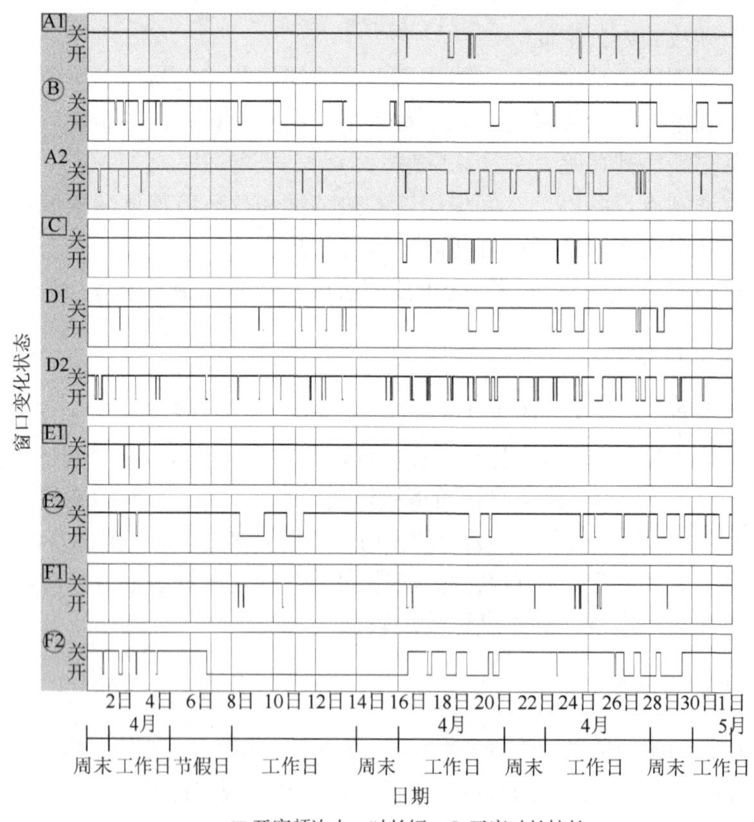

图 3-17　春季办公空间使用者开窗行为实测分布

律，差异性较大。方框标注的样本中，其使用者开窗行为发生频次较少、开窗时长短暂。圆框标注的样本中，其使用者开窗时长较长，且在部分日期表现出昼夜连续开窗行为，但其开窗发生的时刻和时长并不相同。

2. 夏季分析结果

夏季办公空间使用者开窗行为实测分布如图 3-18 所示。办公空间使用者开窗行为具有一定的规律性分布。自然通风和独立空调制冷办公空间使用者开窗行为实测分布主要表现为两种类型：第一类为方框标注的样本，其使用者昼夜连续开窗，且持续整个夏季，行为惰性特征明显；第二类为圆框标注的样本，其使用者开窗行为发生在工作时段内，且其行为变化与工作作息相关，使用者到达办公空间时开窗，离开办公空间时关窗。中央空调制冷办公空间使用者开窗行为实测分布也可划分为上述两种类型。在第二类样本中，制冷模式影响了办公空间使用者的开窗时长。当使用空调设备时，办公空间使用者会保持原有的行为习惯，实测到达办公空间即开启窗口，但开窗的时长缩短。

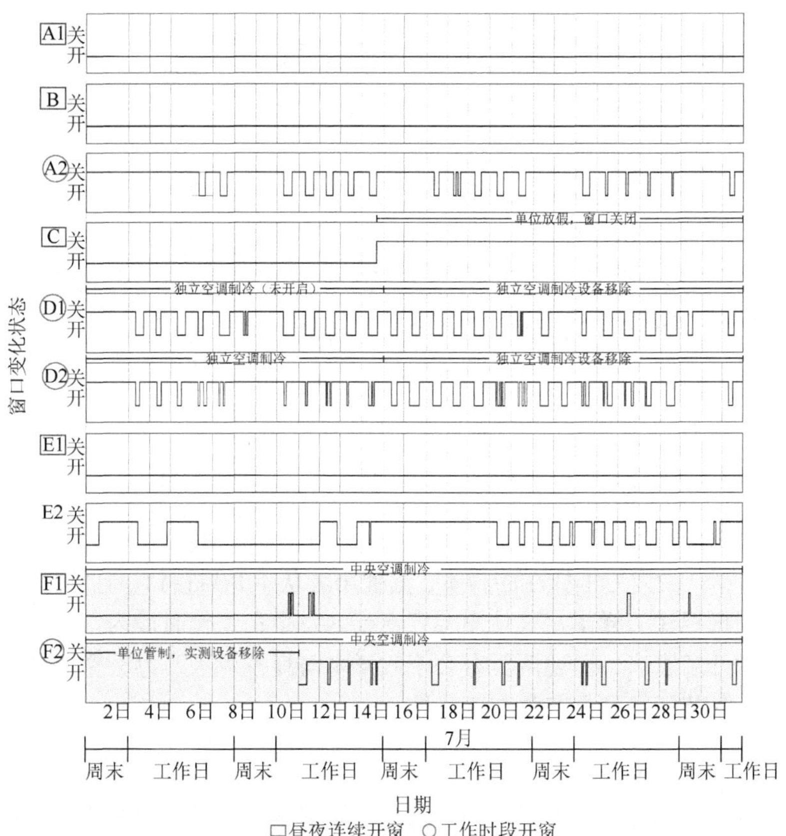

图 3-18　夏季办公空间使用者开窗行为实测分布

3. 秋季分析结果

秋季办公空间使用者开窗行为实测分布如图 3-19 所示。办公空间使用者开窗行为活跃度下降。秋季与春季室内外物理环境类似，但办公空间使用者开窗频次较少、开窗时长短暂，表现出季节性差异特征。

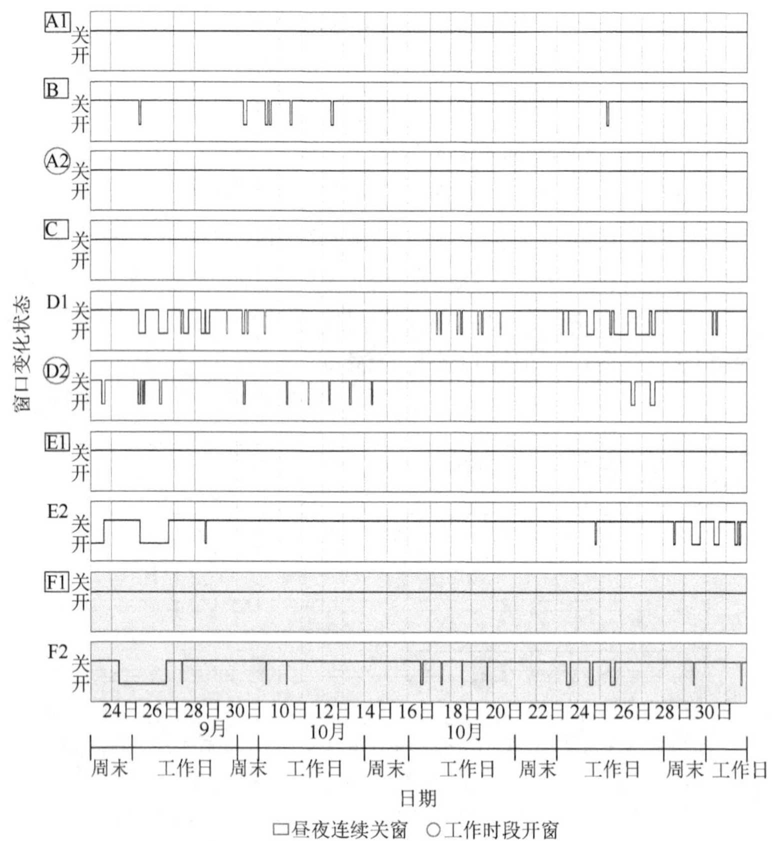

图 3-19　秋季办公空间使用者开窗行为实测分布

办公空间使用者开窗行为也表现出类似的规律性，其开窗行为分布可划分为两种类型：第一类为方框标注的样本，其使用者从不开启窗口，且持续整个秋季；第二类为圆框标注的样本，其使用者开窗行为发生在工作时段内，其使用者到达办公空间即开启窗口。上述两类办公空间样本与夏季对应，办公空间使用者表现出习惯性行为特征，且具有季节延续性。

4. 冬季分析结果

冬季办公空间使用者开窗行为实测分布如图 3-20 所示。办公空间使用者开窗行为活跃度进一步下降，其开窗频次更少、开窗时长更为短暂。

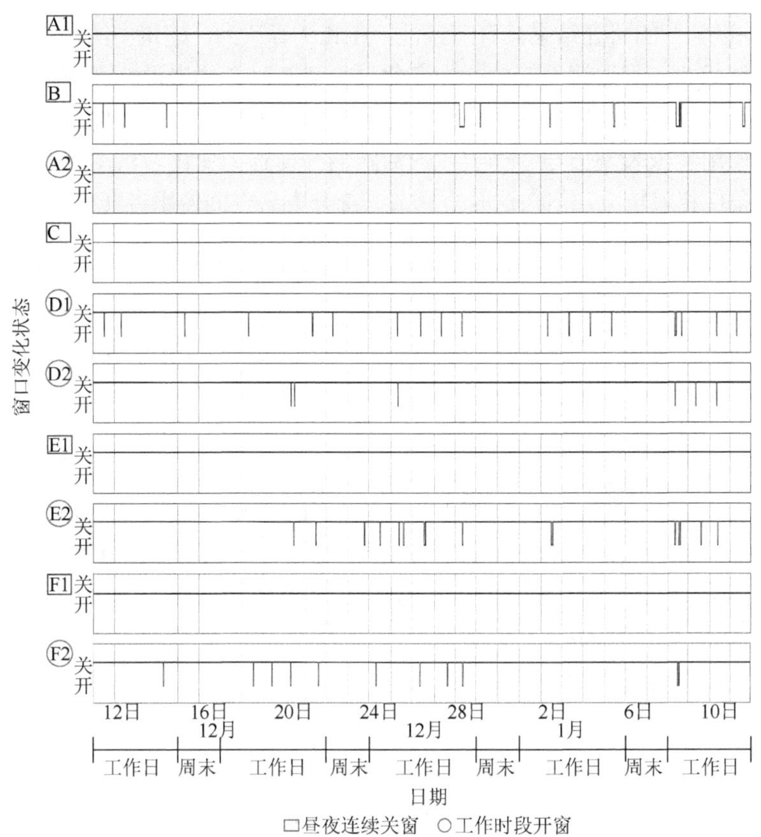

图 3-20　冬季办公空间使用者开窗行为实测分布

办公空间使用者行为分布的规律性更为明显，行为分布类型与秋季相同，且样本类似，行为的季节延续性特征显著。对于第二类样本，办公空间使用者开窗行为仍与工作作息相关。在其他季节，办公空间使用者多在清晨到达办公空间时开启窗口，在冬季，其多在午休后到达办公空间时开启窗口。

在多数季节，多数寒地办公空间使用者开窗行为具有规律性行为变化，且具有季节延续性。部分办公空间使用者在夏季保持窗口的连续开启状态，在秋季和冬季保持窗口的连续关闭状态，在春季其行为活跃度低于其他样本，表现出稳定的惰性行为特征。部分办公空间使用者在各个季节的行为均发生在工作时段，且其行为变化与工作作息相关，多为到达办公空间即开启窗口。在不同季节中，这一类办公空间使用者开窗行为的开窗频次和时长有一定的差异，但其行为活跃度高于其他样本。

除上述办公空间行为分布类型外，部分办公空间使用者开窗行为的发生时刻和时长不具有显著的规律性变化，较难通过实测分布定义其行为特征。

寒地办公空间使用者开窗行为还具有较为显著的季节差异性特征。这一分布特征与 Herkel 等[162]的研究结果具有一致性。Herkel 等认为，建筑中的使用者开窗行为与季节典型相关，且过渡季节的行为变化更为活跃。具体来说，春季时，办公空间使用者的开窗行为变化较为活跃。秋季时，其室内外物理环境条件与春季类似，但办公空间使用者未表现出与春季类似的活跃的开窗行为变化。秋季与冬季的室内外物理环境条件相差较大，但在这两个季节，部分办公空间使用者开窗行为较为类似。

3.4　本 章 小 结

本章提出了主观与客观相结合的数据采集方案，运用多种数据采集方法，获得了详实的寒地办公空间使用者开窗行为及相关数据，得到了办公空间、使用者及其行为的基本特征和不同季节中办公空间使用者舒适度及开窗行为分布特征。本章的主要结论如下：

（1）寒地办公空间使用者开窗行为数据采集方案步骤严谨，横向拓展与纵向延伸相结合，所得数据全面详实。数据采集方案包括办公空间及使用者基本特征调查、办公空间使用者开窗行为调查两阶段，前者的调查分析结果使后者的样本选择、方案设计有据可依。

根据数据采集方案的调查分析结果，进一步获得了寒地办公空间使用者及其行为的地域性特征，限定了办公空间使用者开窗行为机理解析、预测模型建构的研究范围，支撑了后续研究方案和方法的制定。

（2）物理环境的舒适限定标准不绝对代表寒地办公空间使用者的实际舒适度水平。在部分超过舒适限定标准的物理环境中，寒地办公空间使用者没有感受到不舒适。在各个季节，办公空间使用者多能接受干燥的室内环境；在秋季，办公空间使用者能接受较冷的室内环境。而在部分处于舒适限定标准的物理环境中，少数办公空间使用者的舒适度始终较差。

寒地办公空间使用者舒适度具有季节性差异特征。在室内外物理环境类似的春季和秋季，当办公空间的室内空气温度较低时，其使用者在春季时舒适度较差，在秋季时舒适度适中。

（3）办公空间使用者开窗行为分布表现出一定的规律性。部分办公空间使用者在多个季节均表现为稳定的惰性行为状态，而另一部分办公空间使用者在不同季节均表现出活跃的积极行为变化，但有部分办公空间使用者行为难以通过行为分布图定义其规律。

办公空间使用者开窗行为分布还具有较为显著的季节差异。春季和秋季的室外物理环境条件类似，但办公空间使用者开窗行为却呈现出不同程度的差异性。与秋季相比，春季办公空间使用者开窗频次和时长均较高，在开窗行为表现上呈现出更强的活跃性。

第 4 章 寒地办公空间使用者行为机理

本章以数据采集获得的主观和客观数据为基础，制定行为机理解析方案，界定解析因素的范围，提出行为机理解析方法，结合统计分析法和数据挖掘技术进行实证分析；依据国际能源署对使用者行为影响因素的分类，展开行为机理解析；结合第 2 章的理论分析结果，综合阐述在不同季节、多种类型办公空间中使用者开窗行为机理，并阐明行为机理对办公空间使用者开窗行为预测模型的作用。

4.1 寒地办公空间使用者行为机理解析方案

寒地办公空间使用者开窗行为机理解析流程如图 4-1 所示。行为机理解析的数据源是通过办公空间使用者舒适度及开窗行为调查中的问卷数据和实测所获得的全面、详实的主客观数据。

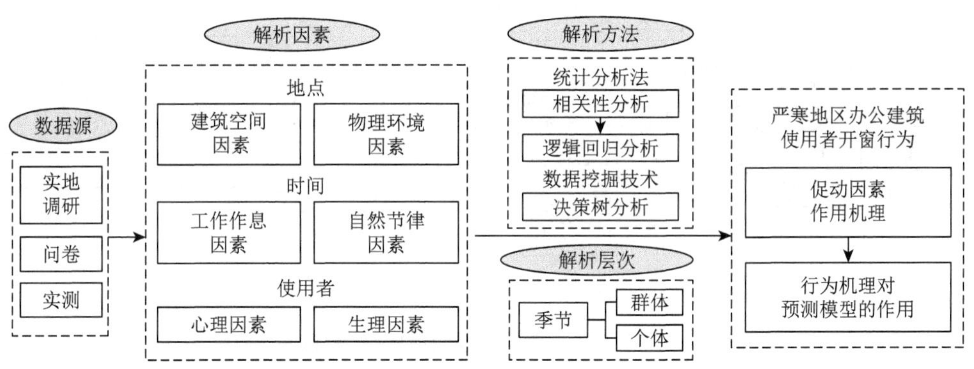

图 4-1 寒地办公空间使用者开窗行为机理解析流程

行为机理的解析因素包含使用者所处地点（建筑空间与物理环境因素）、时间（工作作息和自然节律因素）和使用者（心理和生理因素）三方面因素。采用统计分析法和数据挖掘技术进行数据解析时，以解析因素作为输入数据，均以办公空间使用者开窗行为状态作为输出数据。

依据既有研究结果和第 2 章的理论分析结果可知，季节因素易影响寒地办公空间使用者开窗行为发生的概率。行为机理解析中，按照季节划分组别进行解析。

首先，对整体样本进行解析，获得办公空间使用者开窗行为机理的整体特征；然后，对样本中的个体样本进行解析，划分办公空间使用者开窗行为机理的类别，其结果作为办公空间使用者开窗行为预测模型的输入数据。

由第 3 章可知，在冬季与过渡季节，不同采暖方式的办公空间使用者开窗行为无显著差异。因此，在上述季节的数据解析中，将数据源作为整体数据输入。在夏季，不同制冷类型的办公空间使用者开窗行为数据分布具有一定的差异性。ASHRAE 55-2013 标准也指出，制冷类型对办公空间使用者开窗行为有影响，因此以制冷方式划分组别，进行分组讨论。

4.1.1 解析因素

寒地办公空间使用者开窗行为机理解析因素范围界定方法如图 4-2 所示。依据国际能源署对使用者行为影响因素类别的划分，定义数据解析的范围；结合既有行为机理研究和第 2 章行为地域性特征的解析结果，预判办公空间使用者开窗行为机理；依据第 3 章得出的办公空间使用者及其行为的基本特征，对行为机理的解析因素进行筛选，从而得出办公空间使用者开窗行为机理解析范围的界定。

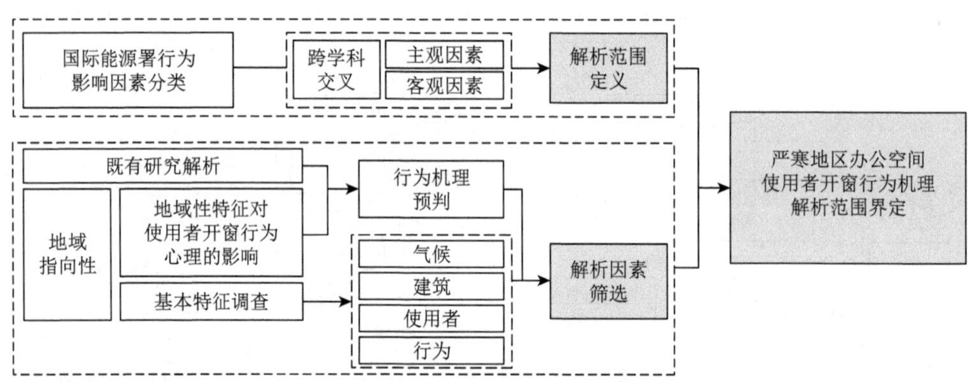

图 4-2　寒地办公空间使用者开窗行为机理解析因素范围界定方法

采用解析因素范围界定方法，筛选出行为机理研究的解析因素，如表 4-1 所示。针对既有研究的行为机理解析因素范围受限这一背景，在既有研究考虑物理环境因素和时间因素等解析因素的基础上，本章综合考虑建筑学、心理学和社会学等多学科因素，拓展使用者心理因素和建筑空间类型等重要维度。

物理环境因素主要包括室内外空气温度、室内外相对湿度和室外风速因素。时间因素主要包括办公空间使用者工作作息因素、季节等自然节律因素。

与既有研究相比，本研究补充了下述因素：办公空间使用者心理因素，包括热舒适、声舒适和空气质量等主观感受与评价因素，在哈尔滨生活的时间等环境熟悉度因素，以及行为交互因素；办公空间使用者生理因素，包括年龄、性别和服装热阻值等因素。在建筑空间因素方面，增加了办公空间类型、规模和建筑设计参数等因素。

表 4-1　办公空间使用者开窗行为机理研究的解析因素

地点因素		时间因素		使用者因素	
建筑空间	物理环境	工作作息	自然节律	生理	心理
空间类型、采暖类型、制冷类型、使用人数、建筑朝向、办公空间开间/进深/面积、窗口数量/高/宽/面积	**室内空气温度**、室内相对湿度、**室外空气温度**、室外相对湿度、室外风速	**工作作息**	**季节**、一天中的时刻（上午/下午）	年龄、性别、服装热阻值	热感觉、湿度感觉、空气流动感觉、室内外空气质量评价、室外噪声感觉、室外景观需要、温度期望、热环境整体满意度、行为交互（空调、风扇和采暖）、在哈尔滨生活的时间、在办公空间工作的时间

注：加粗的因素为预判促动使用者开窗行为变化的主要因素。

从变量类别来说，本研究的行为机理解析因素分为定量变量、定距变量与定类变量三类，如表 4-2 所示。定量变量是指物理环境因素这类连续变化的数据，定距变量是指使用者主观评价等具有标准间隔的数据，定类变量是指性别、季节等划分类别的数据。办公空间使用者开窗行为是二分分类变量，即开与关。

表 4-2　办公空间使用者开窗行为机理研究的解析因素类型

数据类型	解析因素
定量变量	室内外空气温度与相对湿度、使用者人数与年龄、服装热阻值、在办公空间工作的时间及办公空间进深、开间、面积、窗口尺寸等
定距变量	热感觉、湿度感觉、空气流动感觉、室外噪声感觉、室内外空气质量评价、期望温度、热环境整体满意度等
定类变量	开窗/门，开启制冷、采暖设备，一天中的时间（上午/下午），办公类型（单元式和开放式），使用者性别等

本章未能测量室内 CO_2 浓度、声压级参数和室外环境质量指数等因素。原因一是实测设备受限，二是既有研究结论认为上述因素不是影响办公空间使用者开窗行为的主要因素。为完善上述数据，在解析因素中加入办公空间使用者对空气流动感觉、空气质量和声舒适等主观感受与评价，作为未测量物理环境数据的补

充。在第 3 章办公空间及使用者基本特征调查中，已经得出了寒地办公空间多不具有遮阳设备，故解析中未考虑与此相关的因素。

4.1.2 解析方法

既有研究通常以连续的物理环境因素为自变量，以办公空间使用者开窗行为发生概率或比例为因变量，建构函数模型。在函数值域范围内，每一自变量均对应一个因变量，两者之间为连续的函数关系。但当行为机理解析因素为定距和定类变量时，解析因素与行为间可能无法形成连续的函数关系。例如，若办公空间使用者工作作息影响开窗行为，则其行为发生在每日的固定时刻，行为与工作作息并不形成函数关系。此外，办公空间使用者开窗行为作用机理属于黑箱机理[27]。办公空间使用者开窗行为可能受到单因素的单一影响或多元因素的共同影响。可见，仅通过统计分析法建立的函数模型不能有效地解析使用者行为的黑箱机理，也不能得到具有足够鲁棒性和广泛性的研究结果。

因此，在办公空间使用者开窗行为机理研究中，需要结合统计分析法和数据挖掘技术，类别化解析各类因素对行为的作用与影响。其中，统计分析法包括相关性分析和逻辑回归分析等，数据挖掘技术包括决策树分析。

相关性分析是对变量之间不确定关系的描述，反映了各个因素与办公空间使用者开窗行为状态改变的关联关系。但具有相关性的两参数不等同于具有因果关系，其因果关系需要进一步通过逻辑回归法进行分析。

逻辑回归分析用于解析定类变量的影响因素、预测事件的发生概率，反映了各类相关因素是否导致开窗行为发生。通过逻辑回归检验的因素，其与行为发生概率之间具有严格相依变化的函数关系。

决策树分析能够在未发现规律的数据中发现分类依据，反映了影响因素的某一类别或某一值域范围内更易导致行为的发生，但影响因素与行为发生概率之间并不形成连续的相关关系或函数关系。

1. 相关性分析

本研究中，分析定类变量间关系时采用 Lambda 系数与 tau-y 系数，分析定类变量、定距变量和定量变量关系时采用点二列相关系数（point biserial correlation coefficient）。各系数的绝对值取值范围为 0～1.0，绝对值越大，则相关性越高。Lambda 系数用希腊字母 λ 表示，其数值代表应用影响因素预测因变量时能够降低的预测错误率。当渐进标准误差等于 0 时，Lambda 系数无法计算，此时需应用 Goodman 与 Kruskal 给出的 tau-y 系数，tau-y 系数同样代表预测消减误差。点二列相关系数记为 r_{pq}，此方法通常将输入因素的类别变量分别设定为 1 与 2，当 $r_{pq}<0$ 时，代表 1 类状态时办

公空间使用者开窗行为发生概率较大；当 $r_{pq}>0$ 时，代表 2 类状态时办公空间使用者开窗行为发生概率较大。采用上述系数进行相关性分析时，显著性水平均为 0.05，当 $p<0.05$ 时，解析因素与开窗行为概率之间的相关性关系显著。

2. 逻辑回归分析

在本书中，应用二元逻辑回归法来定义相关变量与窗口开启概率之间的关系，采用光滑非线性函数对连续协变量进行建模。

1970 年，Logit 变换被引入[163]，建立了 Logit 回归。条件概率 $P\{Y=1|x\}$ 为因变量发生概率，其与自变量的关系通常不是线性的。对于二元逻辑回归法，当只有因变量为二元时，即发生或不发生，条件概率 $P\{Y=1|x\}$ 与自变量 x 的逻辑回归拟合能够以较为便捷的方法直接建立自变量与因变量的关系，条件概率 $P\{Y=1|x\}$ 取值范围为 0～1。式（4-1）与式（4-2）表达了自变量与条件概率的关系：

$$\mathrm{Logit}(P)=\ln\frac{P}{1-P} \tag{4-1}$$

$$P=\frac{\exp(\beta_0+\beta_1x_1+\cdots+\beta_kx_k)}{1+\exp(\beta_0+\beta_1x_1+\cdots+\beta_kx_k)} \tag{4-2}$$

式中，$P/(1-P)$ 为相对风险或优势。

本书中，对回归显著性的估计为基于 0.05 显著性水平的似然比检验。回归模型还需通过霍斯默-莱梅肖检验。此检验将预测模型中的观测值和预测概率进行均分组，其零假设为每组中的上述两类数据无显著差异。当接受此零假设，即卡方值对应的 p 值大于显著性水平 0.05 时，预测模型具有良好的拟合度。反之，预测模型拟合度差，预测模型不成立。伪决定系数 Ngk R^2 用于说明回归的拟合度，一般而言，此系数越接近 1，拟合度越高。通常认为，逻辑回归中的伪决定系数达 0.3 时，已获得较优拟合度。逻辑回归中采用优势比（odds radio，OR）分析输入参数的存在或改变，对办公空间使用者开窗行为状态改变的关联比率也揭示了单个因素对行为发生的预测能力。

采用逻辑回归法建构行为发生预测模型前，首先应用数据变换进行数据预处理来定义预测变量的属性，并得到更好的数据分布。定类变量，如一天中的时间（上午/下午）和性别，将被转化为二分变量语言，即 0 和 1；定距变量，如使用者的感觉投票等，其 7 点投票结果转换为 3 点投票，以使用者热感觉投票为例，–3～–0.1 的投票结果定义为冷，–0.1～0.1 的投票结果定义为适中，0.1～3 的投票结果定义为热。

3. 决策树分析

决策树分析是常用的数据挖掘技术之一。数据挖掘技术通常是指采用算法在大量数据中搜索隐藏信息的技术方法。决策树分析是基于事件发生的已知概率寻找期望值大于或等于零的概率，属于有监督学习[164]。它是一种直观的概率分析方法，其分支流程图形式的分类模型易于理解和操作。模型的架构为树结构，代表了对象属性与对象值之间的映射关系，其中的每个内部节点代表一个属性的测试，每个叶节点代表一个类别对象，每条分支路径表示可能的属性值，每个叶节点对应从根阶段到叶节点值的路径所表示的对象。

决策树的分类目标和分类依据的数据源均为问卷数据，目标输出是办公空间使用者开窗行为发生概率。本研究应用预测性分析和数据挖掘软件 RapidMiner 建构决策树模型，通过输入信息的阈值或类别的差异，分类办公空间使用者开窗行为发生概率，进一步探究办公空间使用者开窗行为机理。

决策树分析的核心算法包括 ID3 与 C4.5。C4.5 算法由 Quinlan[164]引入，其继承了 ID3 算法的优点，且在选择属性时引入信息增益率（information gain ratio）改进了 ID3 算法。C4.5 算法能够避免过多、过细的数据分组，完成对连续属性的离散化处理和对不完整数据进行处理，从而更为合理地建构树形模型。虽然 C4.5 算法的运算过程在树结构的构造过程中需要多次顺序扫描，耗时较久，但其准确率高，易于操作和理解。

本研究采用 C4.5 算法，将数据分隔为预定义的类，并对给定的数据进行描述、分类及定义，从而建立一个分类模型（图 4-3）。该算法基于一定输入属性（预测属性）得到预测价值的目标属性（标签属性）。树模型的每个内部节点都对应一个预测属性，内部节点的分支数目与相应预测属性的可能值数目相等。

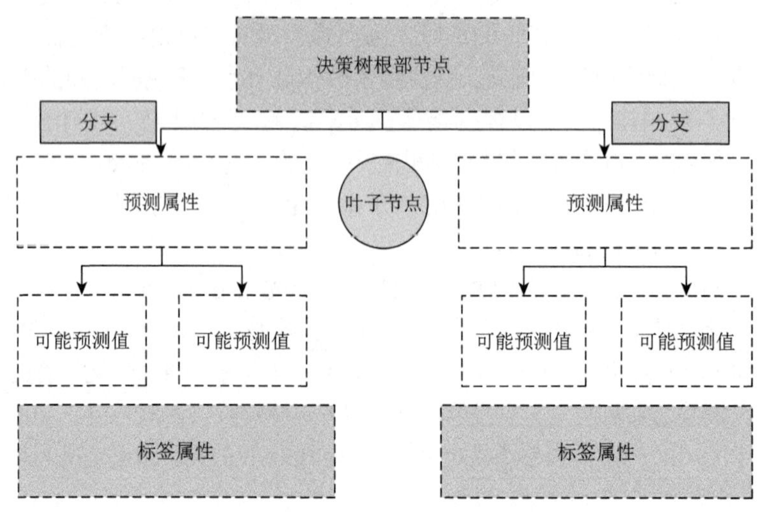

图 4-3　决策树模型分支流程图[113]

决策树模型的建构分为两个步骤，即学习和分类（图 4-4）。在学习过程中，将数据自动且随机分为两组：训练组和校验组。经过生成与校验，形成决策树模型。在分类过程中，通过交叉验证法对决策树的准确性进行验证，以估测学习过程中的性能表现。这一过程中，数据集划分成大小相等的 k 个子集。在 k 个子集中，一个子集作为测试数据集，其余 $k-1$ 个子集作为训练数据集。交叉验证过程重复 k 次，k 个子集中的每一个子集都作为测试数据集。将 k 次迭代的结果取平均值，得到最后唯一的估计值。在本次研究的验证中，k 的取值为 10。当达到一定精度时，决策树完成对数据集的分类和预测。

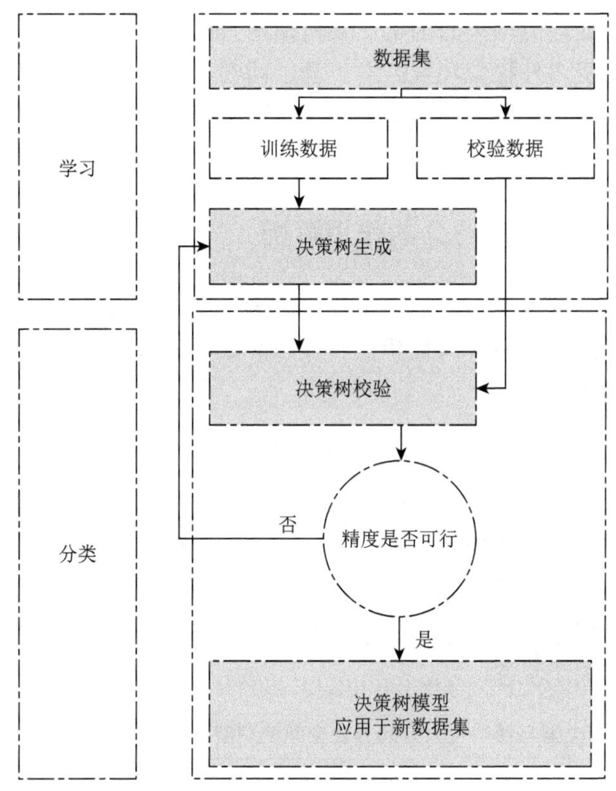

图 4-4　决策树模型生成过程[113]

在构建决策树时，C4.5 算法通过评估“增益”（收益率）来处理未知属性值记录的数据集。使用熵（entropy）衡量数据的无序性，并最大限度地提升增益。增益值的计算方法为

$$\text{Gain}(y,j)=\text{Entropy}(y-(j\mid y)) \tag{4-3}$$

$$\text{Entropy}(y)=-\sum_{j=1}^{n}(y_i/y)\log_2(y_i/y) \tag{4-4}$$

$$\text{Entropy}(j/y)=(y_i/y)\log_2(y_i/y) \tag{4-5}$$

在决策树分析前，对数据进行预处理，定义预测参数的属性，将定类变量转

为二分变量，将定距变量转为三级变量，依据定量数据的分布特征，将定量变量分组，转化为定类标量。例如，将室内空气温度数据分为 3 组，以数据的中位数为分组依据，将数据进行分组，再进行数据分级化处理。此数据处理方法在决策树分析研究中广为应用[27]。

4.2　建筑空间与物理环境因素对行为的作用解析

与使用者所处地点相关的因素主要包括两方面，即使用者所处的建筑空间因素和所处环境的室内外物理环境因素。基于问卷与实测数据，按照行为机理的数据解析流程和方法，解析不同季节中各个建筑空间与物理环境因素对办公空间使用者开窗行为的作用。

4.2.1　建筑空间因素对行为的作用解析

依据行为机理解析方案，基于相关性分析、逻辑回归分析和决策树分析，解析空间类型、朝向、使用者人数和空间设计参数等建筑空间因素对寒地办公空间使用者开窗行为的作用。

1. 相关性分析与逻辑回归分析的解析结果

依据实测数据，对比不同空间类型与使用者人数的办公空间使用者开窗行为分布的一致性，如表 4-3 所示。在春季，办公空间使用者开窗行为分布与办公空间类型和使用者人数无关。在夏季，两个单人办公空间使用者开窗行为分布一致，窗口为连续开启状态。在秋季和冬季，两个双人办公空间使用者开窗行为分布一致，窗口为连续关闭状态。

表 4-3　不同空间类型与使用者人数的办公空间使用者开窗行为实测数据分布一致性对比

<table>
<tr><th colspan="2">空间类型</th><th>春</th><th>夏</th><th>秋</th><th>冬</th><th>使用者人数</th><th>春</th><th>夏</th><th>秋</th><th>冬</th></tr>
<tr><td>A1
B</td><td rowspan="2">单元式
办公空间</td><td>×</td><td>√</td><td>×</td><td>×</td><td>1</td><td>×</td><td>√</td><td>×</td><td>×</td></tr>
<tr><td>A2
C</td><td>×</td><td>×</td><td>√</td><td>√</td><td>2</td><td>×</td><td>×</td><td>√</td><td>√</td></tr>
<tr><td>D1
D2</td><td rowspan="3">开放式
办公空间</td><td rowspan="3" colspan="4">×</td><td>3～10</td><td>×</td><td>×</td><td>×</td><td>×</td></tr>
<tr><td>E1
E2</td><td>11～20</td><td>×</td><td>×</td><td>×</td><td>×</td></tr>
<tr><td>F1
F2</td><td>>20</td><td>×</td><td>×</td><td>×</td><td>×</td></tr>
</table>

注：√表示一致，×表示不一致。

建筑空间因素对办公空间使用者开窗行为的影响分析结果如表 4-4 所示。结果表明，在春季和夏季，部分建筑空间因素与行为发生概率相关，且两者间具有函数关系。春季时，多个建筑空间因素能够促动办公空间使用者开窗行为的发生，包括办公空间的使用者人数、开间、进深、面积和窗口面积。办公空间类型与办公空间使用者开窗行为之间为相关关系，但空间类型不决定其使用者是否发生开窗行为。夏季时，自然通风办公空间的进深和面积影响开窗行为发生概率，而其他制冷类型办公空间的建筑空间因素不影响开窗行为发生概率。在秋季和冬季，建筑空间参数与行为发生概率间没有相关关系或函数关系。

具体来说，在春季，相关性分析结果中 r_{pq} 值均小于 0，即规模更大的办公空间使用者发生开窗行为的概率更高；而在夏季与之相反，r_{pq} 值均大于 0，即进深与面积较小的办公空间更倾向于开窗，且 r_{pq} 与 OR 的绝对值均大于春季，表明夏季时，办公空间设计因素对开窗行为概率影响更大。

表 4-4　基于相关性分析和逻辑回归分析的问卷数据建筑空间因素影响分析

季节	类别	逻辑回归分析			Lambda 分析	
		水平/单位	OR[a]	p	λ[b]	p
春季	办公空间类型（开放）	单元	—	NS[c]	0.011	0.017
					点二列相关系数	
					r_{pq}	p
	办公空间使用者人数	人	0.027	<0.0001	–0.153	<0.0001
	办公空间开间	m	0.015	<0.0001	–0.172	<0.0001
	办公空间进深	m	0.014	<0.0001	–0.154	<0.0001
	办公空间面积	m^2	0.023	<0.0001	–0.169	<0.0001
	窗口面积	m^2	0.024	<0.0001	–0.161	<0.0001
夏季（自然通风办公空间）	办公空间进深	m	0.44	<0.0001	0.31	<0.0001
	办公空间面积	m^2	0.32	<0.0001	0.26	<0.0001

a 优势比 OR 是指输入参数的存在或改变，对开窗行为概率改变的关联比率。

b 使用此因素预测开窗行为概率能够降低的预测错误率。

c NS（not significant）表示解释变量对响应变量没有显著影响，即 $p>0.05$，此参数变化未能显著影响开窗行为。

2. 决策树分析的解析结果

采用决策树分析得到建筑空间因素对办公空间使用者开窗行为概率的分类预测结果，如图 4-5 和图 4-6 所示。

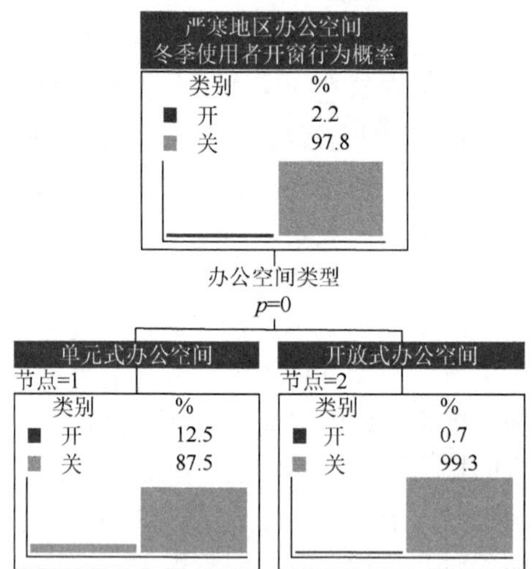

图 4-5　冬季办公空间类型影响下办公空间使用者开窗行为发生概率分类

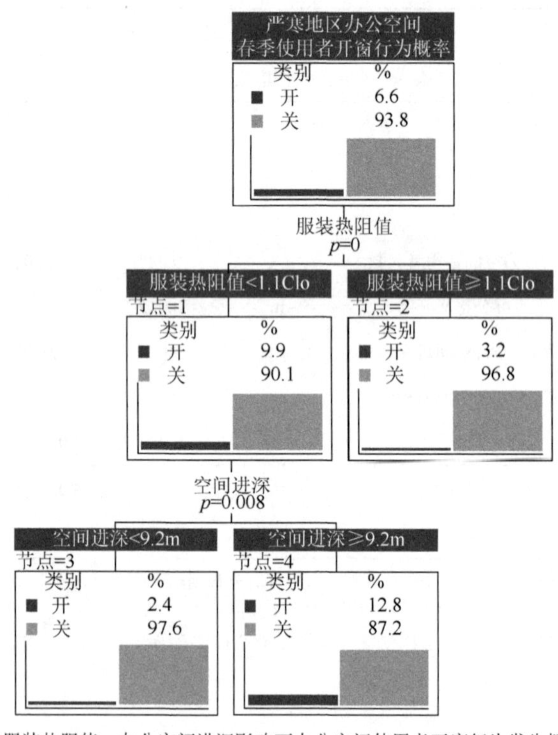

(a) 春季使用者服装热阻值、办公空间进深影响下办公空间使用者开窗行为发生概率分类

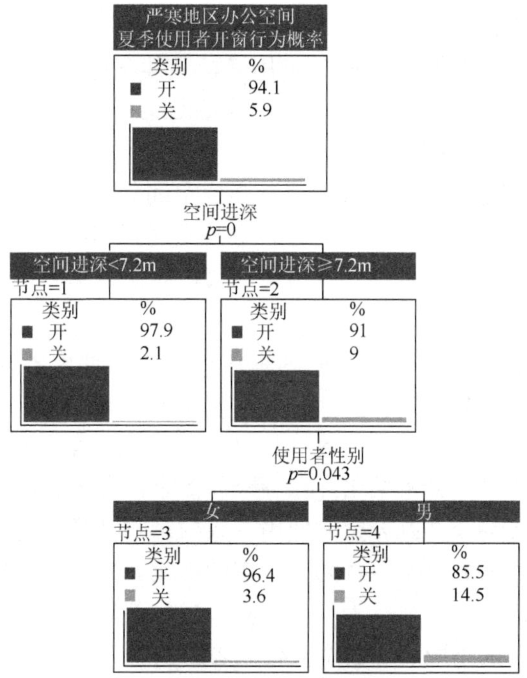

(b) 夏季自然通风办公空间进深、使用者性别影响下办公空间使用者开窗行为发生概率分类

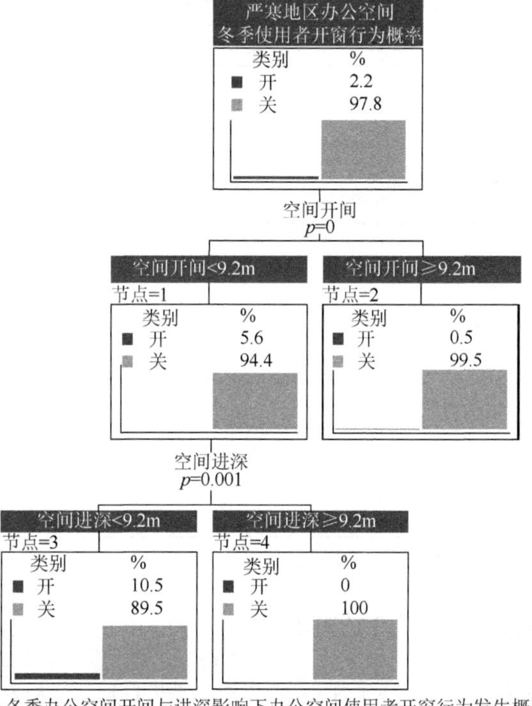

(c) 冬季办公空间开间与进深影响下办公空间使用者开窗行为发生概率分类

图 4-6　办公空间设计因素影响下办公空间使用者开窗行为发生概率分类

在春季、夏季和冬季，办公空间进深均影响办公空间使用者开窗行为概率。在春季，服装热阻值小于 1.1Clo 的使用者，当其在进深大于或等于 9.2m 的办公空间时，其发生开窗行为的概率较高（图 4-6（a））；在夏季自然通风办公空间中，当办公空间进深小于 7.2m 时，办公空间使用者开窗概率略高，为 97.9%（图 4-6（b））；在冬季，办公空间进深小于 9.2m 时，办公空间使用者开窗概率略高，为 5.6%（图 4-6（c））。除上述因素外，在冬季，办公空间开间越小，其使用者开窗概率越高。这与办公空间类型因素的分析结果一致，即在冬季，单元式办公空间使用者开窗倾向略高（图 4-5）。

综合上述分析，总结建筑空间因素对办公空间使用者开窗行为的影响，如表 4-5 所示。依据实测分布分析结果，在多数情况下，相同规模和空间类型的办公空间使用者开窗行为分布不一致，且包含多种使用者开窗行为类型。依据逻辑回归分析结果和决策树分析结果，在春季和冬季，办公空间类型影响办公空间使用者开窗行为。在春季，办公空间使用者人数影响开窗行为。在春季、夏季与冬季，办公空间设计参数对开窗行为有一定的影响。各项分析结果均表明，办公空间制冷模式导致使用者开窗行为产生差异。建筑朝向、采暖类型、窗口设计参数等其他建筑空间因素不影响办公空间使用者开窗行为。

表 4-5　建筑空间因素对办公空间使用者开窗行为影响总结

建筑空间因素	季节	实测分布分析结果	逻辑回归分析结果	决策树分析结果
办公空间类型	春	×	√	×
	夏	*	*	*
	秋	×	×	×
	冬	×	×	√
办公空间使用人数	春	×	√	×
	夏	×	×	×
	秋	×	×	×
	冬	×	×	×
办公空间设计参数	春	—	√	√
	夏	—	√	√
	秋	—	×	×
	冬	—	×	√

注：×表示无影响，√表示有影响，*表示与制冷类型相关。

4.2.2　物理环境因素对行为的作用解析

依据行为机理解析方案，基于相关性分析、逻辑回归分析和决策树分析，解析温度、相对湿度和风速等物理环境因素对办公空间使用者开窗行为的作用。

1. 相关性分析与逻辑回归分析的解析结果

依据问卷和实测数据，从群体和个体两个角度进行解析，获得如下结果。

1）问卷数据结果与分析

对问卷数据进行相关性分析和逻辑回归分析，结果如表 4-6 所示。春季时仅有室内空气温度这一物理环境因素影响办公空间使用者开窗行为发生概率，其他因素不影响；夏季时仅有室内相对湿度、室外空气温度（中央空调制冷办公空间）和室外相对湿度（中央空调制冷办公空间）影响办公空间使用者开窗行为发生概率；在秋季和冬季，室内外物理环境因素均与使用者开窗行为无关。

表 4-6　基于相关性分析和逻辑回归分析的问卷数据物理环境因素影响分析

季节	类别	单位	逻辑回归分析		点二列相关系数	
			OR	p	r_{pq}	p
春季	室内空气温度	℃	1.282	＜0.0001	–0.018	0.014
夏季（自然通风办公空间）	室内相对湿度	%	0.93	0.02	0.3	＜0.0001
夏季（独立空调制冷办公空间）	室内相对湿度	%	0.804	0.023	–0.260	0.001
夏季（中央空调制冷办公空间）	室外空气温度	℃	0.829	＜0.0001	0.138	0.01
	室外相对湿度	%	1.028	＜0.0001	–0.16	0.003
	室内相对湿度	%	1.108	＜0.0001	–0.15	0.005

在春季，室内空气温度的相关性分析所得 r_{pq} 的绝对值较低，室内空气温度对办公空间使用者开窗行为的影响较低。$r_{pq}<0$，室内空气温度越高，开窗概率越高。

在夏季，室内相对湿度的相关性分析所得 r_{pq} 的绝对值较高，能够较好地预测办公空间使用者开窗行为发生概率。在自然通风办公空间中，$r_{pq}>0$，室内相对湿度越低，开窗概率越高。在空调制冷办公空间中，$r_{pq}<0$，室内相对湿度越高，开窗概率越高。

对每一办公空间的问卷数据进行相关性分析和逻辑回归分析，结果如表 4-7 所示。仅在夏季，中央空调制冷办公空间使用者因物理环境因素的影响而开窗，其中主要影响参数为室外空气温度和室外相对湿度。办公空间 F2 中，影响参数还包括室内相对湿度和室外风速。在夏季和秋季，部分办公空间中，物理环境因素与办公空间使用者开窗行为相关，但逻辑回归分析结果表明 $p>0.05$，两者之间不能够形成连续的函数相关关系。

表 4-7 基于相关性分析和逻辑回归分析的各个办公空间问卷数据物理环境因素影响分析

季节	办公空间名称	类别	单位	逻辑回归分析		点二列相关系数	
				OR	p	r_{pq}	p
夏季	D1	室内空气温度	℃	—	NS	0.413	0.012
	F1	室外空气温度	℃	0.861	0.041	–0.152	0.039
		室外相对湿度	%	1.026	0.018	0.177	0.016
	F2	室外空气温度	℃	1.108	<0.0001	–0.15	0.005
		室外相对湿度	%	1.028	<0.0001	–0.16	0.003
		室外风速	m/s	1.033	0.004	–0.295	<0.0001
		室内相对湿度	%	1.134	<0.0001	0.237	0.003
秋季	B	室内空气温度	℃	—	NS	–0.519	0.033
	F2	室外相对湿度	%	—	NS	–0.421	0.009
		室内空气温度	℃	—	NS	–0.326	0.049

2）实测数据结果与分析

对实测数据进行相关性分析和逻辑回归分析，结果如表 4-8 所示。影响办公空间使用者开窗行为发生概率的物理环境因素仅包括夏季时室外空气温度和室外相对湿度（中央空调制冷办公空间），但其拟合度较低。

在各个季节中，室内外空气温度等物理环境因素与办公空间使用者开窗行为仅具有相关关系，但逻辑回归分析结果表明 $p>0.05$，两者之间不具有函数关系。

表 4-8 基于相关性分析和逻辑回归分析的实测数据物理环境因素影响分析

季节	类别	单位	逻辑回归分析		点二列相关系数	
			OR	p	r_{pq}	p
春季	室外空气温度	℃	—	NS	0.04	<0.0001
	室内空气温度	℃	—	NS	0.105	<0.0001
	室内相对湿度	%	—	NS	–0.098	0.014
夏季（自然通风办公空间）	室外空气温度	℃	—	NS	0.149	<0.0001
	室外相对湿度	%	—	NS	–0.111	<0.0001
	室外风速	m/s	—	NS	–0.111	<0.0001
	室内空气温度	℃	—	NS	–0.087	<0.0001
	室内相对湿度	%	—	NS	–0.072	<0.0001
夏季（独立空调制冷办公空间）	室外相对湿度	%	—	NS	–0.118	0.01
	室内空气温度	℃	—	NS	0.287	<0.0001
	室内相对湿度	%	—	NS	–0.127	<0.0001

续表

季节	类别	单位	逻辑回归分析		点二列相关系数	
			OR	p	r_{pq}	p
夏季（中央空调制冷办公空间）	室外空气温度	℃	1.027	0.015	0.054	0.015
	室外相对湿度	%	1.006	0.009	–0.058	0.09
	室内相对湿度	%	—	NS	0.151	<0.0001
秋季	室外空气温度	℃	—	NS	0.17	<0.0001
	室外相对湿度	%	—	NS	0.025	0.11
	室内空气温度	℃	—	NS	0.086	<0.0001
冬季	室外空气温度	℃	—	NS	0.037	<0.0001
	室内空气温度	℃	—	NS	0.015	0.024

对每一办公空间的实测数据进行相关性分析和逻辑回归分析，结果如表 4-9 所示。在春季、夏季和冬季，不同规模的办公空间使用者开窗行为发生概率与物理环境因素间具有相关关系，但只有少数办公空间使用者开窗行为发生概率与物理环境因素间具有函数关系。在春季，办公空间 A1 使用者开窗行为受室外空气温度和室内相对湿度的影响。办公空间 C 使用者开窗行为受室内相对湿度的影响。在春季和夏季，办公空间 F2 使用者开窗行为受室外相对湿度的影响。在冬季，办公空间 B 和 F2 使用者开窗行为受室外空气温度的影响，办公空间 B 使用者开窗行为还受到室外相对湿度的影响。

表 4-9　基于相关性分析和逻辑回归分析的各个办公空间实测数据物理环境因素影响分析

季节	办公空间名称	类别	单位	逻辑回归分析		点二列相关系数	
				OR	p	r_{pq}	p
春季	A1	室外空气温度	℃	1.091	0.041	0.066	0.037
		室内相对湿度	%	0.738	<0.0001	0.255	<0.0001
	B	室外空气温度	℃	—	NS	0.25	<0.0001
		室内空气温度	℃	—	NS	0.054	0.014
		室内相对湿度	%	—	NS	0.111	<0.0001
	A2	室外空气温度	℃	—	NS	0.224	<0.0001
		室内空气温度	℃	—	NS	0.12	<0.0001
	C	室外空气温度	℃	—	NS	0.159	<0.0001
		室内相对湿度	%	0.812	<0.0001	0.188	<0.0001
	E1	室内空气温度	℃	—	NS	0.054	0.015
		室内相对湿度	%	—	NS	–0.046	0.041

续表

季节	办公空间名称	类别	单位	逻辑回归分析		点二列相关系数	
				OR	p	r_{pq}	p
春季	F1	室外空气温度	℃	—	NS	0.121	<0.0001
		室内空气温度	℃	—	NS	0.099	<0.0001
		室内相对湿度	%	—	NS	–0.061	0.006
	F2	室外空气温度	℃	—	NS	–0.267	<0.0001
		室外相对湿度	%	1.023	<0.0001	0.155	<0.0001
夏季	A2	室外空气温度	℃	—	NS	0.146	<0.0001
		室外相对湿度	%	—	NS	–0.083	<0.0001
		室外风速	m/s	—	NS	0.18	<0.0001
		室内相对湿度	%	—	NS	–0.103	<0.0001
	D1	室外空气温度	℃	—	NS	0.306	<0.0001
		室外相对湿度	%	—	NS	–0.261	<0.0001
		室内空气温度	℃	—	NS	0.206	<0.0001
		室内相对湿度	%	—	NS	–0.224	<0.0001
	D2	室外空气温度	℃	—	NS	0.392	<0.0001
		室外相对湿度	%	—	NS	–0.148	<0.0001
		室内相对湿度	%	—	NS	–0.054	0.039
	D2′	室外相对湿度	%	—	NS	–0.118	0.01
		室内空气温度	℃	—	NS	0.287	<0.0001
		室内相对湿度	%	—	NS	–0.127	<0.0001
	F1	室外相对湿度	%	—	NS	0.071	0.024
		室内相对湿度	%	—	NS	0.141	<0.0001
	F2	室外相对湿度	%	1.017	0.014	0.092	0.013
		室内相对湿度	%	—	NS	–0.058	0.029
秋季	B	室内空气温度	℃	—	NS	0.145	<0.0001
		室内相对湿度	%	—	NS	0.063	0.004
	F2	室外相对湿度	%	—	NS	0.064	0.036
		室内空气温度	℃	—	NS	0.075	0.014
冬季	B	室外空气温度	℃	0.288	<0.0001	–0.166	<0.0001
		室外相对湿度	%	0.934	0.01	–0.084	0.006
	F2	室外空气温度	℃	1.669	<0.0001	0.552	<0.0001

注：D2 和 D2′分别代表办公空间 D2 的空调设备移除阶段和具有独立空调设备制冷阶段。

2. 决策树分析的解析结果

采用决策树分析得到物理环境因素对办公空间使用者开窗行为概率的分类预测结果，如图 4-7 所示。仅在夏季，中央空调制冷办公空间使用者开窗行为受室外空气温度和室外相对湿度的影响，不受其他物理环境因素影响。在其他季节，办公空间使用者开窗行为不受物理环境因素影响。

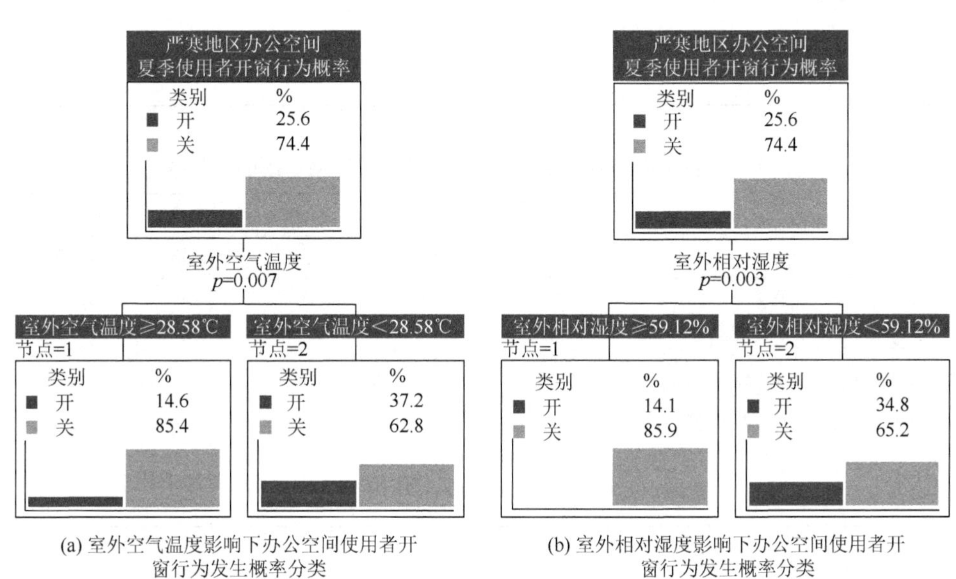

(a) 室外空气温度影响下办公空间使用者开窗行为发生概率分类

(b) 室外相对湿度影响下办公空间使用者开窗行为发生概率分类

图 4-7　夏季物理环境因素影响下中央空调制冷办公空间使用者开窗行为发生概率分类

在夏季，当室外空气温度高于或等于 28.58℃时，中央空调制冷办公空间使用者开窗概率较低，为 14.6%；而当室外空气温度低于 28.58℃时，开窗概率上升为 37.2%（图 4-7（a））。当室外相对湿度高于或等于 59.12%时，办公空间使用者开窗概率较低，为 14.1%；而当室外相对湿度低于 59.12%时，开窗概率上升为 34.8%（图 4-7（b））。对其他物理环境数据因素进行决策树分析，没有得到概率预测分类结果。

依据相关性分析、逻辑回归分析和决策树分析结果，总结物理环境因素的解析结果，如表 4-10 和表 4-11 所示。对调查样本整体而言，在春季，室内空气温度影响办公空间使用者开窗行为；在夏季，室内相对湿度影响所有制冷类型办公空间使用者开窗行为，室外空气温度和室外相对湿度影响中央空调制冷办公空间使用者开窗行为发生概率；在秋季和冬季，物理环境因素不促动开窗行为的发生。

表 4-10　办公空间使用者开窗行为物理环境促动因素总结

季节	室外物理环境因素			室内物理环境因素	
	空气温度	相对湿度	风速	空气温度	相对湿度
春季	×	×	×	√	×
夏季（自然通风办公空间）	×	×	×	×	√
夏季（独立空调制冷办公空间）	×	×	×	×	√
夏季（中央空调制冷办公空间）	√	√	×	×	√
秋季	×	×	×	×	×
冬季	×	×	×	×	×

表 4-11　各个办公空间使用者开窗行为物理环境促动因素总结

季节	室外物理环境因素			室内物理环境因素	
	空气温度	相对湿度	风速	空气温度	相对湿度
春季	A1	F2	—	—	A1、C
夏季（自然通风办公空间）	—	—	—	—	—
夏季（独立空调制冷办公空间）	—	—	—	—	—
夏季（中央空调制冷办公空间）	F1	F1、F2	F2	—	F2
秋季	—	—	—	—	—
冬季	B、F2	B	—	—	—

对调查样本个体而言，在春季，室外空气温度和室内相对湿度影响单元式办公空间 A1 使用者开窗行为，室内相对湿度影响单元式办公空间 C 使用者开窗行为，室外相对湿度影响开放式办公空间 F2 使用者开窗行为。在夏季，物理环境因素只影响中央空调制冷办公空间使用者开窗行为，室外空气温度和相对湿度影响开放式办公空间 F1 使用者开窗行为，室内外相对湿度和室外风速影响开放式办公空间 F2 使用者开窗行为。在冬季，室外空气温度和相对湿度影响单元式办公空间 B 使用者开窗行为，室外空气温度影响开放式办公空间 F2 使用者开窗行为。

调查样本个体的解析结果表明，少数办公空间使用者开窗行为受物理环境因素的影响。此结果将用于划分办公空间使用者开窗行为机理的类别，并进一步作为办公空间使用者开窗行为预测模型的输入数据。

4.3　时间因素对行为的作用解析

本节依据行为机理解析方案，以实测数据和问卷数据为基础，采用数据分布解析和差异性检验等方法，解析时间因素对寒地办公空间使用者开窗行为的作用。时间因素包括办公空间使用者工作作息和自然节律两方面。

4.3.1　工作作息因素对行为的作用解析

办公空间使用者具有较为规律的工作作息，相对其他类型建筑中的使用者，其行为状态更易受到工作作息的影响。基于工作作息影响，办公空间使用者在工作开始和结束时改变窗口的状态，即开关窗行为集中在固定的时刻，此时无法进行相关性分析和逻辑回归分析。既有研究通过统计开窗行为发生时刻分布的方法，分析工作作息对办公空间使用者开窗行为的影响[79]。

数据统计采用两种方法：第一种方法针对具有规律工作作息的办公空间，依据办公空间使用者工作作息时刻表，统计在每个工作作息时刻发生的开窗频次与总开窗频次的比值，得出使用者工作作息时刻的行为发生概率。第二种方法针对工作时间较为弹性的办公空间，将办公空间使用者开窗行为分布与使用者在室情况分布一一对应，统计发生在使用者工作作息变化时刻的行为概率。

依据纵向调查中的问卷、访谈和实测数据，统计各个办公空间使用者的工作作息时刻，如表 4-12 所示。多数办公空间具有严格的上下班时间和固定的午休时间，少数办公空间在周末与夜间的加班频率较高。

表 4-12　各个办公空间使用者工作作息时刻表

办公空间名称	最晚到达时间	午休时间	最早离开时间	备注
A1、A2	8:30	11:30～13:00	16:00	允许早退（A2 早退时刻多为 15:00～15:40），午休不在办公空间
B	8:30	11:30～13:30	17:30	工作时间弹性较小，午休不在办公空间
C	8:30	11:30～13:00	16:30	工作时间弹性较小
D1、D2	8:00	11:30～13:00	17:00	工作时间弹性较小，午休不在办公空间
E1、E2	弹性时间	弹性时间，午休多在 11:00～12:00 开始	弹性时间	夜间和周末加班频率较高
F1、F2	8:30	11:30～13:00	17:00	工作时间严格，夜间和周末加班频率较高

1. 春季结果与分析

春季工作作息时刻办公空间使用者开窗行为发生概率如表 4-13 所示。

表 4-13　春季工作作息时刻办公空间使用者开窗行为发生概率

办公空间名称	开窗概率/关窗概率/%				
	工作开始时刻	午休开始时刻	午休结束时刻	工作结束时刻	总计
A1	36.4/—	—	18.2/—	—	54.6/—
B	68.8/18.8	6.3/6.3	12.5/12.5	—/25	87.6/62.6
A2	55/5	5/10	10/15	—/20	70/50
C	20/—	13.3/6.7	13.3/—	—/—	46.6/6.7
D1	47.4/—	21.1/—	26.3/21.1	—/36.8	94.8/57.9
D2	43.1/—	11.8/—	15.7/9.8	—/9.8	70.6/19.6
E1	—/—	50/—	—/—	—/—	50/—
F1	30.8/—	—/15.4	7.7/—	—/—	38.5/15.4
F2	60/20	20/—	6.7/1.3	—/20	86.7/41.3

多数办公空间使用者开窗行为不同程度地发生于使用者进出办公空间时。上述样本行为发生在工作作息时刻的频次多超过 50%。办公空间 D1 使用者开窗行为与工作作息的关系最为紧密，94.8%发生在工作作息时刻。

将办公空间 E2 使用者开窗行为变化时刻与使用者在室情况对应，分析结果如图 4-8 所示，80%频次的办公空间使用者开窗行为发生在使用者进入办公空间时刻，但较少发生于离开时刻，办公空间使用者的到达行为影响开窗行为。

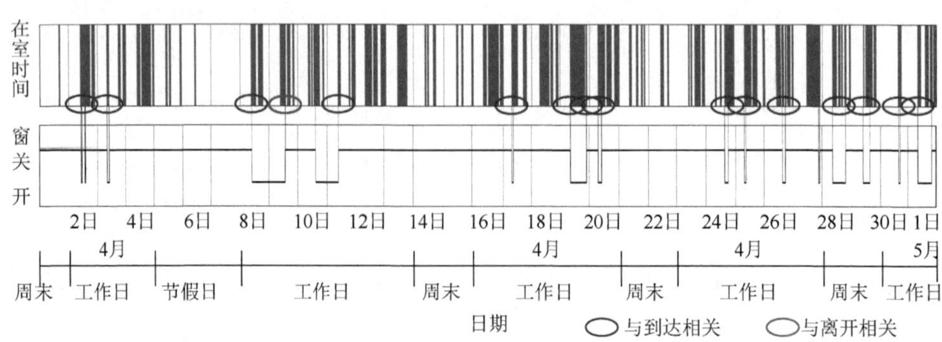

图 4-8　春季开放式办公空间 E2 使用者开窗行为与工作作息分布（扫封底二维码可见彩图）

2. 夏季结果与分析

夏季工作作息时刻办公空间使用者开窗行为发生概率如表 4-14 所示。

表 4-14　夏季工作作息时刻办公空间使用者开窗行为发生概率

办公空间名称	开窗概率/关窗概率/%				
	工作开始时刻	午休开始时刻	午休结束时刻	工作结束时刻	总计
A1	—/—	—/—	—/—	—/—	—/—
B	—/—	—/—	—/—	—/—	—/—
A2	57.9/—	21.1/10.5	10.5/10.5	—/15.8	89.5/36.8
C	—/—	—/—	—/—	—/—	—/—
D1	75/—	—/7.1	3.5/25	—/53.6	78.5/85.7
D2	68.8/—	18.8/18.8	—/18.8	—/6.3	87.6/43.9
D2′	56.5/—	17.4/4.3	4.3/13	—/60.9	78.2/78.2
E1	—/—	—/—	—/—	—/—	—/—
F1	—/—	14.3/28.6	—/14.3	28.6/—	42.9/42.9
F2	46.7/—	6.7/20	6.7/6.7	—/20	60.1/46.7

注：D2 和 D2′分别代表办公空间 D2 的空调设备移除阶段和具有独立空调设备制冷阶段。

多数办公空间使用者开窗行为发生于使用者工作作息时刻，包括办公空间 A2、D1、D2、E1、F1 和 F2 等。其中，除办公空间 F1 外，其他办公空间使用者开窗行为发生于工作作息时刻的频次超过 50%。办公空间 F1 使用者开窗行为多为昼夜连续开窗模式，单次开窗时间较长，少有行为变化，42.9%的行为变化频次发生在使用者离开办公空间时。

在夏季，办公空间 E2 使用者开窗行为多发生于使用者到达办公空间时，少量发生于使用者离开办公空间时，如图 4-9 所示。其使用者开窗时长较长、行为变化频次较少，当使用者到达办公空间时会改变长时间稳定不变的窗口状态。

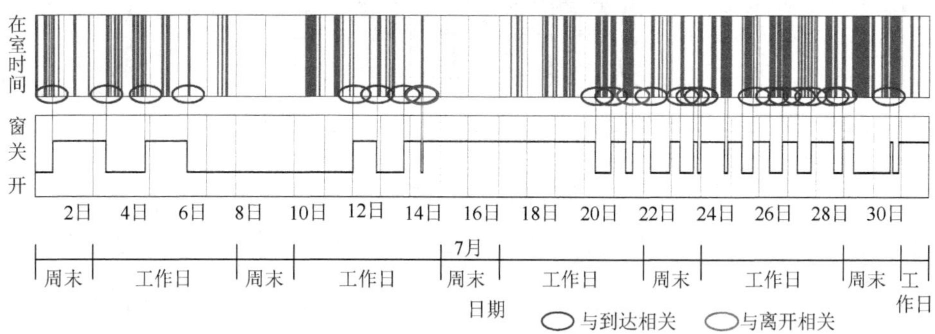

图 4-9　夏季开放式办公空间 E2 使用者开窗行为与工作作息分布（扫封底二维码可见彩图）

3. 秋季结果与分析

秋季工作作息时刻办公空间使用者开窗行为发生概率如表 4-15 所示。在秋季，办公空间使用者开窗行为发生在工作作息时刻的样本比例减少。

表 4-15　秋季工作作息时刻办公空间使用者开窗行为发生概率

办公空间名称	开窗概率/关窗概率/%				
	工作开始时刻	午休开始时刻	午休结束时刻	工作结束时刻	总计
A1	—/—	—/—	—/—	—/—	—/—
B	42.8/—	14.3/14.3	14.3/28.6	—/—	71.4/42.9
A2	—/—	—/—	—/—	—/—	—/—
C	—/—	—/—	—/—	—/—	—/—
D1	43.8/—	31.3/—	—/37.5	12.5/6.3	87.6/43.8
D2	58.3/—	8.3/—	16.7/—	16.7/—	100/—
E1	—/—	—/—	—/—	—/—	—/—
F1	—/—	—/—	—/—	—/—	—/—
F2	15.4/—	15.4/—	23.1/—	—/15.4	53.9/15.4

60%样本的办公空间使用者未开启办公空间窗口，其使用者工作作息因素不影响开窗行为。办公空间使用者开窗行为发生在工作作息时刻的样本包括办公空间 B、D1、D2 和 F2，且概率均超过 50%，其开窗行为大多发生在使用者清晨到达办公空间时。办公空间 D2 使用者开窗行为与工作作息的关系最为紧密，100%发生在工作作息时刻。

将办公空间 E2 使用者开窗行为变化时刻与使用者在室情况对应，分析结果如图 4-10 所示。55.6%频次的办公空间使用者开窗行为与使用者工作作息相关，其模式为到达时开窗，离开时关窗。

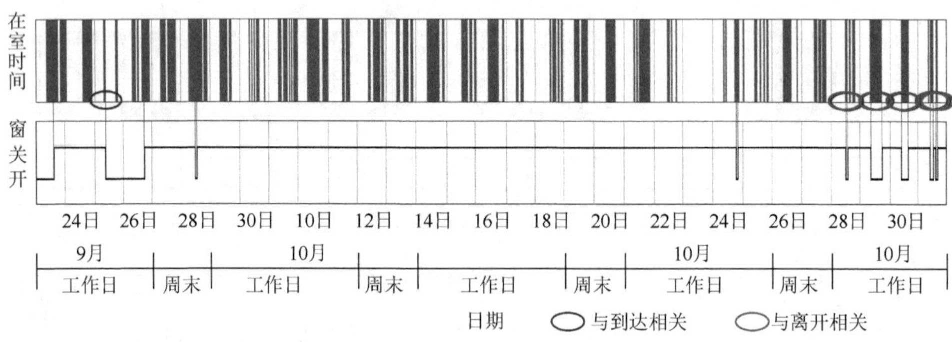

图 4-10　秋季开放式办公空间 E2 使用者开窗行为与工作作息分布（扫封底二维码可见彩图）

4. 冬季结果与分析

在冬季，办公空间使用者开窗行为发生在工作作息的样本比例与秋季相同，如表 4-16 所示。这些办公空间使用者开窗行为频次和时长减少，但行为发生在工作作息的概率类似，也多发生在清晨使用者到达办公空间时。与秋季相同，办公空间 D2 使用者开窗行为与工作作息的关系最为紧密，100%发生在工作作息时刻。

表 4-16　冬季工作作息时刻办公空间使用者开窗行为发生概率

办公空间名称	开窗概率/关窗概率/%				
	工作开始时刻	午休开始时刻	午休结束时刻	工作结束时刻	总计
A1	—/—	—/—	—/—	—/—	—/—
B	84.2/—	—/—	5.3/—	—/—	89.5/—
A2	—/—	—/—	—/—	—/—	—/—
C	—/—	—/—	—/—	—/—	—/—
D1	43.8/—	31.3/—	—/37.5	12.5/6.3	87.6/43.8
D2	83.3/—	16.7/—	—/—	—/—	100/—
E1	—/—	—/—	—/—	—/—	—/—
F1	—/—	—/—	—/—	—/—	—/—
F2	36.4/—	—/—	—/—	—/—	36.4/—

在冬季，办公空间 E2 使用者仍保持不定时开窗的行为特征。将办公空间使用者开窗行为状态改变时刻与其在室情况一一对应，56.25%频次的行为发生在使用者进入办公空间时刻，如图 4-11 所示。由此可见，在不同季节中，办公空间 E2 使用者开窗行为均在一定程度上受到使用者到达与离开办公空间的影响。

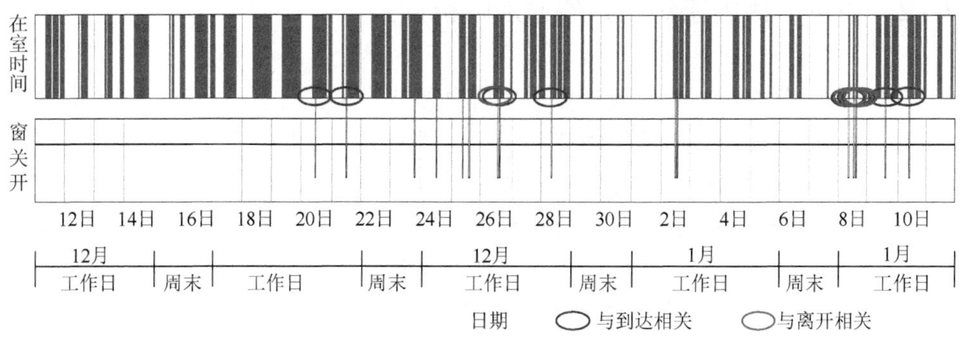

图 4-11　冬季开放式办公空间 E2 使用者开窗行为与工作作息分布（扫封底二维码可见彩图）

基于上述分析，总结使用者工作作息因素对办公空间使用者开窗行为的影响，如表 4-17 所示。在不同季节，办公空间使用者开窗行为受工作作息影响的样本分别占 100%、60%、50%和 50%。在春季，所有办公空间使用者开窗行为均受工作作息影响；在夏季、秋季和冬季，办公空间 D1、D2、E2 和 F2 使用者开窗行为始终受到工作作息影响；随着秋季、冬季转冷，办公空间使用者开窗行为与工作作息的联系更为紧密。

表 4-17　使用者工作作息因素对办公空间使用者开窗行为影响总结表

办公空间名称	到达＋离开时刻与开窗				到达＋离开时刻与关窗			
	春	夏	秋	冬	春	夏	秋	冬
A1	A	×	×	×	×	×	×	×
B	A＋M	×	A＋M	A	A＋M	×	×	×
A2	A＋M	A＋M	×	×	A＋M	A＋M	×	×
C	A＋M	×	×	×	M	×	×	×
D1	A＋M	A	A＋M	A＋M	A＋M	M	A＋M	A＋M
D2	A＋M	A＋M	A＋M	A＋M	A＋M	A＋M	×	×
D2′	—	A＋M	—	—	—	A＋M	—	—
E1	M	×	×	×	×	×	×	×
E2	A＋M	A＋M	A＋M	A	A＋M	A	M	M
F1	A	M	×	×	A＋M	×	×	×
F2	A＋M	A＋M	A＋M	A	A＋M	×	M	×

注：×表示不相关，A 表示与到达相关，M 表示与离开相关。

4.3.2　自然节律因素对行为的作用解析

本节依据问卷数据和实测数据，解析自然节律因素对不同类型办公空间使用者开窗行为的影响，解析的自然节律因素包括季节和一天中的时刻。

在季节因素解析中，为检验在不同季节办公空间使用者开窗行为是否有较大差异，对各个季节的整体数据进行差异性检验。检验前，对数据的分布特征进行分析，对不同季节的办公空间使用者日均开窗时长和开窗频次进行数据分布特征检验，其描述统计量如表 4-18 所示。各个数据的偏度值均不在±0.5 之间，各个偏度的绝对值与标准误的比值均大于 2.5，这表明不同季节行为数据的分布不对应，为非正态数据。对非正态独立样本的差异性检验采用非参数检验中的中位数、克鲁斯卡尔-沃利斯和约克海尔-塔帕斯特拉检验。在各项检验中，显著性均小于 0.05，即说明在不同季节，办公空间使用者开窗时长和频次数据分布有显著性差异。

表 4-18　各个季节工作日和周末办公空间使用者开窗时长与频次的描述统计量

类别		偏度	标准误	偏度绝对值/标准误
工作日	开窗时长日均值	1.836	0.374	4.909
	开窗频次	1.409		3.767
周末	开窗时长日均值	1.803		4.821
	开窗频次	3.228		8.631

对不同季节每一办公空间的使用者开窗时长和频次进行统计，如图 4-12 和图 4-13 所示。工作日统计结果表明，在物理环境类似的春季和秋季，各个办公空间使用者开窗行为差异较大，春季办公空间使用者开窗时长和频次多高于秋季，其中开窗频次差异更为显著。在夏季，80%的办公空间使用者开窗时长显著高于其他季节。在物理环境不同的秋季与冬季，办公空间 A1、A2、C 和 F1 使用者开窗时长和频次类似，办公空间 B 使用者开窗时长类似，但开窗频次不同。在物理环境差异较大的春季和夏季，办公空间 D2 使用者开窗时长和频次较为接近。

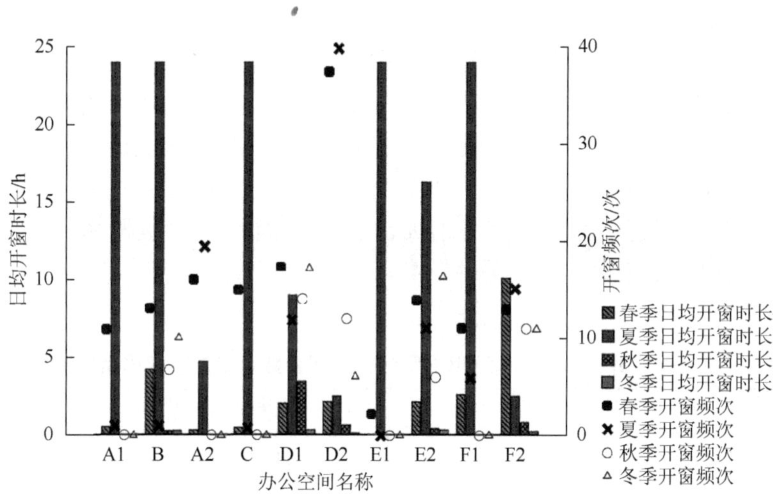

图 4-12　不同季节各个办公空间使用者工作日日均开窗时长和频次（扫封底二维码可见彩图）

周末统计结果表明，在夏季，80%的办公空间使用者开窗时长高于其他季节；在秋季和冬季，50%的办公空间使用者开窗时长和频次一致。

由上述分析可知，即使在类似的室内外物理环境条件下，办公空间使用者仍会表现出不同的开窗行为。在物理环境差异较大的不同季节中，办公空间使用者仍会表现出相同的开窗行为。由此可知，寒地办公空间使用者开窗行为受季节的影响。另外，由物理环境因素的作用解析结果可知，仅在春季，室内空

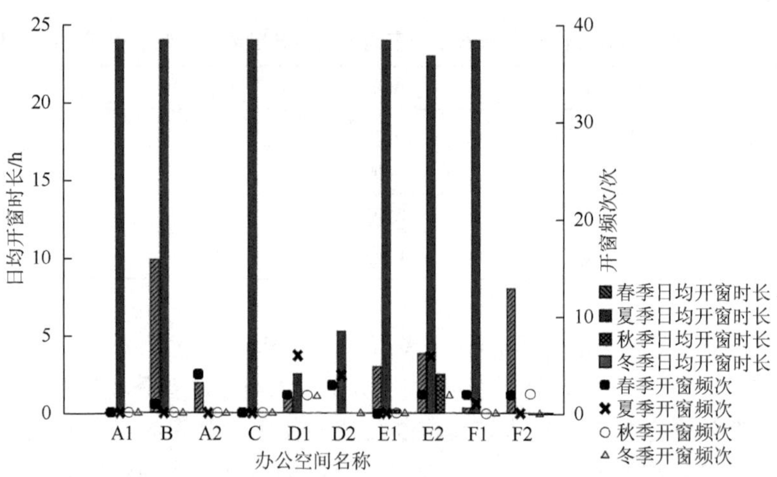

图 4-13 不同季节各个办公空间使用者周末日均开窗时长和频次（扫封底二维码可见彩图）

气温度促动办公空间使用者开窗行为的发生。结合不同季节数据的差异性检验结果可知，办公空间使用者多受季节而非室内外空气温度的影响改变其开窗行为状态和模式。

针对一天中的时刻因素，相关性分析、逻辑回归分析与决策树分析三种解析方法得到的结果一致。分析结果表明，对寒地办公空间使用者行为的群体数据而言，一天中的时刻因素仅在夏季表现出对独立空调制冷办公空间使用者开窗行为的影响，如表 4-19 所示。在夏季，独立空调制冷的开放式办公空间 D2 中，一天中的时刻因素与使用者开窗行为相关，且可预测行为发生概率，其 r_{pq} 值为 0.252，与其他因素相比，其相关性较高。

表 4-19 基于相关性分析和逻辑回归分析的问卷数据自然节律因素影响分析

季节	类别	水平/单位	逻辑回归分析		点二列相关系数	
			OR	p	r_{pq}	p
夏季（独立空调制冷办公空间）	时刻（下午）	上午	0.054	0.008	0.252	0.003

在办公空间使用者开窗行为的决策树分析中，仅夏季独立空调制冷办公空间使用者开窗行为与一天中的时刻因素相关，与基于问卷数据的统计分析结果一致。分析结果表明，夏季独立空调制冷的开放式办公空间使用者开窗行为发生概率在上午或下午有很大差别，如图 4-14 所示。上午开窗概率较大，为 74.3%；下午开窗概率较小，为 53.1%。对各个办公空间个体样本进行决策树分析，没有得到概率预测分类结果，一天中的时刻因素不能预测其行为发生概率。

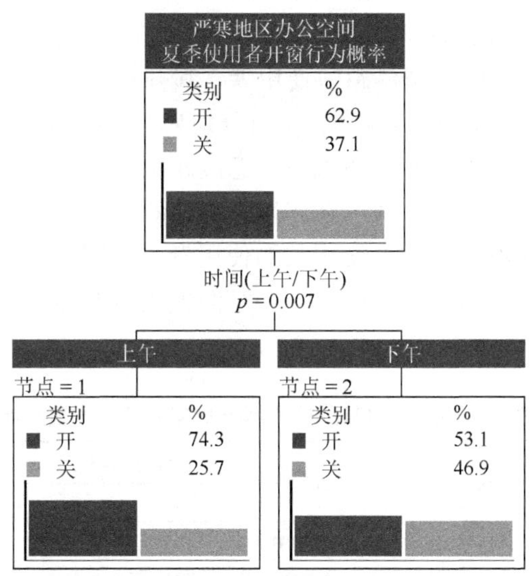

图 4-14　夏季独立空调制冷的开放式办公空间时间因素影响下办公空间使用者开窗行为发生概率分类

4.4　使用者心理与生理因素对行为的作用解析

本节依据行为机理解析方案，采用相关性分析、逻辑回归分析和决策树分析方法解析使用者心理和生理因素对寒地办公空间使用者开窗行为的作用。

4.4.1　使用者心理因素对行为的作用解析

依据问卷数据，从群体和个体两个角度解析使用者心理因素对办公空间使用者开窗行为的作用。使用者心理因素主要包括使用者对办公空间热环境、声环境和空气质量的感受与评价，使用者的环境熟悉度和使用者其他行为对其开窗行为的影响。

1. 相关性分析与逻辑回归分析的解析结果

基于相关性分析和逻辑回归分析的问卷数据办公空间使用者心理因素影响分析如表 4-20 所示。与办公空间使用者开窗行为相关且形成函数关系的使用者心理因素包括：春季时，使用者湿度感觉、室内空气质量评价和在此办公室工作的时间；夏季时，在哈尔滨生活的时间、在此办公室工作的时间（自然通风办公空间）、使用者热环境整体满意度（中央空调制冷办公空间）；秋季时，使用者空气流动感觉和热环境整体满意度。在夏季，使用者心理因素不影响独立空调制冷办公空间使用者开窗行为变化。

在春季和夏季（自然通风办公空间），使用者在此办公室工作的时间的 r_{pq} 值均大于 0，表明对办公空间越熟悉的使用者，其开窗行为发生概率越低。在夏季和秋季，使用者热环境整体满意度的 r_{pq} 值分别为 0.156 和–1.01。在夏季中央空调制冷办公空间中，使用者对热环境整体满意度越低，其开窗行为发生概率越高；在秋季，办公空间使用者对热环境整体满意度越低，其开窗行为发生概率越低。

在上述因素中，不包含与温度相关的使用者心理因素，如热感觉和温度期望等。这也进一步证明在单一季节中，办公空间使用者开窗行为多不受室内外空气温度的影响。

表 4-20　基于相关性分析和逻辑回归分析的问卷数据办公空间使用者心理因素影响分析

季节	类别	水平/单位	逻辑回归分析		点二列相关系数	
			OR	p	r_{pq}	p
春季	湿度感觉（湿润）	适中	0.164	0.002	0.087	0.037
		干燥	0.238	0.011		
	空气流动感觉（通风）	适中	0.06	＜0.0001	–0.224	＜0.0001
		闷	0.12	＜0.0001		
	空气流动感觉（初始）	—	—	—	–0.107	0.012
	空气流动感觉（最终）	—	—	—	–0.182	＜0.0001
	室内空气质量（好）	适中	0.364	0.04	–0.105	0.012
		不好	0.307	0.002		
	室外空气质量（好）	适中	—	NS	–0.098	0.019
		不好	0.423	0.024		
	在此办公室工作的时间	年	0.136	＜0.0001	0.101	＜0.0001
夏季（自然通风办公空间）	热感觉（热）	适中	4	0.026	0.2	0.011
		冷	—	NS		
	湿度感觉（湿润）	适中	5.7	0.003	0.2	0.01
		干燥	—	NS		
	湿度感觉（初始）	—	—	—	0.152	0.03
	空气流动感觉（通风）	适中	—	NS	–0.3	＜0.0001
		闷	0.25	0.004		
	室内空气质量（好）	适中	—	NS	–0.3	＜0.0001
		不好	0.28	0.004		
	热感觉（热）	适中	4	0.026	–0.1	0.029
		冷	—	NS		
	风扇（关）	开	—	NS	0.06	0.004
	在哈尔滨生活的时间	年	1	0.029	–0.134	0.025
	在此办公室工作的时间	年	0.6	＜0.0001	0.288	＜0.0001

续表

季节	类别	水平/单位	逻辑回归分析		点二列相关系数	
			OR	p	r_{pq}	p
夏季（中央空调制冷办公空间）	热感觉（热）	适中	—	NS	−0.1	0.019
		冷	0.547	0.036		
	热感觉（初始）	—	—	—	0.26	<0.0001
	热感觉（最终）	—	—	—	0.196	<0.0001
	湿度感觉（湿润）	适中	—	NS	0.322	<0.0001
		干燥	—	NS		
	湿度感觉（最终）	—	—	—	0.551	<0.0001
	空气流动感觉（通风）	适中	—	NS	0.296	<0.0001
		闷	3.511	0.026		
	空气流动感觉（最终）	—	—	—	0.378	<0.0001
	期望温度（更热）	适中	—	NS	0.255	0.002
		更冷	2.394	0.043		
	热环境整体满意度（满意）	适中	3.164	0.002	0.156	0.015
		不满意	4.313	<0.0001		
	热环境整体满意度（最终）	—	—	—	0.361	<0.0001
	室外噪声评价（安静）	适中	—	NS	0.138	0.01
		吵闹	—	NS		
秋季	空气流动感觉（通风）	适中	0.04	<0.0001	−0.11	0.003
		闷	0.04	<0.0001		
	热环境整体满意度（满意）	适中	0.14	0.005	−1.01	0.007
		不满意	0.17	0.005		

对每一办公空间的问卷数据进行相关性分析和逻辑回归分析，结果如表 4-21 所示。在春季和夏季，少量办公空间使用者心理因素与其使用者开窗行为相关，且两者形成函数关系。春季办公空间 F1 使用者空气流动感觉、夏季中央空调制冷办公空间 F1 使用者热环境整体满意度和中央空调制冷办公空间 F2 使用者热感觉影响其使用者开窗行为。

与办公空间使用者开窗行为相关但不构成函数关系的使用者心理因素包括：办公空间 F1 使用者热感觉（春季和夏季）、室内空气质量评价（春季）、室外噪声评价（春季）和空气流动感觉（夏季），办公空间 F2 使用者湿度感觉和期望温度（夏季），办公空间 B 使用者空气流动感觉（秋季和冬季）、热感觉（冬季）和热环境整体满意度（冬季）。

表 4-21　基于相关性分析和逻辑回归分析的各个办公空间问卷数据使用者心理因素影响分析

季节	办公空间名称	类别	水平	逻辑回归分析		点二列相关系数	
				OR	p	r_{pq}	p
春季	F1	热感觉（热）	适中	—	NS	–0.182	0.041
			冷	—	NS		
		空气流动感觉（通风）	适中	29.7	<0.0001	0.458	<0.0001
			闷	77.3	<0.0001		
		室内空气质量（好）	适中	—	NS	0.288	0.001
			不好	—	NS		
		室外噪声评价（安静）	适中	—	NS	0.217	0.015
			吵闹	—	NS		
夏季（中央空调制冷办公空间）	F1	热感觉（热）	适中	—	NS	0.171	0.02
			冷	0.291	0.024		
		空气流动感觉（通风）	适中	—	NS	–0.322	<0.0001
			闷	—	NS		
		热环境整体满意度（满意）	适中	0.325	0.034	–0.271	<0.0001
			不满意	0.124	0.001		
	F2	湿度感觉（湿润）	适中	—	NS	0.218	0.006
			干燥	—	NS		
		期望温度（更热）	适中	—	NS	0.331	<0.0001
			更冷	—	NS		
秋季	B	空气流动感觉（通风）	适中	—	NS	0.889	<0.0001
			闷	—	NS		
冬季	B	热感觉（热）	适中	—	NS	0.525	0.003
			冷	—	NS		
		空气流动感觉（通风）	适中	—	NS	–0.453	0.014
			闷	—	NS		
		热环境整体满意度（满意）	适中	—	NS	0.721	<0.0001
			不满意	—	NS		

在夏季、秋季和冬季，所有办公空间使用者室内外空气质量评价与其开窗行为不形成函数关系，即使用者室内外空气质量评价不促动办公空间使用者开窗行为。

2. 决策树分析的解析结果

采用决策树分析得到使用者心理因素对办公空间使用者开窗行为概率的分类

预测结果，如图 4-15 和图 4-16 所示。整体而言，夏季时使用者室外噪声和秋季时使用者热环境整体满意度评价影响办公空间使用者开窗行为。

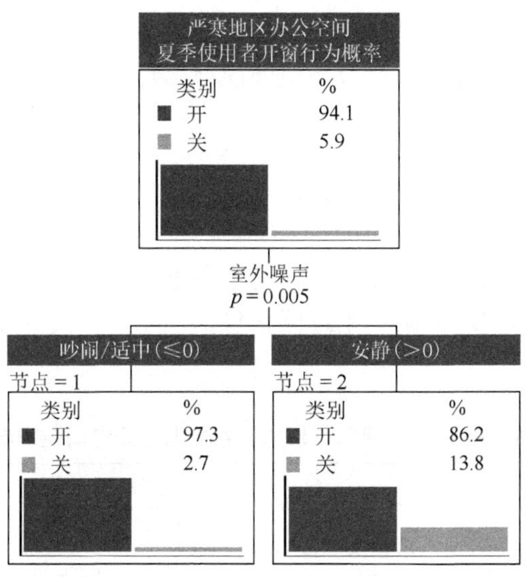

图 4-15　夏季自然通风办公空间室外噪声影响下办公空间使用者开窗行为发生概率分类

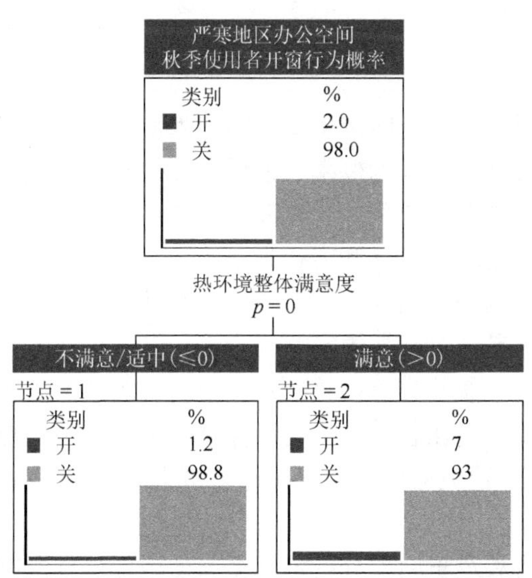

图 4-16　秋季使用者热环境整体满意度影响下办公空间使用者开窗行为发生概率分类

在夏季，自然通风办公空间使用者对室外噪声评价为吵闹或适中时，办公空间使用者开窗行为发生概率为 97.3%；对室外噪声评价为安静时，开窗行为发生概率为 86.2%（图 4-16）。这反映出在夏季高比率的开窗行为时，办公空间使用者即使认为室外环境吵闹，仍保持了较高概率的开窗行为。

在秋季，使用者对热环境整体满意度评价为不满意或适中时，其开窗行为发生概率为 1.2%；对热环境整体满意度评价为满意时，其开窗行为发生概率为 7%。在秋季，室外空气温度降低，对办公空间内部热环境更满意的使用者开窗行为发生的概率略高。

4.4.2 使用者生理因素对行为的作用解析

本节依据问卷数据，从群体和个体两个角度解析使用者生理因素对办公空间使用者开窗行为的作用。使用者生理因素包括性别、年龄和服装热阻等，分析结果如表 4-22 所示。

表 4-22　基于相关性分析和逻辑回归分析的问卷数据办公空间使用者生理因素影响分析

<table>
<tr><th rowspan="2">季节</th><th rowspan="2">类别</th><th rowspan="2">水平/单位</th><th colspan="2">逻辑回归分析</th><th colspan="2">点二列相关系数</th></tr>
<tr><th>OR</th><th>p</th><th>r_{pq}</th><th>p</th></tr>
<tr><td>春季</td><td>服装热阻</td><td>—</td><td>0.228</td><td>0.004</td><td>–0.082</td><td>0.049</td></tr>
<tr><td rowspan="3">夏季（自然通风办公空间）</td><td rowspan="3">性别（男）</td><td rowspan="3">女</td><td rowspan="3">0.3</td><td rowspan="3">0.02</td><td colspan="2">Lambda 分析</td></tr>
<tr><td>λ</td><td>p</td></tr>
<tr><td>0.04</td><td>0.001</td></tr>
</table>

使用者服装热阻对办公空间使用者开窗行为概率的影响仅体现在春季，在其他季节这一因素不影响开窗行为概率。使用者性别对办公空间使用者开窗行为概率的影响仅体现在夏季自然通风办公空间，在其他季节这一因素不影响开窗行为概率。这两个使用者生理因素与开窗行为概率之间相关系数的绝对值较小，对办公空间使用者开窗行为概率的影响程度较低。在其他季节，办公空间使用者生理因素未表现出对使用者开窗行为的影响。

决策树分析结果与统计分析结果一致，使用者服装热阻对办公空间使用者开窗行为概率的影响仅体现在春季，使用者性别的影响体现在夏季自然通风办公空间，但影响程度较低。决策树分析结果因与建筑空间因素的决策树分析结果相关，已在图 4-6 中表述。

虽然相关性分析和逻辑回归分析没有得出使用者性别影响独立空调制冷办公空间使用者开窗行为的结果，但通过决策树分析得出了使用者性别影响独立空调制冷办公空间使用者开窗行为概率这一结果，并且影响程度较大，如图 4-17 所示。在夏季独立空调制冷办公空间中，女性使用者更易发生开窗行为，其开窗行为发生概率为 79.7%，而男性为 50.6%。

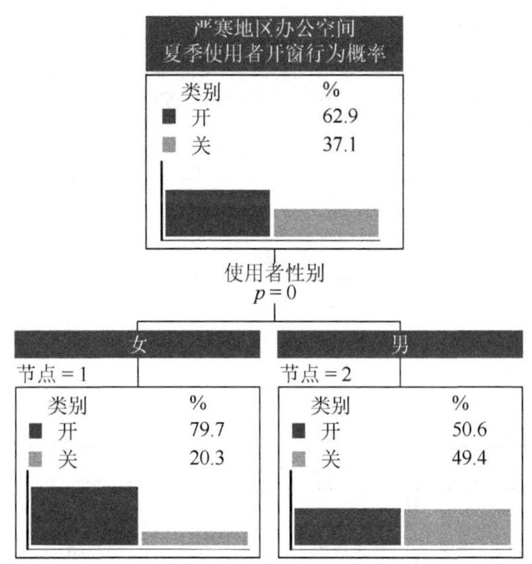

图 4-17　夏季独立空调制冷办公空间使用者性别因素影响下办公空间使用者开窗行为发生概率分类

4.5　寒地办公空间使用者行为机理综合解析

本节综合本章的实证分析结果与第 2 章的理论分析结果，得出建筑空间与物理环境因素、时间因素、使用者心理和生理因素对寒地办公空间使用者开窗行为的作用机理，并解析行为作用机理对办公空间使用者开窗行为预测模型架构的作用。

4.5.1　各类因素对行为的作用机理

第 2 章的理论分析得出了寒地办公空间使用者受到外在和内在因素的促动，产生感觉控制、知觉控制和需要等过程，从而产生开窗行为的结论。依据本章的实证分析结果，进一步解析外在和内在因素对办公空间使用者开窗行为的促动机理。

寒地办公空间使用者开窗行为外部因素促动机理如图 4-18 所示。在春季和夏季，办公空间使用者受到与地点相关的因素促动，即使用者在所处的空间中，其开窗行为变化受外部物理环境与建筑空间属性的影响，经由感觉控制过程改变行为状态。当办公空间使用者因室内环境影响产生热不舒适时，在感觉控制作用下，开启办公空间窗口，加大室内环境与室外环境的交互，室外物理环境因素进而对办公空间使用者开窗行为产生作用。

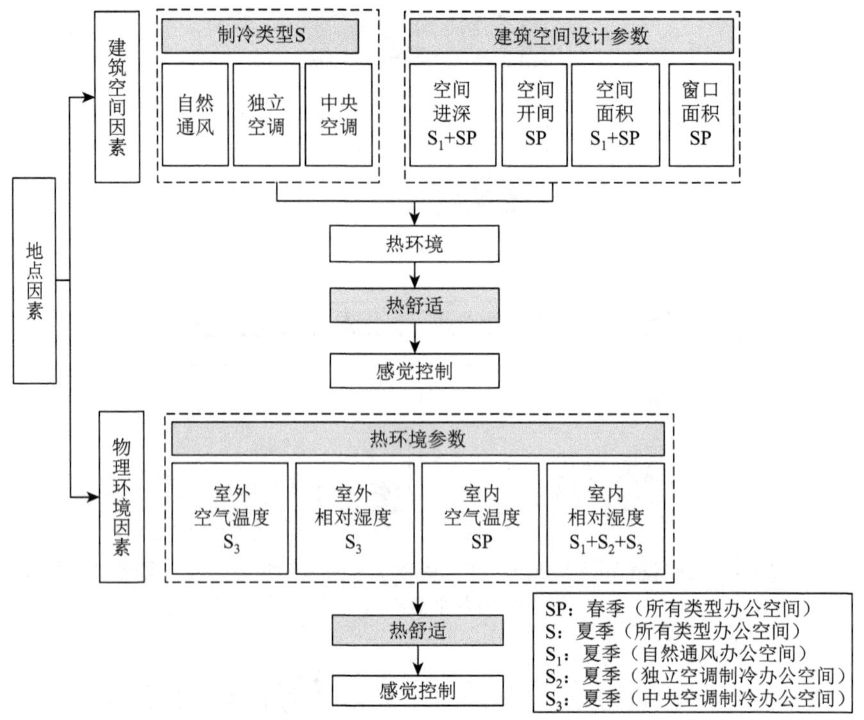

图 4-18　寒地办公空间使用者开窗行为外部因素促动机理

在建筑空间因素中，制冷类型和建筑空间设计参数影响办公空间内部物理环境，影响使用者热舒适感受，从而产生感觉控制过程。在制冷类型方面，在独立空调制冷办公空间中，室内热环境较为波动，办公空间使用者开窗行为的频次变化较多；中央空调制冷办公空间则为使用者提供了稳定的室内热环境，使用者开窗行为变化趋向稳定。在建筑空间设计参数方面，在春季和夏季自然通风办公空间中，如建筑空间进深和开间等因素影响办公空间室内热环境，从而使用者产生感觉控制，改变其开窗行为。例如，较大窗口面积，使建筑内部空间受到外部物理环境因素的影响更多，导致室内物理环境变化，从而影响使用者对建筑窗口的控制。

寒地办公空间使用者开窗行为内部因素促动机理更为复杂，办公空间使用者受到地点、时间和使用者自身因素的影响，如图 4-19 所示。

办公空间使用者心理和生理因素影响使用者的舒适感受，从而产生感觉控制过程。在心理因素方面，办公空间使用者对物理环境的主观感受与评价更为直观地代表使用者的舒适度水平。办公空间使用者因热舒适、空气质量感受和声舒适的变化产生感觉控制，从而对办公空间使用者开窗行为产生作用。在生理因素方面，办公空间使用者穿着服装的热阻影响使用者的热舒适水平，促动使用者产生感觉控制，从而对其开窗行为产生作用。

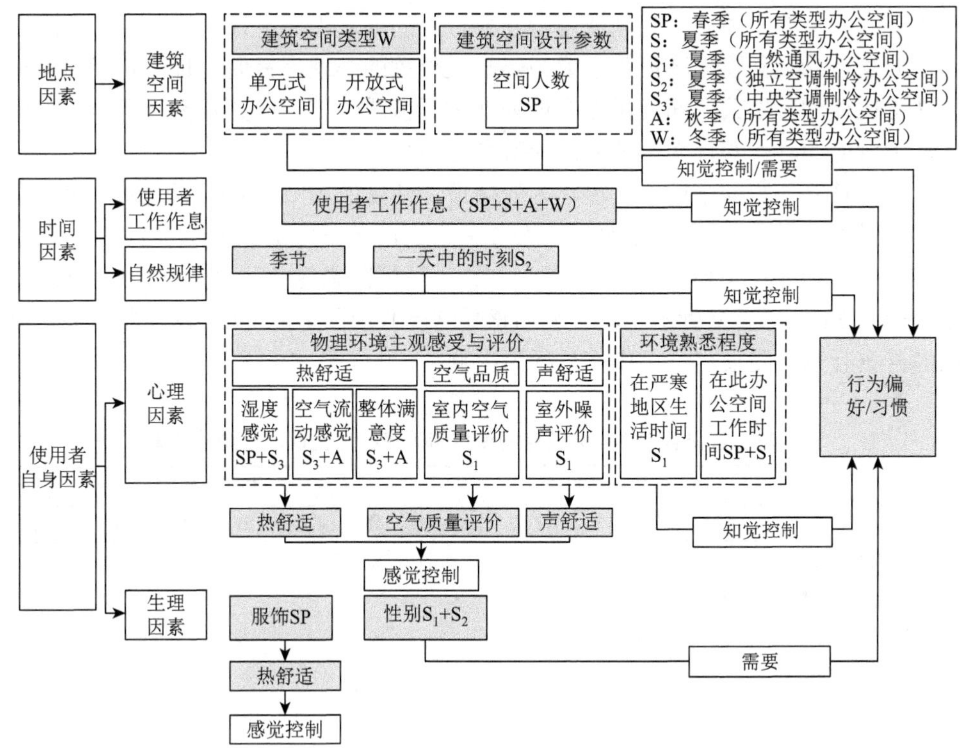

图 4-19　寒地办公空间使用者开窗行为内部因素促动机理

办公空间使用者受到知觉控制和内在需要的影响，形成行为偏好与固有习惯。在时间因素方面，使用者工作作息和自然节律通过知觉控制产生习惯性的窗口控制模式。办公空间使用者在群体规范压力的影响下，受到知觉控制，表现出到达或离开办公空间时改变窗口状态的行为习惯。在自然节律方面，季节因素促动办公空间使用者产生知觉控制过程，进而在外部物理环境刺激前，季节因素已限制了使用者对窗口的使用，如部分办公空间使用者在感受到冬季寒冷的室外环境前，已选择不开启办公空间的窗口。在夏季，部分办公空间使用者在季节因素促动下，经由知觉控制，产生昼夜连续开窗的行为习惯。一天中的不同时刻因素影响夏季独立空调制冷办公空间使用者的开窗频次和时长。

在空间类型方面，办公空间使用者受到的群体情感和信息压力也促动其形成窗口的习惯性使用。此时，通常需要较为强烈的使用者舒适水平变化，才可促动其改变行为状态。在心理因素方面，使用者性别因素也促动其形成对办公空间窗口的控制习惯。

由上述内外因素促动机理可知，整体而言，办公空间使用者行为内外部因素促动机理主要为热舒适促动和行为习惯促动。在此分析结果的基础上，对每一季节中各种类型的个体办公空间使用者开窗行为的促动因素进行统计：办公空间使用者开窗行为受到物理环境因素或与热舒适相关的心理因素促动时，其行为机理为热舒适促动；办公空间使用者表现为连续开窗或关窗，或其开窗行为受到工作作息因素促动时，其行为机理为行为习惯促动。

春季是办公空间使用者开窗行为变化最为活跃的季节，受热舒适促动而开窗的样本最多（表 4-23），包括单元式办公空间 A1、C 和开放式办公空间 F1、F2。其中，办公空间 A1、C 和 F2 使用者受到物理环境因素促动而改变行为发生概率，办公空间 F1 使用者受到主观空气流动感受这一心理因素的促动。各个办公空间使用者开窗行为均受使用者工作作息行为影响。

表 4-23 春季各种类型办公空间使用者开窗行为促动因素统计结果

因素	单元式办公空间				开放式办公空间					
	A1	B	A2	C	D1	D2	E1	E2	F1	F2
物理环境因素	√	×	×	√	×	×	×	×	×	√
使用者心理因素	×	×	×	×	×	×	×	×	√	×
热舒适促动	√	×	×	√	×	×	×	×	√	√
连续开窗或关窗	×	×	×	×	×	×	×	×	×	×
工作作息	√	√	√	√	√	√	√	√	√	√
行为习惯促动	√	√	√	√	√	√	√	√	√	√

注：√表示受此因素促动，×表示不受此因素促动。

在夏季，各种类型办公空间使用者开窗行为促动因素统计结果如表 4-24 所示。在热舒适方面，受热舒适促动而开窗的样本减少，仅开放式办公空间 F1 与 F2 中的使用者开窗行为受热舒适促动，也受物理环境因素和使用者心理因素促动；在行为习惯方面，单元式办公空间 A1、B、C 和开放式办公空间 E1 中的使用者开窗行为是连续开窗模式，持续整个夏季。单元式办公空间 A2 和开放式办公空间 D1、D2、F1、F2 中的使用者开窗行为受到办公空间使用者工作作息促动。

表 4-24 夏季各种类型办公空间使用者开窗行为促动因素统计结果

因素	单元式办公空间				开放式办公空间					
	A1	B	A2	C	D1	D2	E1	E2	F1	F2
物理环境因素	×	×	×	×	×	×	×	×	√	√
使用者心理因素	×	×	×	×	×	×	×	×	√	√
热舒适促动	×	×	×	×	×	×	×	×	√	√
连续开窗	√	√	×	√	×	×	√	×	×	×
工作作息	×	×	√	×	√	√	×	√	√	√
行为习惯促动	√	√	√	√	√	√	√	√	√	√

总结来说，各个办公空间均受行为习惯促动，办公空间 F1 和 F2 使用者开窗行为同时受到热舒适和行为习惯促动。

在秋季，各种类型办公空间使用者开窗行为均不再受热舒适促动，而完全受到行为习惯促动，如表 4-25 所示。办公空间使用者开窗行为必然受到连续关窗或工作作息时间因素两种行为习惯之一的促动，一部分办公空间使用者从未开启窗口，其开窗行为为习惯性关窗模式；而其他办公空间使用者开窗行为受到使用者工作作息促动，体现出习惯性行为控制。

表 4-25　秋季各种类型办公空间使用者开窗行为促动因素统计结果

因素	单元式办公空间				开放式办公空间					
	A1	B	A2	C	D1	D2	E1	E2	F1	F2
物理环境因素	×	×	×	×	×	×	×	×	×	×
使用者心理因素	×	×	×	×	×	×	×	×	×	×
热舒适促动	×	×	×	×	×	×	×	×	×	×
连续关窗	√	×	√	√	×	×	√	×	√	×
工作作息	×	√	×	×	√	√	×	√	×	√
行为习惯促动	√	√	√	√	√	√	√	√	√	√

在冬季，各种类型办公空间使用者开窗行为促动因素统计结果如表 4-26 所示。在热舒适方面，受热舒适促动而开窗的样本与夏季相同，仅单元式办公空间 B 与开放式办公空间 F2 中的使用者开窗行为受物理环境因素促动。在行为习惯方面，一部分办公空间使用者从未开启窗口，其开窗行为为习惯性关窗模式；而其他办公空间使用者开窗行为受到使用者工作作息促动，体现出习惯性行为控制。

表 4-26　冬季各种类型办公空间使用者开窗行为促动因素统计结果

因素	单元式办公空间				开放式办公空间					
	A1	B	A2	C	D1	D2	E1	E2	F1	F2
物理环境因素	×	√	×	×	×	×	×	×	×	√
使用者心理因素	×	×	×	×	×	×	×	×	×	×
热舒适促动	×	√	×	×	×	×	×	×	×	√
连续关窗	√	×	√	√	×	×	√	×	√	×
工作作息	×	√	×	×	√	√	×	√	×	√
行为习惯促动	√	√	√	√	√	√	√	√	√	√

总体来说，各个办公空间均受行为习惯促动，办公空间 B 和 F2 使用者开窗行为同时受到热舒适和行为习惯促动。

寒地办公空间使用者开窗行为促动因素的作用机理如图 4-20 所示。办公空间使用者开窗行为在内在和内外复合因素促动下，其行为变化可自上而下归纳为两种类型，一是行为习惯促动，二是行为习惯和热舒适共同促动。前者经过内在需要和知觉控制过程，形成习惯性开窗行为；后者经过内在需要、感觉控制和知觉控制过程，形成习惯性和适应性开窗行为。

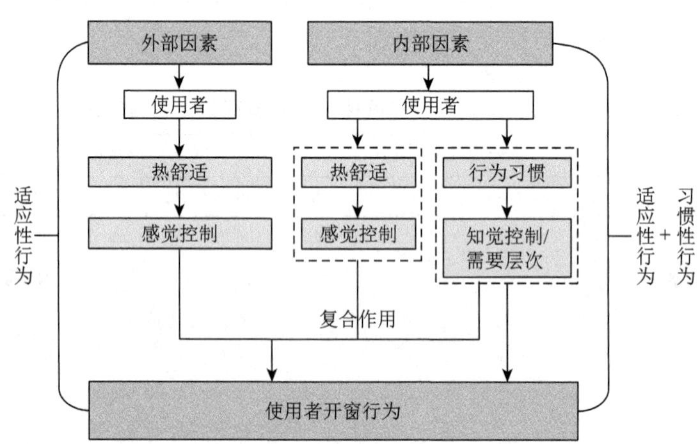

图 4-20　寒地办公空间使用者开窗行为促动因素的作用机理

当外部环境刺激时，办公空间使用者产生不舒适的生理感受，在感觉控制影响下，通过改变开窗行为状态，达到适宜的舒适水平，产生适应性行为变化。在内部因素促动下，办公空间使用者受到与热舒适相关的心理因素促动，产生类似的感觉控制过程，进而改变开窗行为状态。办公空间使用者在群体规范压力的影响下，通过知觉控制和内在需要的作用，形成在工作作息时刻开启窗口状态的习惯行为；在群体情感、信息压力的影响下，通过知觉控制和内在需要的作用，表现出行为惰性等。依据适应性行为理论，即使办公空间使用者具有习惯性的开窗行为模式，在受到外部因素影响导致其不舒适时，也会改变行为状态，从而恢复其舒适度。

寒地办公空间使用者开窗行为促动机理类别和各类别样本比例如图 4-21 所示。在春季，所有办公空间使用者均受使用者工作作息影响，而产生行为习惯促动开窗行为。其中，30%的样本受到物理环境因素影响，10%的样本受到与热环境相关的使用者心理因素影响，产生热舒适促动的开窗行为。在夏季、秋季和冬季，50%的办公空间使用者因行为惰性影响、50%的办公空间因使用者工作作息影响而产生行为习惯促动的开窗行为。行为惰性的产生是因为季节因素和办公空间群体规范压力、群体情感压力等综合作用。办公空间使用者在工作作息的群体规范压力影响下，由内在需要和知觉控制过程，形成一定的行为习惯。在夏季时，中央空调制冷办公空间使用者还受到物理环境因素、心理因素的影响，从而产生热舒适促动的开窗行为。

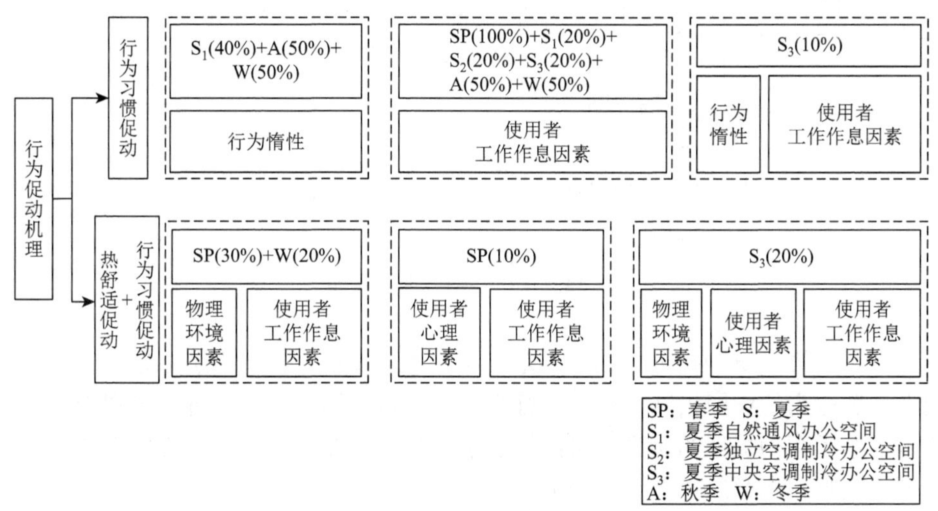

图 4-21　寒地办公空间使用者开窗行为促动机理类别和各类别样本比例

受热舒适和行为习惯共同促动的办公空间，其室内物理环境数值均在常见舒适范围内，与其他仅受行为习惯促动的办公空间相比，无显著差异。

4.5.2　行为机理对预测模型的作用

寒地办公空间使用者开窗行为机理决定了行为预测模型架构的类型、维度和方法，如图 4-22 所示。寒地办公空间使用者在每个季节受到行为惰性或工作作息促动，反复重复某一开窗行为模式，形成行为习惯促动机理。在热舒适促动机理作用下，办公空间使用者开窗行为模式进一步分化。寒地办公空间使用者开窗行为机理有两种类型，一类为行为习惯促动模式，另一类为行为习惯和热舒适促动模式。结合常用建筑性能模拟平台的办公空间使用者开窗行为计算方法和控件特征，寒地办公空间使用者开窗行为预测模型采用模式预测类型。

理论分析和实证分析均得出了季节因素对办公空间使用者开窗行为的影响。因此，在预测模型架构的维度设计中，按照四季对模型层次进行划分。在多数情况下，同一办公空间类型或规模包括多种使用者开窗行为模式。在预测模型架构的维度设计中，加入空间维度。

依据模型架构的类型选择和维度设计，采用聚类分析和关联规则算法，提出办公空间使用者开窗行为预测模型的建构流程和方法。办公空间使用者开窗行为机理还决定了行为预测模型应用策略的规划步骤。

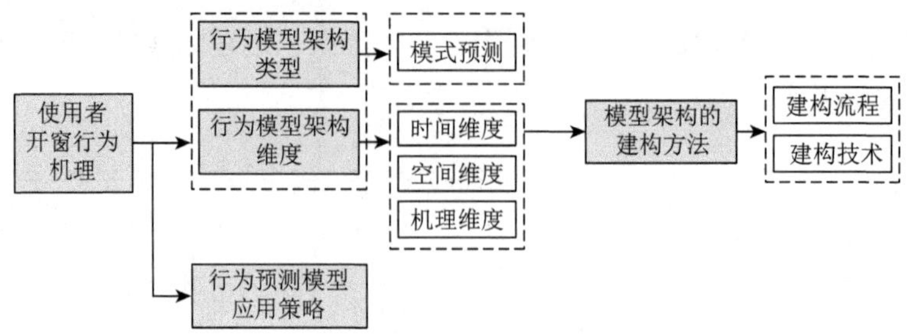

图 4-22　办公空间使用者开窗行为机理对预测模型的作用

4.6　本 章 小 结

本章在第 2 章理论分析结果的基础上，通过实证分析得出了寒地办公空间使用者开窗行为的作用机理，阐释了行为促动机理类别，解析了各个类别中的样本比例。基于行为机理的研究结果，提出了预测模型在类型选择、维度设计等方面的架构要求。本章的主要结论如下：

（1）整体而言，季节和使用者工作作息是办公空间使用者开窗行为发生的主要促动因素。其他促动因素只对特定季节的特定办公空间类型使用者开窗行为产生一定的促动作用，包括物理环境因素中的室内空气温度（春季）、室内相对湿度（春季、夏季）、室外空气温度和相对湿度（夏季中央空调制冷办公空间），建筑空间因素中的空间类型和设计参数（春季、夏季和冬季），使用者心理因素中的空气流动感觉（春季、秋季）、湿度感觉（春季）、热环境整体满意度（夏季中央空调制冷办公空间、秋季）、室内空气质量（春季）和室外噪声评价（夏季自然通风办公空间），使用者生理因素中的服装热阻（春季）和性别（夏季自然通风办公空间、独立空调制冷办公空间）。办公空间使用者风扇、空调和采暖控制行为不促动其开窗行为概率的改变。

既有研究认为，在多数地区，室内外空气温度是促动办公空间使用者开窗行为发生的主要原因。而在寒地，恰恰相反，在单一季节中，室内外空气温度、与温度相关的主观心理评价，多不促动办公空间使用者开窗行为概率变化。在室内外物理环境类似的春季、秋季过渡季节，办公空间使用者也表现出了不同的开窗时长和频次。

（2）结合第 2 章的理论分析结果，办公空间使用者开窗行为在内在和内外复合因素促动下，其行为变化可自上而下归纳为两种类型，一是行为习惯促动，二是行为习惯和热舒适共同促动。前者经过内在需要和知觉控制过程，形成习惯性开窗行为；后者经过内在需要、感觉控制和知觉控制过程，形成习惯性和适应性开窗行为。与既有研究不同，热舒适促动不能单独作为办公空间使用者开窗行为的促动机理。

（3）通过个体的行为机理解析结果，得到行为机理类别的样本比例。每个季节，所有调查办公空间样本均受行为习惯促动。在春季和夏季，仅 20%的办公空间使用者开窗行为受室内外空气温度的影响。在春季和夏季，仅 10%～20%的办公空间使用者受到使用者热舒适感觉与评价促动，从而改变行为发生概率。

办公空间使用者生理因素、使用者空气质量评价与声舒适评价心理因素不能预测个体样本的行为发生概率。

（4）依据行为促动机理的两种类型及其特征，确定了寒地办公空间使用者开窗行为预测模型采用模式预测的类型，行为预测模型架构的维度包括季节等时间维度和制冷类型、空间规模等空间维度。

第 5 章　寒地办公空间使用者行为预测模型建构

在第 4 章行为机理研究结果基础上，本章将建构寒地办公空间使用者开窗行为预测模型。首先，提出办公空间使用者开窗行为预测模型架构的方法，采用数据挖掘技术，从时间维度、空间维度和机理维度提出行为预测模型架构。然后，基于模型架构，开发适用于寒地办公空间使用者开窗行为预测模型的配置文件，研发可链接常用建筑性能模拟平台 DesignBuilder 的办公空间使用者开窗行为预测模型程序，并提出办公空间使用者开窗行为预测模型的应用策略。

5.1　寒地办公空间使用者行为预测模型架构方法、维度和结果

本节首先提出预测模型架构的建立方法，阐述建立的流程与采用的技术方法；然后从时间维度和空间维度等方面进行架构的维度设计；最后得出办公空间使用者开窗行为预测模型架构的结果。

5.1.1　预测模型架构方法的提出

基于应用性、平衡性和标准化原则，本小节提出办公空间开窗行为预测模型架构的方法。首先，提出预测模型架构的建立流程，如图 5-1 所示。采用聚类分析法，对时间维度和空间维度的办公空间使用者开窗行为实测数据进行类型划分，得出行为在时间和空间维度的分布规律；采用关联规则算法，从时间维度、空间维度和机理维度输入办公空间使用者开窗行为数据，探寻其行为分类规则、建构行为模型，从而在三个维度提出办公空间使用者开窗行为模型的架构。

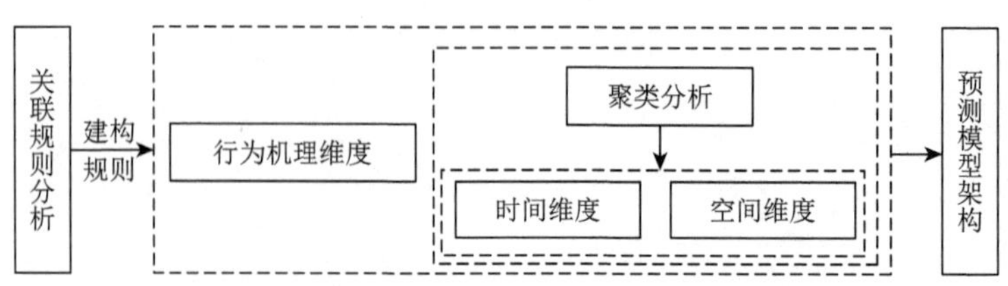

图 5-1　办公空间使用者开窗行为预测模型架构的建立流程

预测模型架构采用的技术方法主要包括聚类分析和关联规则分析。

1. 聚类分析

聚类分析是一种静态数据分析技术，在数据挖掘、模式识别、图像分析等多个领域有着广泛的应用。一般情况下，在进行分类研究时，需要明确指明分类或分组标准。但在更多情况下，分类的标准未知，也无法通过主观判断对数据进行全面且客观的分类。此时，需要依据数据本身特征进行无分类定义标准的分类。聚类分析不依赖于预先的数据标记或设定，属于无监督学习，能够在分类标准未知时进行数据的分类。

聚类分析通过自动数据分组，在分类过程中标记个体，保证具有相似特征的个体划分为相同的组，不同特征的个体划分为不同的组。聚类分析通过距离测算度量个体的相似性与差异性。在得到距离值之后，元素间可被联系起来。通过分离和融合建立一个结构，表示的方法为树形数据结构，聚类过程对此结构进行修剪。树的根节点表示一个包含所有项目的类别，树叶表示与个别项目相关的类别。在本研究中，通过欧几里得距离度量获得距离测算度。欧几里得距离的计算方法为

$$d(a,b)=d(b,a)=\sqrt{(b_1-a_1)^2+(b_2-a_2)^2+\cdots+(b_n-a_n)^2} \tag{5-1}$$

式中，a 和 b 为欧几里得空间中的两点，$a=(a_1,a_2,\cdots,a_n)$，$b=(b_1,b_2,\cdots,b_n)$。

其中，应用欧几里得距离进行计算时，一般无需对数据进行转换处理，可直接输入原始数据进行计算与分类。

常用聚类分析算法包括 k-means 算法、QT 聚类算法和图论方法。本章采用 k-means 算法这一矢量量化聚类方法，对不同季节办公空间使用者开窗行为分布特征进行解析，获得不同办公空间使用者开窗行为类别。在数据分析过程中，假设一个数据集 D 包含 N 个记录或实例，组的数目需预先制定。每个簇与质心（中心点）相关联，该中心点是每个簇点的平均距离，每个点被分配到最近的质心簇，每个簇中的记录或实例包含在坐标系中较短的空间内，如图 5-2 所示。

在研究中，使用戴维斯-唐纳德指数（Davies-Bouldin index，DBI）评价聚类分类结果。DBI 为组内平均距离与组间平均距离的比值，计算方法为

$$E=\frac{1}{n}\sum_{i=1}^{n}\max_{i\neq j}\left(\frac{R_i+R_j}{M_{ij}}\right) \tag{5-2}$$

式中，n 为分组数目；R_j 为组 j 内通过平均每个群集对象和群集中心之间的距离，得到质心与组中心点距离；M_{ij} 为每组中心点之间的距离。

根据以上公式进行计算，$k=n_{\text{opt}}$ 时为适宜的聚类。低 DBI 的群组具有低群组内距离（群组内高相似度）和高群组间距离（群组外低相似度）的特征，表明聚类分析算法的性能更好。每个组的聚集结果是各组中所有散点的重心，这个重心代表了组中每个样本的特征。

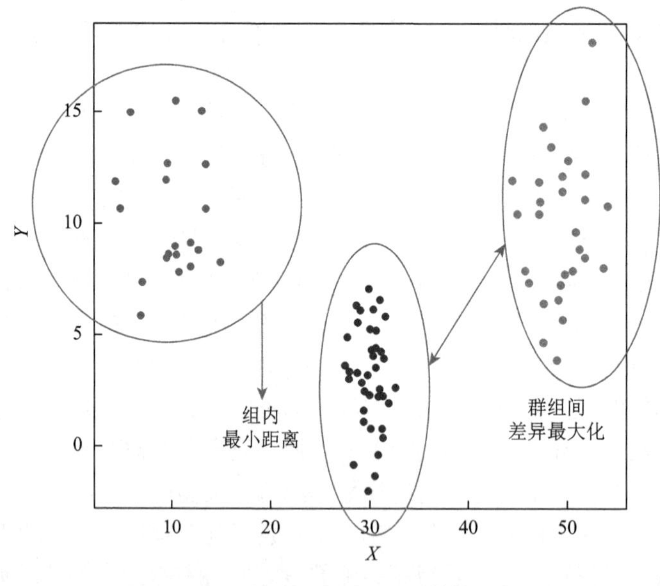

图 5-2　数据集群聚类[113]

2. 关联规则分析

关联规则分析是一种用于识别参数属性之间的关联和相关性的分类技术，是数据挖掘技术的主要算法之一，属于无监督学习方法[165]。采用此方法的主要目的是从数据库中提取频繁的相关联系或模式，从而发现参数之间的关系，用于分类预测。如果给定一个数据集 D，包含 N 个非有序记录的关联规则，可以描述如下：

$$X \Rightarrow Y \tag{5-3}$$

式中，X 为规则的前项，来自数据库中的项目或项目集；Y 为规则的后项，来自数据库中的项目或项目集。

其中，项表示一个“属性-值”的对应，项集是多个项的连接。通过这种对应可得到多组关联规则，但其中只有少数规则是有效的。度量关联规则的参数表示为 $\sigma(X \cup Y)$，是指提升 X 和 Y 的共同概率。通过置信度（confidence）和支持度（support）两个指标来判断挖掘规则的有效性[166]。

置信度是关联规则准确度的度量，它描述了项目 Y 包含项目 X 的概率，并反映了在条件 X 下出现 Y 的可能性。如果置信度较高，则在条件 X 下出现 Y 的可能性更高。置信度可以描述如下：

$$C_{X \to Y} = \frac{|T(X \cap Y)|}{|T(X)|} \tag{5-4}$$

式中，$|T(X)|$为包含项目 X 的事务数；$|T(X\cap Y)|$为包含项目 X 和 Y 的事务数。

支持度是测量关联规则普适性的度量，表示项目 X 和项目 Y 同时出现的概率。支持度可以描述如下。

$$S_{X\to Y}=\frac{|T(X\cap Y)|}{|T|} \tag{5-5}$$

式中，$|T|$为事务总数；$S_X=\dfrac{|T(X)|}{|T|}$为前项支持度；$S_Y=\dfrac{|T(Y)|}{|T|}$为后项支持度。

提升度则用于评价挖掘结果的实用性与实际意义，其定义为置信度与后项支持度的比，衡量项目 X 的出现对项目 Y 的促动作用，较高的提升度代表较高的影响程度。提升度可以描述如下：

$$L_{X\to Y}=\frac{C_{X\to Y}}{S_Y}=\frac{|T(X\cap Y)|}{|T(X)|}\bigg/\frac{|T(Y)|}{|T|} \tag{5-6}$$

1994 年，Agrawal 等[167]提出了挖掘关联规则算法 Apriori。在数据挖掘技术领域内，Apriori 算法被认为是挖掘关联规则的基本算法，诸多其他关联规则算法均基于 Apriori 算法，但是 Apriori 算法具有需要多次访问数据库的缺点。频繁模式增长算法（FP-growth algorithm）克服了 Apriori 算法的这一缺点，将数据库中的频繁项集压缩为频繁模式树，同时可保持频繁项集之间的关联。

本章应用频繁模式增长算法挖掘办公空间使用者开窗行为预测模型的建构原则，结合办公空间使用者开窗行为在时间维度、空间维度和机理维度的解析结果，得到寒地办公空间使用者开窗行为预测模型架构的结果。为从关联规则挖掘分析中获得显著的结果，将支持度、置信度和提升度的最小阈值分别设置为 30%、80%和 1，即挖掘规则的标准为，至少 30%的数据包含前提和结论，前提导致结论的概率大于 80%，数据挖掘结果的提升度大于 1，表示前提与结论呈正相关。

5.1.2　预测模型架构维度的建立

预测模型架构的维度包括时间维度、空间维度和行为机理维度，如图 5-3 所示。时间维度包括季节、月份、日期和时刻四个层级。依据办公空间使用者开窗行为的季节性差异特征，在季节层级，预测模型架构按照四季展开；在月份层级，预测模型架构按照每个季节的典型月展开；在日期层级，预测模型架构按照工作日、周末和节假日展开；在时刻层级，预测模型架构按照六个时间段展开，分别是清晨、上午、中午、下午、傍晚和夜间，具体时间段为 6:00～9:00、9:00～12:00、12:00～15:00、15:00～18:00、18:00～21:00 和 21:00～次日 6:00。以实测数据为输入数据，统计办公空间使用者开窗行为在六个时间段的平均表现。以每个办公空间为时间维度的分类个体，以数据挖掘技术中的聚类分析技术为手段，得出寒地办公空间使用者开窗行为在时间维度的分布变化规律。在建立预测模型架构的时间维度时，打破空间维度的界限，以不同季节、各种类型办公空间使用者开窗行为的实测数据作为输入数据，得到办公空间使用者开窗行为时间维度的类型。

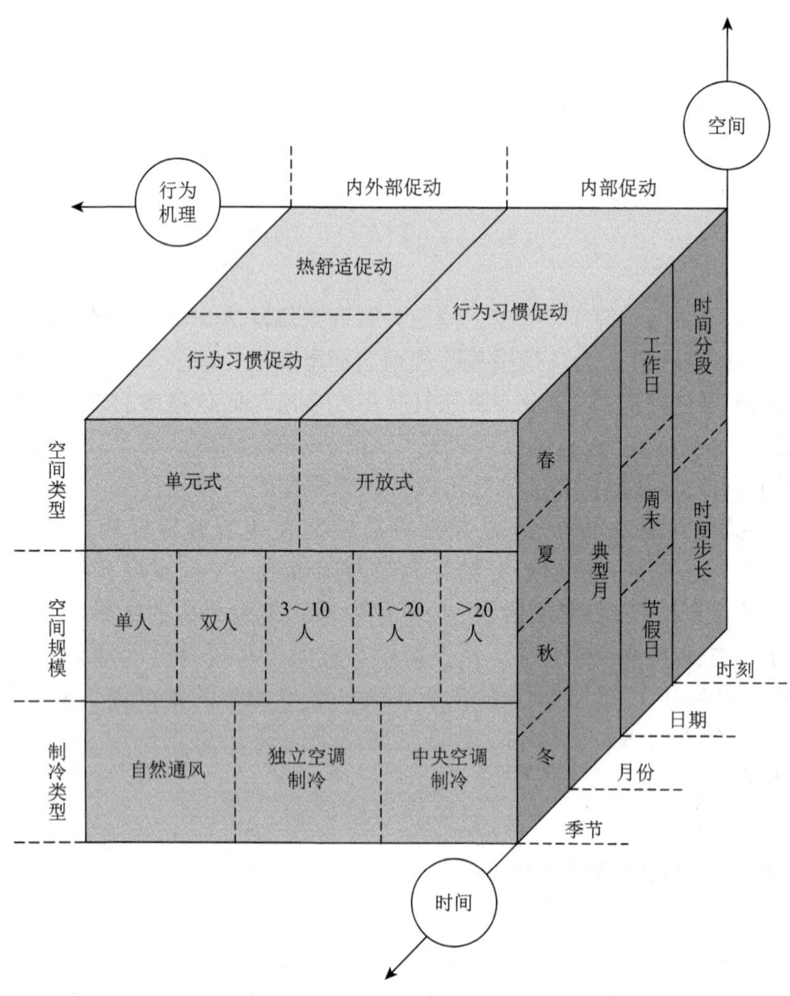

图 5-3　办公空间使用者开窗行为预测模型架构维度

空间维度包括空间类型、空间规模和制冷类型三个层级。空间类型层级包括单元式办公空间和开放式办公空间；空间规模以办公空间使用者人数进行划分，得到单人、双人、3～10 人、11～20 人和大于 20 人五个层级；制冷类型包括自然通风、独立空调制冷和中央空调制冷三个层级。在得出预测模型架构时间维度的类型后，对每一时间维度类型的空间维度特征进行解析，从空间类型、空间规模和制冷类型等多个层级得到办公空间使用者开窗行为预测模型架构空间维度的类型。

机理维度包括内部促动和内外部促动两个层级。内部促动层级为行为习惯促动类型，内外部促动层级为热舒适促动和行为习惯促动共同促动类型。这一维度的结果已在第 4 章中得出，将其与本节得到的时间维度和空间维度类型结果相结合，综合建立办公空间使用者开窗行为预测模型架构维度。

1. 时间维度架构

在不同季节，寒地办公空间使用者开窗行为可从时间维度划分为 5 类春季、3 类夏季、4 类秋季与 4 类冬季使用者开窗行为类别。

在春季，各个办公空间使用者开窗行为在每日各个时间段的均值及其方差如附表 6-1 所示，表中数据统计了每一样本的使用者开窗时间平均水平和离散程度。

经过了漫长的冬季，随着室外空气温度的升高和供暖的停止，春季时办公空间使用者开窗行为变化格外活跃。单元式办公空间 A1、A2、C 和开放式办公空间 E1 使用者开窗时长较短，开放式办公空间 F2 使用者开窗时长较长。办公空间 E1 使用者开窗行为发生在清晨和下午，其他办公空间使用者开窗行为均发生在上午。

通过聚类分析对上述数据进行分类，得到 4 个工作日类型和 4 个周末类型，最终形成 5 类春季办公空间使用者开窗行为类型（图 5-4）。选择 DBI 最低的分组结果作为分类结果，工作日分类的 DBI 为 0.075，周末分类的 DBI 为 0.082。这 5 类行为类型具有不同的行为分布时段和开窗时长。

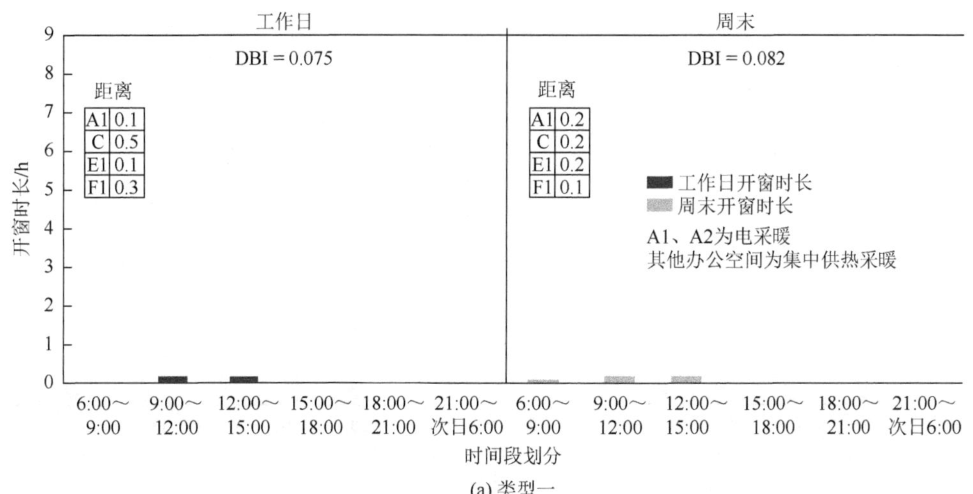

(a) 类型一

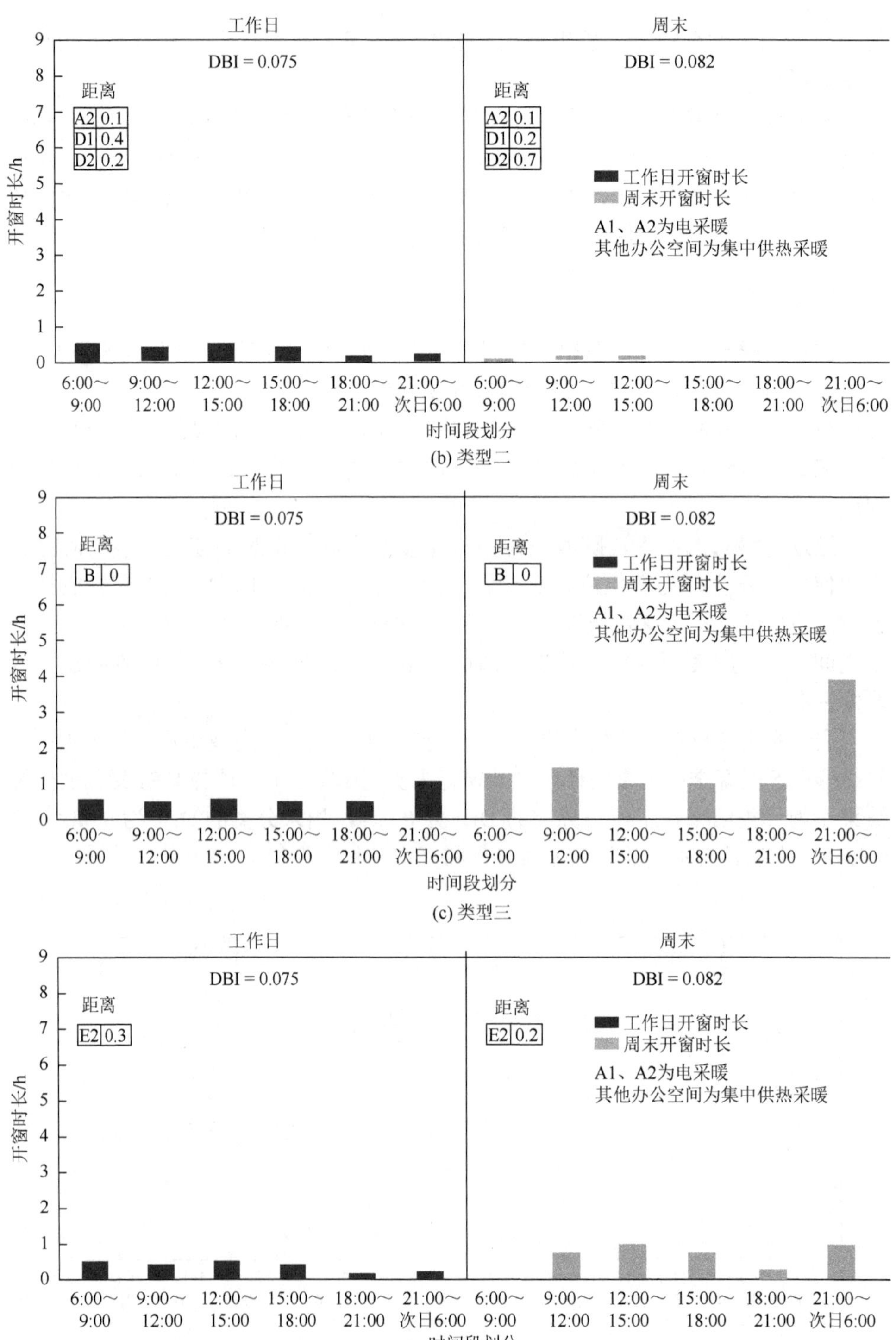

(b) 类型二

(c) 类型三

(d) 类型四

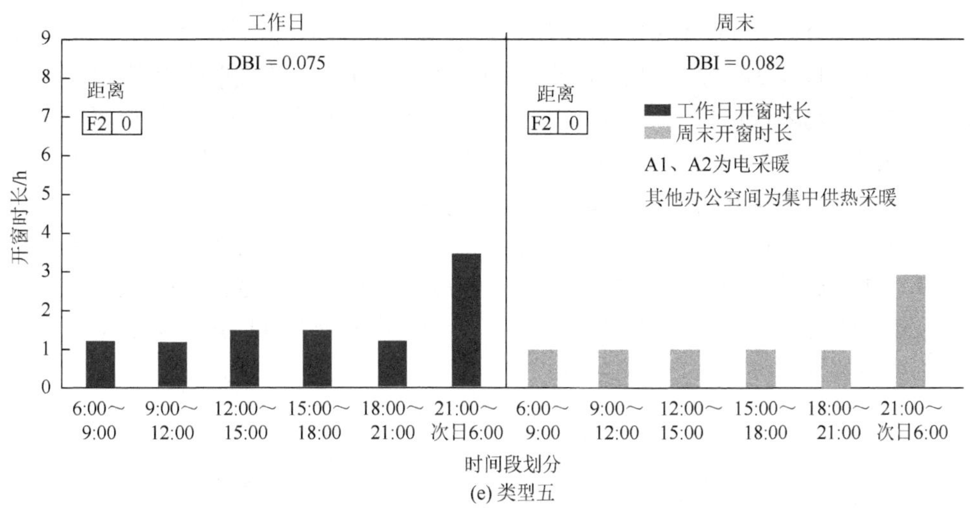

(e) 类型五

图 5-4　春季办公空间使用者开窗行为时间维度分类

第一类为短暂开窗类型。无论工作日还是周末，此类型办公空间使用者开窗行为发生于工作时间内（working time open，WO），开窗时间集中在 9:00～12:00 和 12:00～15:00 两个时间段。开窗时长非常短暂，短于 10min。此类型在春季最为普遍，占总调查样本的 40%。

第二类为中度开窗类型。在工作日，办公空间使用者开窗行为发生在 18:00 前，每时间段内均开窗 0.5h，在 18:00 下班后，开窗时长低于 10min。周末类型与第一类中的行为模式相同。此类型占总调查样本的 30%。

第三类为长时开窗类型。在工作日，办公空间使用者开窗行为发生在 21:00 前的各个时间段内，开窗时长高于类型一和类型二。在周末，办公空间使用者开窗时长也显著高于其他类型，各个时间段内的开窗时长高于 1h。在 21:00 后，夜间时段开窗时长长达 4h。

第四类为周末长时类型。在工作日，办公空间使用者开窗行为与第二类相同。但在周末，此类型办公空间使用者开窗时长均较长，多接近 1h。

第五类为工作日重度开窗类型。在工作日，办公空间使用者开窗行为发生在每一时间段内，开窗时长高于其他类型，差异幅度可达 1h。在周末，办公空间使用者开窗时长也较长，但短于第三类办公空间使用者开窗时长。

在夏季，各个办公空间使用者开窗行为在每日各个时间段的均值及其方差如附表 6-1 所示。50%的样本在整个夏季的工作日和周末保持连续开窗行为（all open，AO），同时在秋季和冬季，这些样本中的多数办公空间使用者保持连续关窗行为（all closed，AC）。这些办公空间使用者开窗行为数据的方差为零，表现出稳定的、非积极变化的行为状态。

另一部分办公空间使用者开窗行为发生于工作时间。规模为 3～10 人开放式办公空间 D1、D2、D2′（独立空调制冷）和大于 20 人开放式办公空间 F2（中央空调制冷）均表现出仅在办公时间段内开窗的特征，但各个办公空间使用者开窗时长不同。这些办公空间使用者开窗行为离散性较低。办公空间 E2 使用者工作作息随机性大，其开窗行为数据的离散性较高。

通过聚类分析对上述数据进行分类，得到 3 个工作日类型和 3 个周末类型，最终形成 3 类夏季办公空间使用者开窗行为类型（图 5-5）。选择 DBI 最低的分组结果作为分类结果，工作日分类的 DBI 为 0.122，周末分类的 DBI 为 0.085。这 3 种行为类型的开窗时长分布具有较大差异。

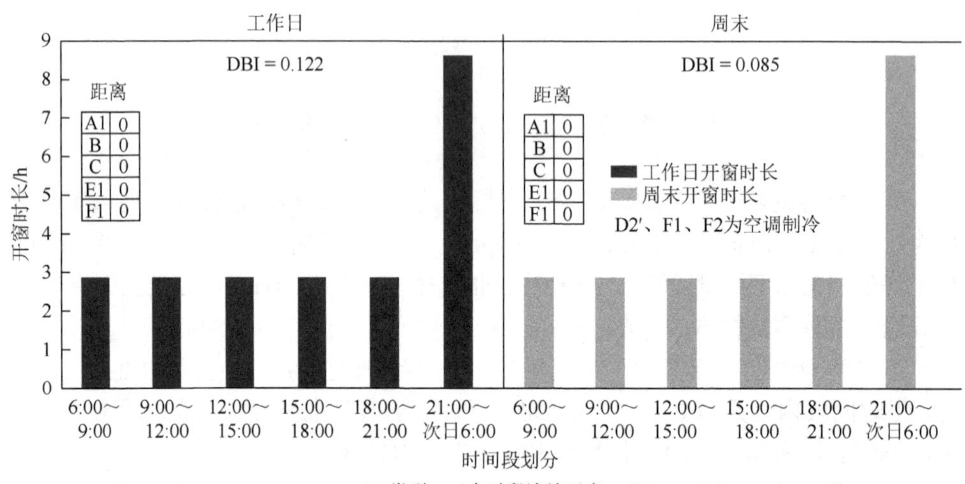

(a) 类型一（全时段连续开窗：AO）

(b) 类型二（工作时间开窗：WO）

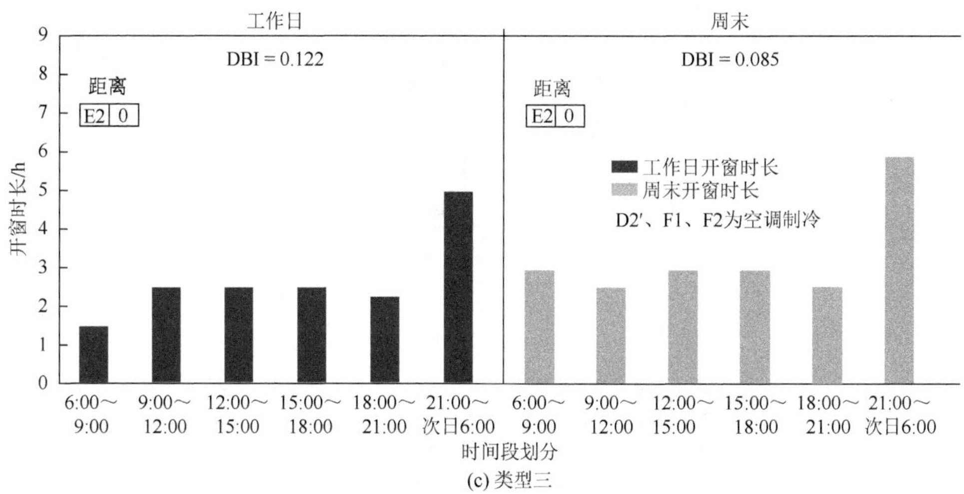

(c) 类型三

图 5-5　夏季办公空间使用者开窗行为时间维度分类

第一类是 AO 类型，办公空间使用者在工作日和周末均连续开窗。其组内距离为零，表明所有办公空间使用者开窗行为特征完全相同。

第二类是 WO 类型。此类型办公空间使用者仅在工作时间内使用窗口。办公空间使用者多在到达办公室时打开窗口，在 18:00 之前关闭窗口。

第三类也为昼夜开窗类型，但其办公空间使用者开窗持续时间短于第一类。

在秋季，各个办公空间使用者开窗行为在每日各个时间段的均值及其方差如附表 6-1 所示。40%样本在工作日与周末保持连续关闭状态，多数样本办公空间使用者开窗时长较短。

通过聚类分析对上述数据进行分类，得到 3 个工作日类型和 2 个周末类型，最终形成 4 类秋季办公空间使用者开窗行为类型（图 5-6）。选择 DBI 最低的分组结果作为分类结果，工作日分类的 DBI 为 0.048，周末分类的 DBI 为 0.079。这 4 类行为类型的行为分布时段差异显著。

第一类是 AC 类型，办公空间使用者在工作日短暂开启窗口，在周末连续关窗。由于此类型办公空间使用者开窗时长非常短暂，定义为 AC 类型。

第二类是工作日开窗类型，其行为分布较为规律，办公空间使用者开窗行为发生在工作日清晨、上午和中午，每次开窗时长在 30min～1h，而在周末，办公空间使用者表现出连续关窗行为。

第三类为周末开窗类型，办公空间使用者仅在周末时开窗，开窗行为发生在清晨、上午、中午和下午。与其他类型相比，其办公空间使用者开窗时长较长，在 15min～1h。

第四类为工作日下午开窗类型，办公空间使用者在工作日中午和下午开窗，开窗时长为 15～30min，而在周末，办公空间使用者保持连续关窗行为。

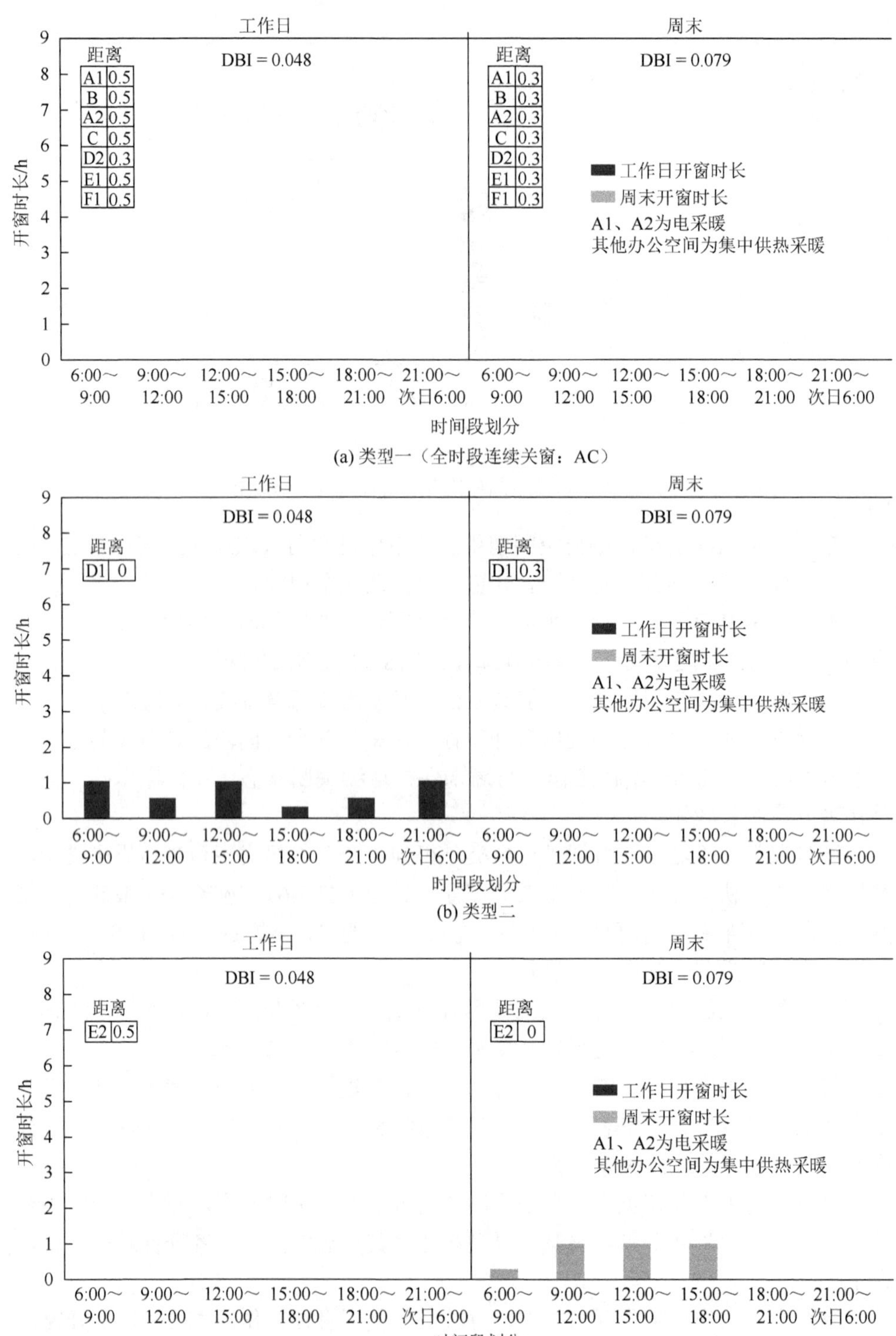

(a) 类型一（全时段连续关窗：AC）

(b) 类型二

(c) 类型三

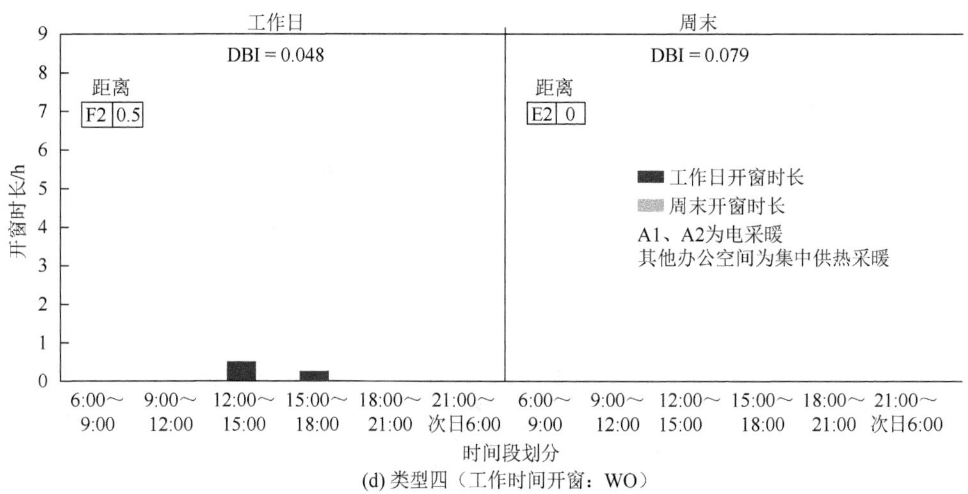

(d) 类型四（工作时间开窗：WO）

图 5-6　秋季办公空间使用者开窗行为时间维度分类

综合上述四种类型，类型一最为常见，包含的样本占总样本的 70%，其他类型的样本均只占总样本的 10%。

在冬季，各个办公空间使用者开窗行为在每日各个时间段的均值及其方差如附表 6-1 所示。所有办公空间使用者开窗行为接近昼夜完全关闭状态，部分办公空间使用者开窗行为多发生在使用者到达办公空间时。

通过聚类分析对上述数据进行分类，得到 4 个工作日类型和 1 个周末类型，最终形成 4 类冬季办公空间使用者开窗行为类型（图 5-7）。选择 DBI 最低的分组结果作为分类结果，工作日分类的 DBI 为 0.41，周末分类的 DBI 为 0。这 4 类行为类型具有不同的行为分布时段。

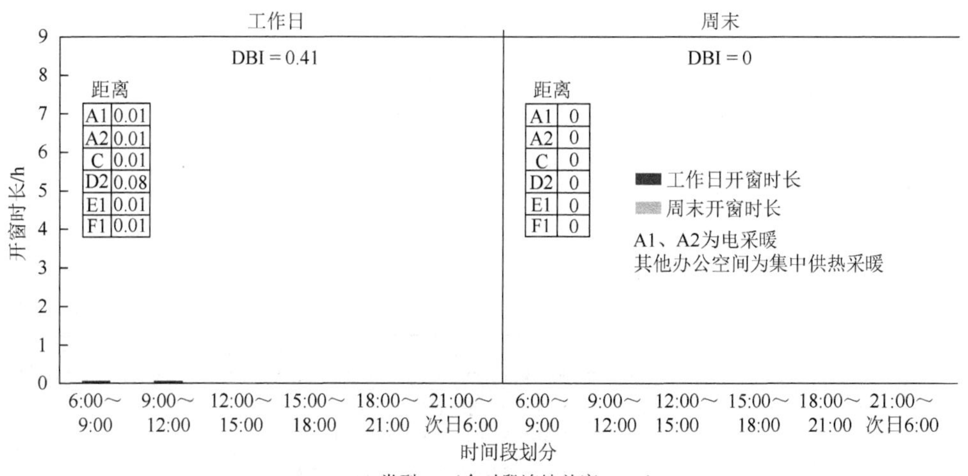

(a) 类型一（全时段连续关窗：AC）

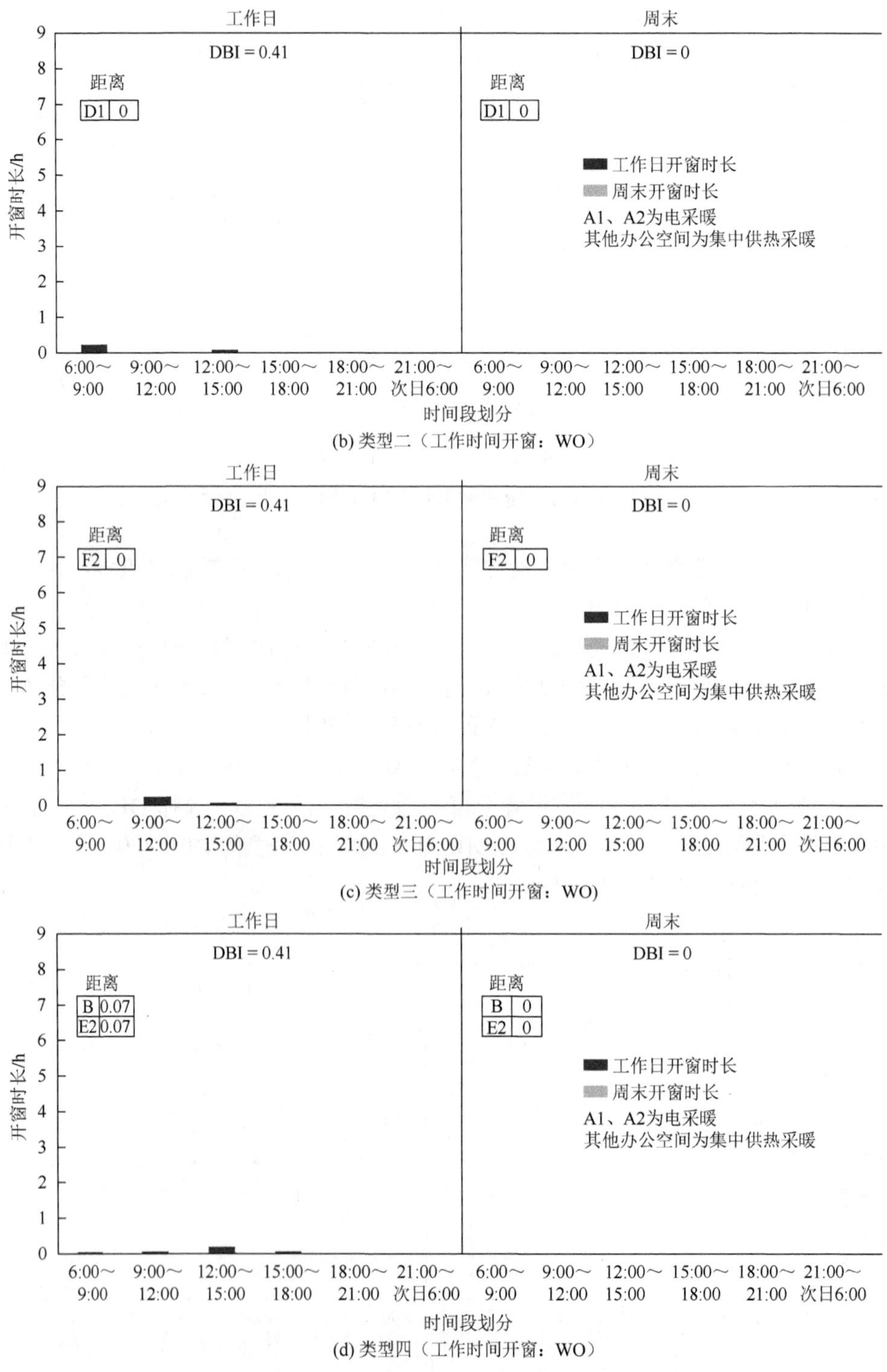

(b) 类型二（工作时间开窗：WO）

(c) 类型三（工作时间开窗：WO）

(d) 类型四（工作时间开窗：WO）

图 5-7　冬季办公空间使用者开窗行为时间维度分类

第一类为 AC 类型。50%的办公空间使用者开窗行为发生在清晨和上午，开窗时长非常短暂，基本属于在工作日和周末均无开窗行为。与秋季类似，将此类行为定义为 AC 类型。

其他三种类型的办公空间使用者在工作日的某一特定时间段内均产生约 15min 的开窗行为，在其他时间段内产生 1～3min、非常短暂的开窗行为。

在冬季周末，每个类型的办公空间使用者均不开启窗口。

2. 空间维度架构

办公空间使用者开窗行为预测模型空间维度架构如图 5-8 所示。基于前面在时间维度得到的四季办公空间使用者开窗行为类型，对每一维度的时间类型进行空间维度的特征解析。在所有季节中，所有空间维度类型均表现出 1～2 种时间维度特征。在春季和夏季，规模为 3～10 人的开放性办公空间维度仅具有一种时间维度特征。在夏季、秋季和冬季，规模为单人的单元式办公空间维度也仅包括一种时间维度特征。

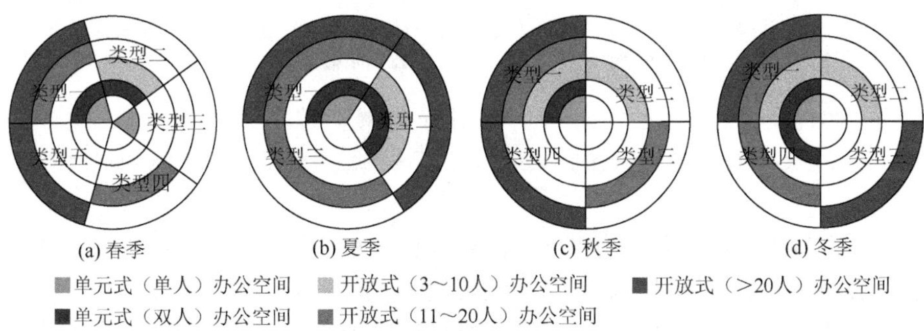

图 5-8　办公空间使用者开窗行为预测模型空间维度架构（扫封底二维码可见彩图）

夏季时，开放式（3～10 人）办公空间为独立空调制冷，开放式（>20 人）办公空间为中央空调制冷

在春季和夏季空间架构中，多数的空间维度类型均具有时间维度类型一的时间分布特征，包括单人、双人的单元式办公空间和规模大于 10 人的开放式办公空间。在秋季和冬季，所有空间维度类型均具有时间维度类型一的时间分布特征。可见，在不同规模和类型的空间维度，办公空间使用者开窗行为具有相同的时间维度特征。

5.1.3　预测模型架构结果的解析

从时间范围来说，预测模型架构结果包括两类，即非过渡季节和全年寒地办公空间使用者开窗行为预测模型架构。在开展建筑环境性能模拟与评价时，通常情况下选择对非过渡季节，即夏季与冬季进行模拟与评价。在较为极端的天气条件下，预估建筑室内环境变化，从而判断建筑室内环境的核心性能表现。而从全年时间周期的角度进行模拟，能够更为全面地掌握建筑室内环境性能表现。

以非过渡季节的办公空间使用者开窗行为数据作为数据的输入，进行关联规则分析，得到非过渡季节寒地办公空间使用者开窗行为预测模型架构，共分为 6 个子预测模型（图 5-9），夏季和冬季的预测模型架构结果分别用 S 和 W 标记。

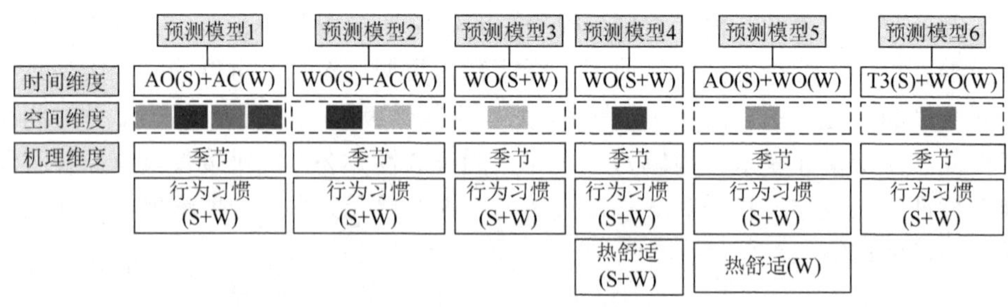

图 5-9　非过渡季节寒地办公空间使用者开窗行为预测模型架构（扫封底二维码可见彩图）

夏季时，开放式（3～10 人）办公空间为独立空调制冷，开放式（＞20 人）办公空间为中央空调制冷

在时间维度方面，预测模型 1、预测模型 3 和预测模型 4 具有季节延续性特征，而预测模型 2、预测模型 5 和预测模型 6 呈现出夏冬季各不相同的特征。在夏季和冬季，各个预测模型的时间维度类型多为 AO、AC 和 WO 类型的组合。在夏季，预测模型 1 的时间维度为连续开窗的 AO 类型；在冬季，其时间维度则为连续关窗的 AC 类型。在不同季节，预测模型 1 延续了稳定性和行为惰性特征。在夏季，预测模型 3 和预测模型 4 的时间维度均为 WO 类型，其模式为办公空间使用者到达时开窗，离开时关窗；在冬季，两个预测模型的时间维度仍为 WO 类型，但开窗时长缩减至 15min 内。在夏季，预测模型 2 的时间维度也为 WO 类型，但在冬季，其时间维度减弱至 AC 类型。在夏季，预测模型 5 的时间维度为 AO 类型；在冬季，其时间维度为 WO 类型。

在空间维度方面，预测模型 1 适用于多种空间维度，即规模为单人、双人的单元式办公空间和规模大于 10 人的开放式办公空间；预测模型 2 适用于规模为双人的单元式办公空间和 3～10 人的开放式办公空间；预测模型 3～6 均只适用于一种空间维度。预测模型 3 仅适用于规模为 3～10 人的开放式办公空间，预测模型 4 仅适用于规模大于 20 人的开放式办公空间，预测模型 5 仅适用于规模为单人的单元式办公空间，预测模型 6 仅适用于规模为 11～20 人的开放式办公空间。寒地办公空间使用者开窗行为多属于预测模型 1。

在机理维度方面，各个寒地办公空间使用者开窗行为预测模型的季节性差异明显。在夏季和冬季，预测模型的机理维度多为行为习惯促动类型，仅少数预测模型的机理维度还包含热舒适促动类型。预测模型 1、预测模型 2、预测模型 3 和预测模型 6 受到内部因素的促动，其机理维度属于行为习惯促动类型，其时间维度特征具有显著的规律性。预测模型 4 受到内部和外部因素的共同促动，其机理维度属于行为习惯和热舒适的促动类型。在夏季和冬季，预测模型 5 受到内部因素的促动，而在冬季还受到外部因素的促动，其机理维度在夏季时为行为习惯促动，在冬季时为行为习惯和热舒适的共同促动。

以全年办公空间使用者开窗行为数据作为数据的输入，进行关联规则分析，得到 6 个寒地办公空间使用者开窗行为预测模型架构（图 5-10），春季和秋季的预测模型架构结果分别用 SP 和 A 标记。

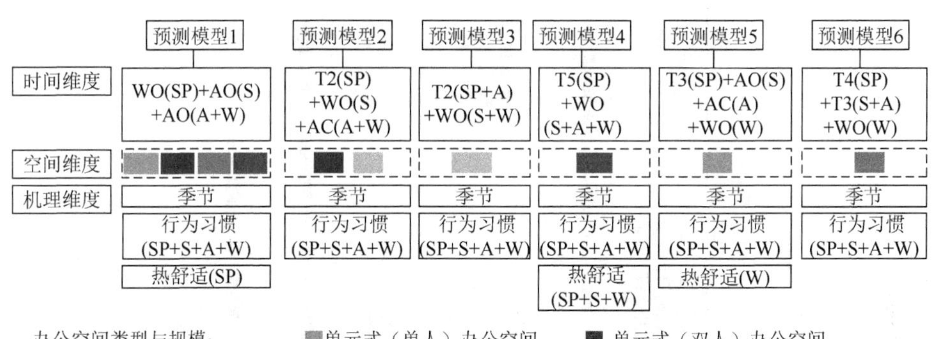

图 5-10　全年寒地办公空间使用者开窗行为预测模型架构（扫封底二维码可见彩图）

夏季时，开放式（3～10 人）办公空间为独立空调制冷，开放式（>20 人）办公空间为中央空调制冷

在时间维度方面，预测模型 1 仍具有稳定性特征，在夏季至冬季，其行为惰性特征显著。在春季，其时间维度为 WO 类型；在秋季，其时间维度与冬季相同，为 AC 类型。在过渡季节，预测模型 2 的时间维度与预测模型 1 类似，在春季，其时间维度与预测模型 1 相同；但在秋季，其开窗行为活跃度减弱，为 AC 类型。与其他模型相比，预测模型 5 和预测模型 6 的行为变化活跃，其时间维度类型与其他空间不同。

在空间维度方面，全年与非过渡季节预测模型的架构完全相同，这表明寒地办公空间使用者开窗行为预测模型的特征和属性具有季节连续性。在非过渡季节，具有相同时间和机理维度特征的预测模型在过渡季节仍表现出相同特征，这也证明了预测模型采用行为模式预测建构的可行性。

在机理维度方面，各个寒地办公空间使用者开窗行为预测模型的季节性差异明显。从全年周期看，预测模型的机理维度仍多为行为习惯促动类型，部分预测模型的机理维度仅在部分季节包含热舒适促动类型。预测模型 2、预测模型 3 和预测模型 6 受到内部因素的促动，其机理维度始终属于行为习惯促动类型。预测模型 1、预测模型 4 和预测模型 5 在外部因素的促动下，其机理维度还包括热舒适促动。这些预测模型在过渡季节相似的室内外物理环境条件下，同一预测模型的机理维度不同。在春季，这些模型为行为习惯和热舒适共同促动，而在秋季仅受到行为习惯的促动，这也论证了寒地办公空间使用者开窗行为的季节性差异。

下面从时间维度和机理维度两个方面对比寒地办公空间使用者开窗行为预测模型和建筑性能模拟平台 DesignBuilder 既有行为程序工作日和周末日均开窗时长，如图 5-11 和图 5-12 所示。

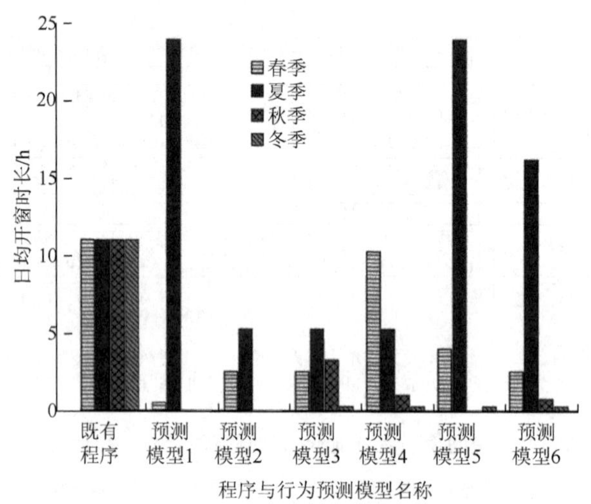

图 5-11　寒地办公空间使用者开窗行为预测模型与既有行为程序的工作日日均开窗时长对比（扫封底二维码可见彩图）

从图 5-11 可以看出，对工作日而言，预测模型和既有行为程序的时间维度差异显著。在各个预测模型中，仅预测模型 4 的春季使用者开窗时长接近既有行为程序，其他预测模型的日均开窗时长均显著低于既有行为程序，最大差异可达 6h。预测模型 1、预测模型 5 和预测模型 6 的夏季使用者日均开窗时长显著高于既有行为程序，差异可达 11h。可见，从工作日日均开窗时长这一维度，既有行为程序不能有效代表实际的寒地办公空间使用者开窗行为。

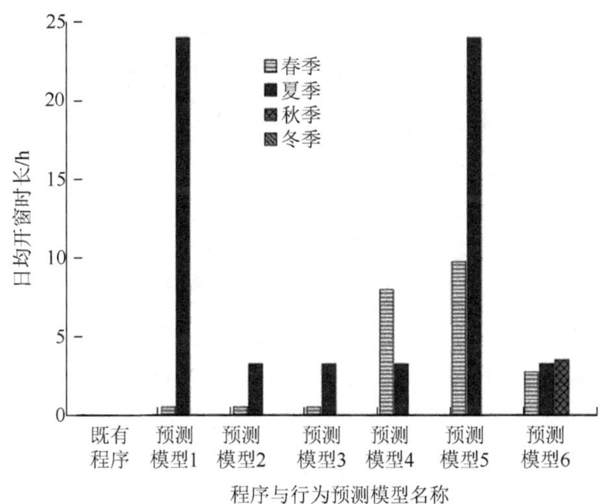

图 5-12 寒地办公空间使用者开窗行为预测模型与既有行为程序的周末日均开窗时长对比（扫封底二维码可见彩图）

从图 5-12 可以看出，对周末而言，预测模型和既有行为程序的时间维度差异同样显著，主要体现在春季和夏季。既有行为程序的周末日均开窗时长为 0，没有考虑办公空间使用者的加班行为和行为惰性，不能反映真实的办公空间使用者开窗行为。

5.2 寒地办公空间使用者行为预测模型程序

本节依据寒地办公空间使用者开窗行为预测模型架构，通过解析常用建筑性能模拟平台既有行为程序特征，编写办公空间使用者开窗行为预测模型配置文件，研发适用于寒冷地区和严寒地区，可链接建筑性能模拟平台 DesignBuilder 的办公空间使用者开窗行为预测模型程序。

在建筑性能模拟平台 DesignBuilder 中，采用计算型或计划型自然通风计算方法模拟办公空间使用者开窗行为时，计算模块的程序均包括两种类型，即 7/12 模块程序和 Compact 模块程序。

7/12 模块程序通过建筑性能模拟平台中固有配置文件进行定义，此程序编制了固定的行为配置文件表，此表中包含一周中的 7 天及一年中的 12 个月，通过修改表格能够更改行为配置文件，进而修改程序。在应用程序前，定义冬季设计日（winter design day）与夏季设计日（summer design day）。7/12 模块程序的定义方法较为复杂，且灵活性较差。

Compact 模块程序是基于建筑能耗模拟平台 EnergyPlus 的日程程序开发的，此程序对 EnergyPlus 中日程程序的定义模式进行了修改。Compact 模块程序的输入类型为文本类型代码输入，在代码的单个命令中需要覆盖日程组件的所有特征，必须覆盖所有日期特征，详细划分工作日、周末和节假日等典型日，还需覆盖全年中每一天、每一天中 24h。

本节采用更为灵活且准确的 Compact 模块程序，研发寒地办公空间使用者开窗行为预测模型程序。在行为预测模型程序中，0 代表行为的关闭，1 代表行为的发生，0～1 中的任何数字均被归类为 1。在典型日设定中，还对冬季设计日与夏季设计日的行为程序进行了设定。若不设置上述参数，则建筑性能模拟平台将停止运行制冷与供热系统，导致模拟结果产生较大偏差。通常建筑性能模拟平台 DesignBuilder 模拟计算时，时间步长为 15min，以获得适宜的模拟速度，在实测中所采用的环境参数记录器亦为 15min 间隔记录。在此条件下，受 15min 时间步长约束，小于 15min 的办公空间使用者开窗行为不计算在内，被视为无开窗行为。依据上述条件，对行为预测模型程序进行适当的修正。

与既有建筑性能模拟平台行为程序相比，本节所研发的寒地办公空间使用者开窗行为预测模型程序的维度更为丰富，能够代表寒地办公空间使用者开窗行为的真实属性与特征，具体有以下优点：

（1）在时间维度方面，寒地办公空间使用者开窗行为预测模型程序拓展了季节、月份、日期和时刻的维度架构。在不同季节和月份时间维度，既有行为程序设定的行为程序完全相同。而预测模型程序针对行为的季节性差异特征，进行了详细的程序研发。在日期时间维度，既有行为程序也划分了工作日和周末层级，但将周末的办公空间使用者开窗频次和时长均定义为 0。而预测模型程序在周末的行为程序研发中考虑了办公空间使用者的加班行为、昼夜开窗行为等特征，增加了相应的行为程序开发。在时刻时间维度，既有行为程序仅设定一种行为模式，此模式设定办公空间使用者的开窗时间为 8:00，关窗时间为 19:00，开窗时长为 11h。而预测模型程序设定多种行为模式，能够有效反映寒地办公空间使用者的真实行为表现。

（2）在空间维度方面，严寒地区办公空间使用者开窗行为预测模型程序拓展了空间类型和规模的维度架构。既有行为程序的空间维度设定层级单一。在预测模型程序中，将空间类型拓展为单元式办公空间和开放式办公空间，将空间规模的层级进行了详细划分。每一空间维度的行为程序包括此空间类型和规模可产生的多个行为模式，能够反映办公空间使用者开窗行为的多样性。

（3）在地域性方面，寒地办公空间使用者开窗行为预测模型程序具有地域针对性，适用于我国寒地办公空间。既有行为程序没有考虑办公空间使用者开窗行为的地域性差异，没有根据寒地的气候特征或地理位置研发相应的行为程序。

5.2.1　单元式办公空间预测模型程序

在研发办公空间使用者开窗行为预测模型程序前，按照行为预测模型架构的维度划分行为预测模型配置文件的结构，依据各个维度的行为数据编写行为预测模型配置文件的内容。寒地单元式办公空间使用者开窗行为预测模型配置文件如表 5-1 和表 5-2 所示。

基于寒地单元式办公空间使用者开窗行为预测模型配置文件的层次和内容，编写其预测模型程序，如图 5-13 和图 5-14 所示。在过渡季节中，寒地单元式办公空间使用者开窗行为预测模型包括 3 个春季程序和 1 个秋季程序。春季程序分别采用预测模型时间维度架构的春季类型 1、类型 2 和类型 3 的行为配置文件编写，秋季程序采用预测模型时间维度架构的秋季类型 1 的行为配置文件编写。

在夏季和冬季中，寒地单元式办公空间使用者开窗行为预测模型包括 2 个夏季程序和 2 个冬季程序。夏季程序采用预测模型时间维度架构的夏季类型 1 和类型 2 的行为配置文件编写，冬季程序采用预测模型时间维度架构的冬季类型 1 和类型 2 的行为配置文件编写。

春季程序1	春季程序2	春季程序3	秋季程序1
Through: 31 May, For: Weekdays, Until: 09:00,0, Intil: 09:15,1， Until: 12:00, 0, Until: 12:15,1, Until: 24:00,0, For: Weekends, Until: 09:00,0, Until: 09:15,1, Until: 12:00,0, Intil: 12:15，1， Until: 24:00,0, For: Holidays, Until: 24:00,0, For:AllOtherDays, Until: 24:00,0,	Through: 31 May, For: Weekdays, Until: 08:30,0, Until: 09:30,1, Until: 14:30,0, Until:15:30,1, Until: 18:00,0, Until:18:15,1， Until: 21:00,0, Until: 21:15,1, Until: 24:00, 0, For: Weekends, Until: 11:45,0, Until: 12:15,1 Until: 24:00,0, For: Holidays, Until: 24:00,0, For: AllOtherDays, Until: 24:00,0,	Through: 31 May， For: Weekdays, Until: 08:30,0, Until: 09:30,1， Until: 14:30,0, Until: 15:30,1, Until: 18:00,0, Until: 18:30,1, Until: 21:00,0, Until: 22:30,1, Until: 24:00,0, For:Weekends, Until: 06:45,0, Until:10:30,1, Until: 12:00, 0, Until: 13:00,1, Until: 15:00,0, Until: 16:00,1, Until: 18:00,0, Until: 19:00,1, Until: 21:00,0, Until: 24:00,1, For: Holidays, Until: 24:00,0, For:AllOtherDays, Until: 24:00,0,	Through:31 Oct, For: Weekdays, Until: 24:00,0, For: Weekends, Until: 24:00,0, For: Holidays, Until:24:00,0, For:AllOtherDays, Until:24:00,0,

图 5-13　寒地单元式办公空间使用者开窗行为预测模型过渡季节程序

表 5-1　寒地单元式办公空间过渡季节使用者开窗行为预测模型配置文件

	工作日						周末					
春季行为预测模型配置文件												
春季类型 1												
每日时间段划分	6:00～9:00	9:00～12:00	12:00～15:00	15:00～18:00	18:00～21:00	21:00～次日 6:00	6:00～9:00	9:00～12:00	12:00～15:00	15:00～18:00	18:00～21:00	21:00～次日 6:00
开窗时长/h	0	0.25	0.25	0	0	0	0	0.25	0.25	0	0	0
春季类型 2												
每日时间段划分	6:00～9:00	9:00～12:00	12:00～15:00	15:00～18:00	18:00～21:00	21:00～次日 6:00	6:00～9:00	9:00～12:00	12:00～15:00	15:00～18:00	18:00～21:00	21:00～次日 6:00
开窗时长/h	0.5	0.5	0.5	0.5	0.25	0.25	0	0.25	0.25	0	0	0
春季类型 3												
每日时间段划分	6:00～9:00	9:00～12:00	12:00～15:00	15:00～18:00	18:00～21:00	21:00～次日 6:00	6:00～9:00	9:00～12:00	12:00～15:00	15:00～18:00	18:00～21:00	21:00～次日 6:00
开窗时长/h	0.5	0.5	0.5	0.5	0.5	1.5	1.25	1.5	1	1	1	4
秋季行为预测模型配置文件												
秋季类型 1												
每日时间段划分	6:00～9:00	9:00～12:00	12:00～15:00	15:00～18:00	18:00～21:00	21:00～次日 6:00	6:00～9:00	9:00～12:00	12:00～15:00	15:00～18:00	18:00～21:00	21:00～次日 6:00
开窗时长/h	0	0	0	0	0	0	0	0	0	0	0	0

表 5-2　寒地单元式办公空间非过渡季节使用者开窗行为预测模型配置文件

	工作日						周末					
夏季行为预测模型配置文件												
夏季类型 1												
每日时间段划分	6:00～9:00	9:00～12:00	12:00～15:00	15:00～18:00	18:00～21:00	21:00～次日 6:00	6:00～9:00	9:00～12:00	12:00～15:00	15:00～18:00	18:00～21:00	21:00～次日 6:00
开窗时长/h	3	3	3	3	3	9	3	3	3	3	3	9
夏季类型 2												
每日时间段划分	6:00～9:00	9:00～12:00	12:00～15:00	15:00～18:00	18:00～21:00	21:00～次日 6:00	6:00～9:00	9:00～12:00	12:00～15:00	15:00～18:00	18:00～21:00	21:00～次日 6:00
开窗时长/h	1	1.75	1.5	1	0	0	1	1	1	0.25	0	0
冬季行为预测模型配置文件												
冬季类型 1												
每日时间段划分	6:00～9:00	9:00～12:00	12:00～15:00	15:00～18:00	18:00～21:00	21:00～次日 6:00	6:00～9:00	9:00～12:00	12:00～15:00	15:00～18:00	18:00～21:00	21:00～次日 6:00
开窗时长/h	0	0	0	0	0	0	0	0	0	0	0	0
冬季类型 2												
每日时间段划分	6:00～9:00	9:00～12:00	12:00～15:00	15:00～18:00	18:00～21:00	21:00～次日 6:00	6:00～9:00	9:00～12:00	12:00～15:00	15:00～18:00	18:00～21:00	21:00～次日 6:00
开窗时长/h	0	0	0.25	0	0	0	0	0	0	0	0	0

<table>
<tr><th>夏季程序1</th><th>夏季程序2</th><th>冬季程序1</th><th>冬季程序2</th></tr>
<tr><td rowspan="4">Through: 31 Aug,
For: Weekdays
SummerDesignDay,
Until: 24:00,1,
For: Weekends,
Until: 24:00,1,
For: Holidays,
Until: 24:00,0,
For: AllOtherDays,
Until: 24:00,0,</td><td rowspan="4">Through: 31 Aug,
For: Weekdays
SummerDesignDay,
Until: 08:00,0,
Until: 10:45,1,
Until: 13:30,0,
Until: 16:00,1,
Until:24:00,0,
For: Weekends,
Until: 08:00, 0,
Until: 10:00,1,
Until: 14:00,0,
Until: 15:15,1,
Until: 24:00,0,
For: Holidays,
Until: 24:00,0,
For: AllOtherDays,
Until: 24:00, 0,</td><td>部分1</td><td>部分1</td></tr>
<tr><td>Through: 31 Dec,
For: Weekdays,
Until: 24:00,0,
For: Weekends,
Until: 24:00, 0,
For:Holidays,
Until: 24:00,0,
For: AllOtherDays,
Until: 24:00,0;</td><td>Through: 31 Dec,
For: Weekdays,
Until: 12:00,0,
Until: 12:15,1,
Until: 24:00, 0,
For: Weekends,
Until: 24:00,0,
For:Holidays,
Unti1: 24:00,0
For: AllOtherDays,
Until:24:00, 0;</td></tr>
<tr><td>部分2</td><td>部分2</td></tr>
<tr><td>Through: 31 Mar,
For: Weekdays
WinterDesignDay,
Until:24:00,0,
For: Weekends,
Until: 24:00,0,
For: Holidays,
Until: 24:00,0,
For: AllOtherDays,
Until: 24:00, 0,</td><td>Through: 31 Mar,
For: Weekdays
WinterDesignDay,
Until: 12:00, 0,
Until: 12:15,1,
Until:24;00,0,
For: Weekends,
Until: 24:00, 0,
For: Holidays,
Until: 24:00,0，
For: AllOtherDays,
Until: 24:00, 0,</td></tr>
</table>

图 5-14　寒地单元式办公空间使用者开窗行为预测模型非过渡季节程序

5.2.2　开放式办公空间预测模型程序

寒地开放式办公空间使用者开窗行为预测模型配置文件的构建原则与单元式办公空间相同，如表 5-3 和表 5-4 所示。

依据开放式办公空间使用者开窗行为预测模型配置文件的层次和内容，编写其预测模型程序，如图 5-15 和图 5-16 所示。在过渡季节中，寒地开放式办公空间使用者开窗行为预测模型包括 4 个春季程序和 4 个秋季程序。春季程序分别采用预测模型时间维度架构的春季类型 1、类型 2、类型 4 和类型 5 的行为配置文件编写，秋季程序分别采用预测模型时间维度架构的秋季类型 1、类型 2、类型 3 和类型 4 的行为配置文件编写。

在夏季和冬季，寒地开放式办公空间使用者开窗行为预测模型包括 3 个夏季程序和 4 个冬季程序。夏季程序分别采用预测模型时间维度架构的春季类型 1、类型 2 和类型 3 的行为配置文件编写，冬季程序分别采用预测模型时间维度架构的冬季类型 1、类型 2、类型 3 和类型 4 的行为配置文件编写。

不同季节的办公空间使用者开窗行为预测模型程序可单独使用或连接并用。在连接并用时需注意，冬季程序的部分 1 为程序的终止部分，部分 2 为程序的起始部分，将这两部分分别置于程序的终止和起始位置运行程序。

表 5-3　寒地开放式办公空间过渡季节使用者开窗行为预测模型配置文件

	工作日						周末					
春季行为预测模型配置文件												
春季类型 1												
每日时间段划分	6:00～9:00	9:00～12:00	12:00～15:00	15:00～18:00	18:00～21:00	21:00～次日 6:00	6:00～9:00	9:00～12:00	12:00～15:00	15:00～18:00	18:00～21:00	21:00～次日 6:00
开窗时长/h	0	0.25	0.25	0	0	0	0	0.25	0.25	0	0	0
春季类型 2												
每日时间段划分	6:00～9:00	9:00～12:00	12:00～15:00	15:00～18:00	18:00～21:00	21:00～次日 6:00	6:00～9:00	9:00～12:00	12:00～15:00	15:00～18:00	18:00～21:00	21:00～次日 6:00
开窗时长/h	0.5	0.5	0.5	0.5	0.25	0.25	0	0.25	0.25	0	0	0
春季类型 4												
每日时间段划分	6:00～9:00	9:00～12:00	12:00～15:00	15:00～18:00	18:00～21:00	21:00～次日 6:00	6:00～9:00	9:00～12:00	12:00～15:00	15:00～18:00	18:00～21:00	21:00～次日 6:00
开窗时长/h	0.5	0.5	0.5	0.5	0.25	0.25	0	0.75	1	0.75	0.25	1
春季类型 5												
每日时间段划分	6:00～9:00	9:00～12:00	12:00～15:00	15:00～18:00	18:00～21:00	21:00～次日 6:00	6:00～9:00	9:00～12:00	12:00～15:00	15:00～18:00	18:00～21:00	21:00～次日 6:00
开窗时长/h	1.25	1.25	1.5	1.5	1.25	3.5	1	1	1	1	1	3
秋季行为预测模型配置文件												
秋季类型 1												
每日时间段划分	6:00～9:00	9:00～12:00	12:00～15:00	15:00～18:00	18:00～21:00	21:00～次日 6:00	6:00～9:00	9:00～12:00	12:00～15:00	15:00～18:00	18:00～21:00	21:00～次日 6:00
开窗时长/h	0	0	0	0	0	0	0	0	0	0	0	0
秋季类型 2												
每日时间段划分	6:00～9:00	9:00～12:00	12:00～15:00	15:00～18:00	18:00～21:00	21:00～次日 6:00	6:00～9:00	9:00～12:00	12:00～15:00	15:00～18:00	18:00～21:00	21:00～次日 6:00
开窗时长/h	1	0.5	0	0.25	0.5	1	0	0	0	0	0	0

续表

	工作日						周末					
秋季行为预测模型配置文件												
秋季类型 3												
每日时间段划分	6:00～9:00	9:00～12:00	12:00～15:00	15:00～18:00	18:00～21:00	21:00～次日 6:00	6:00～9:00	9:00～12:00	12:00～15:00	15:00～18:00	18:00～21:00	21:00～次日 6:00
开窗时长/h	0	0	0.25	0	0	0	0.5	1	1	1	0	0
秋季类型 4												
每日时间段划分	6:00～9:00	9:00～12:00	12:00～15:00	15:00～18:00	18:00～21:00	21:00～次日 6:00	6:00～9:00	9:00～12:00	12:00～15:00	15:00～18:00	18:00～21:00	21:00～次日 6:00
开窗时长/h	0	0.25	0.5	0.25	0	0	0	0	0	0	0	0

表 5-4　寒地开放式办公空间非过渡季节使用者开窗行为预测模型配置文件

	工作日						周末					
夏季行为预测模型配置文件												
夏季类型 1												
每日时间段划分	6:00～9:00	9:00～12:00	12:00～15:00	15:00～18:00	18:00～21:00	21:00～次日 6:00	6:00～9:00	9:00～12:00	12:00～15:00	15:00～18:00	18:00～21:00	21:00～次日 6:00
开窗时长/h	3	3	3	3	3	9	3	3	3	3	3	9
夏季类型 2												
每日时间段划分	6:00～9:00	9:00～12:00	12:00～15:00	15:00～18:00	18:00～21:00	21:00～次日 6:00	6:00～9:00	9:00～12:00	12:00～15:00	15:00～18:00	18:00～21:00	21:00～次日 6:00
开窗时长/h	1	1.75	1.5	1	0	0	1	1	1	0.25	0	0
夏季类型 3												
每日时间段划分	6:00～9:00	9:00～12:00	12:00～15:00	15:00～18:00	18:00～21:00	21:00～次日 6:00	6:00～9:00	9:00～12:00	12:00～15:00	15:00～18:00	18:00～21:00	21:00～次日 6:00
开窗时长/h	1.5	2.5	2.5	2.5	2.25	5	1	1	1	0.25	0	0

续表

	工作日						周末					
冬季行为预测模型配置文件												
冬季类型 1												
每日时间段划分	6:00～9:00	9:00～12:00	12:00～15:00	15:00～18:00	18:00～21:00	21:00～次日 6:00	6:00～9:00	9:00～12:00	12:00～15:00	15:00～18:00	18:00～21:00	21:00～次日 6:00
开窗时长/h	0	0	0	0	0	0	0	0	0	0	0	0
冬季类型 2												
每日时间段划分	6:00～9:00	9:00～12:00	12:00～15:00	15:00～18:00	18:00～21:00	21:00～次日 6:00	6:00～9:00	9:00～12:00	12:00～15:00	15:00～18:00	18:00～21:00	21:00～次日 6:00
开窗时长/h	0.25	0	0	0	0	0	0	0	0	0	0	0
冬季类型 3												
每日时间段划分	6:00～9:00	9:00～12:00	12:00～15:00	15:00～18:00	18:00～21:00	21:00～次日 6:00	6:00～9:00	9:00～12:00	12:00～15:00	15:00～18:00	18:00～21:00	21:00～次日 6:00
开窗时长（h）	0	0.25	0	0	0	0	0	0	0	0	0	0
冬季类型 4												
每日时间段划分	6:00～9:00	9:00～12:00	12:00～15:00	15:00～18:00	18:00～21:00	21:00～次日 6:00	6:00～9:00	9:00～12:00	12:00～15:00	15:00～18:00	18:00～21:00	21:00～次日 6:00
开窗时长/h	0	0	0.25	0	0	0	0	0	0	0	0	0

春季程序1	春季程序2	春季程序4	春季程序5
Through: 31 May, For: Weekdays, Until: 09:00, 0, Until: 09:15,1, Until: 12:00, 0, Until: 12:15,1, Until: 24:00, 0, For: Weekends, Until: 09:00,0, Until: 09:15,1, Until: 12:00,0, Until: 12:15,1, Until: 24:00,0, For: Holidays, Until: 24:00,0, For: AllOtherDays, Until: 24:00, 0,	Through: 31 May, For: Weekdays, Until: 08:30,0, Until: 09:30,1, Until: 14:30,0, Until: 15:30,1, Until: 18:00,0, Until: 18:15,1, Until: 21:00,0, Until: 21:15,1, Until: 24:00,0, For: Weekends, Until: 11:45,0, Until: 12:15,1, Until: 24:00,0, For: Holidays, Until: 24:00,0, For: AllOtherDays, Until: 24:00,0,	Through: 31 May, For: Weekdays, Until: 08:30,0, Until: 09:30,1, Until: 14:30,0, Until: 15:30,1, Until: 20:45,0, Until: 21:15,1, Until: 24:00,0, For: Weekends, Until: 11:15,0, Until: 13:00，1, Until: 17:15,0, Until: 18:45,1, Until: 21:00,0, Until: 21:10,1, Until: 24:00,0, For: Holidays, Until: 24:00,0, For: AllOtherDays, Until: 24:00,0,	Through: 31 May, For: Weekdays, Until: 07:15,0, Until: 10:15,1, Until: 13:30,0, Until: 16:30,1, Until: 19:45,0, Until: 24:00,1, For: Weekends, Until: 07:00, 0, Until: 10:00,1, Until: 11:00,0, Until: 13:00,1, Until: 14:00,0, Until: 16:00,1, Until: 20:00,0, Until: 24:00,1, For: Holidays, Until: 24:00,0, For: AllOtherDays, Until: 24:00,0,
秋季程序1	秋季程序2	秋季程序3	秋季程序4
Through: 31 Oct, For: Weekdays, Until: 24:00,0, For: Weekends, Until: 24:00,0, For: Holidays, Until: 24:00,0, For: AllOtherDays, Until: 24:00,0,	Through: 31 Oct, For: Weekdays, Until: 08:00,0, Until: 10:45,1, Until: 17:45,0. Until: 18:30,1, Until: 21:00, 0, Until: 22:00,1, Until: 24:00,0, For: Weekends, Until: 24:00,0, For: Holidays, Until: 24:00,0, For: AllOtherDays, Until: 24:00, 0,	Through: 31 Oct, For: Weekdays, Until: 12:00,0, Until: 12:15,1, Until: 24:00,0, For: Weekends, Until: 08:30,0, Until: 10:00, 1, Until: 14:00,0, Until: 16:00,1, Until: 24:00,0, For: Holidays, Until: 24:00,0, For: AllOtherDays, Until: 24:00,0,	Through: 31 Oct, For: Weekdays, Until: 11:45,0, Until:12:30,1, Until: 15:00,0, Until: 15:15,1, Until: 24:00,0, For: Weekends, Until: 24:00,0, For: Holidays, Until: 24:00,0, For: AllOtherDays, Until: 24:00,0,

图 5-15　寒地开放式办公空间使用者开窗行为预测模型过渡季节程序

寒地办公空间使用者开窗行为预测模型配置文件能够集成于采用静态使用者行为模块的常用建筑性能模拟平台，进而开展寒地办公空间使用者开窗行为的相关程序开发。

寒地办公空间行为预测模型程序能够直接集成于建筑性能模拟平台DesignBuilder，并能够应用于建筑性能模拟平台中的计划型与计算型自然通风计算方法。

夏季程序1	夏季程序2	夏季程序3
Through: 31 Aug, For: Weekdays SummerDesignDay, Until: 24:00,1, For: Weekends, Until: 24:00,1, For: Holidays, Until: 24:00, 0, For: AllOtherDays, Until: 24:00,0,	Through: 31 Aug, For: Weekdays SummerDesignDay, Until: 08:00,0, Until: 10:45,1, Until: 13:30,0, Until: 16:00,1, Until: 24:00,0, For: Weekends, Unti1: 08:00,0, Until: 10:00,1, Until: 14:00,0, Until: 15:15,1, Until: 24:00,0, For: Holidays, Until: 24:00,0, For: AllOtherDays, Until: 24:00,0,	Through: 31 Aug, For: Weekdays SummerDesignDay, Until: 05:30,0, Until: 11:30,1, Until: 12:30,0, Until: 17:30,1, Until: 18:45,0, Until: 24:00,1, For: Weekends, Until: 24:00,0, For: Weekends, Until: 08:00, 0, Until: 10:00,1, Until: 14:00, 0, Until: 15:15,1, Until: 24:00,0, For: Holidays, Until: 24:00, 0, For: AllOtherDays, Until: 24:00,0,

冬季程序1	冬季程序2	冬季程序3	冬季程序4
部分1	部分1	部分1	部分1
Through: 31 Dec, For: Weekdays, Until:24:00,0, For: Weekends, Until: 24:00,0, For: Holidays, Until: 24:00,0, For: AllOtherDays, Until: 24:00, 0;	Through: 31 Dec, For: Weekdays, Until: 08:45,0, Until: 09:00,1, Until: 24:00, 0, For: Weekends, Until: 24:00,0, For: Holidays, Until: 24:00,0; For: AllOtherDays, Until:24:00,0;	Through: 31 Dec, For: Weekdays, Until: 09:00,0, Until: 09:15,1, Until: 24:00,0, For: Weekends, Until: 24:00,0, For: Holidays, Until: 24:00,0, For: AllOtherDays, Until: 24:00,0;	Through: 31 Dec, For: Weekdays, Until: 12:00, 0, Until: 12:15,1, Until: 24:00,0, For: Weekends, Until: 24:00,0, For: Holidays, Until:24:00,0, For: AllOtherDays, Until: 24:00,0;
部分2	部分2	部分2	部分2
Through: 31 Mar, For: Weekdays WinterDesignDay, Until: 24:00, 0, For: Weekends, Until: 24:00,0, For: Holidays, Until: 24:00,0, For: AllOtherDays, Until: 24:00,0,	Through: 31 Mar, For: Weekdays WinterDesignDay, Until: 08:45,0, Until: 09:00,1, Until: 24:00, 0, For: Weekends, Until: 24:00, 0, For: Holidays, Until: 24:00,0, For: AllOtherDays, Until: 24:00,0,	Through: 31 Mar, For: Weekdays WinterDesignDay, Until: 09:00,0, Until: 09:15,1, Until: 24:00,0, For: Weekends, Until: 24:00,0, For: Holidays, Until: 24:00,0, For: AllOtherDays, Until: 24:00, 0,	Through: 31 Mar, For: Weekdays WinterDesignDay, Until: 12:00,0, Until: 12:15,1, Until: 24:00,0, For: Weekends, Until: 24:00, 0, For: Holidays, Until: 24:00,0, For: AllOtherDays, Until: 24:00,0,

图 5-16　寒地开放式办公空间使用者开窗行为预测模型非过渡季节程序

5.3　寒地办公空间使用者行为预测模型应用策略

依据寒地办公空间使用者开窗行为预测模型架构的结果，相同空间维度的办公空间使用者开窗行为具有不同的时间维度特征。在建筑设计过程中，首先会赋予办公空间功能属性和空间类型，进而设计办公空间的规模。在建筑性能模拟前，也需对建筑的空间类型与规模等参数进行设定。基于上述原因，在研究寒地办公空间使用者开窗行为预测模型的应用策略时，需结合寒地办公空间使用者开窗行为预测模型架构，以空间维度为脉络，为不同类型和规模的办公空间提供对应的办公空间使用者开窗行为预测模型。

寒地办公空间使用者开窗行为预测模型的应用策略能够指导建筑设计者和建筑环境性能评价人员在建筑设计过程中应用寒地办公空间使用者开窗行为预测模型指导建筑性能模拟。

5.3.1　单元式办公空间预测模型应用策略

在提出应用策略前，首先依据空间维度构建办公空间使用者开窗行为预测模型的维度信息，提出寒地单元式办公空间使用者开窗行为预测模型分类文件，如表 5-5 所示。各个规模的单元式办公空间使用者均表现出预测模型 1 的行为模式，单人和双人单元式办公空间还分别表现出预测模型 2 和预测模型 5 的行为模式。在时间维度方面，春季多为在工作时段开窗的 WO 类型，夏季多为连续开窗的 AO 类型，秋季和冬季多为连续关窗的 AC 类型。在机理维度方面，各个规模的单元式办公空间使用者在季节和行为习惯促动的影响下形成上述时间维度类型。同时，其使用者在春季还受到热舒适的促动，形成了其他类型的时间维度类型。

表 5-5　寒地单元式办公空间使用者开窗行为预测模型分类文件

空间维度	预测模型	时间维度	机理维度	
单人单元式办公空间	模型 1	WO(SP) + AO(S) + AC(A + W)	季节 + 行为习惯（AL）	热舒适（SP）
	模型 5	T3(SP) + AO(S) + AC(A) + WO(W)		热舒适（W）
双人单元式办公空间	模型 2	T2(SP) + WO(S) + AC(A + W)		—
	模型 1	WO(SP) + AO(S) + AC(A + W)		热舒适（SP）

注：SP 为春季，S 为夏季，A 为秋季，W 为冬季，AL 为全部季节，AO 为全时段连续开窗，AC 为全时段连续关窗，WO 为工作时间内开窗，T 为使用者开窗行为类型。

依据寒地单元式办公空间使用者开窗行为预测模型程序和分类文件，本小节提出了寒地单元式办公空间使用者开窗行为预测模型的应用策略，如图 5-17 所示。应用策略在空间维度主要由空间类型、空间规模、制冷模式等层次构建，在时间维度主要由季节层次构建。基于行为预测模型架构的结果，采暖类型不影响行为，故在应用策略的层次构建中不包含办公空间的采暖类型层次。应用策略的层次构建中还未包括制冷类型层次，这主要是根据寒地办公空间及使用者基本特征调查的统计结果，在哈尔滨地区，单元式办公空间普遍未安装或不使用空调制冷设备。因此，该应用策略虽未考虑制冷类型的约束，但仍具有普遍适用性。

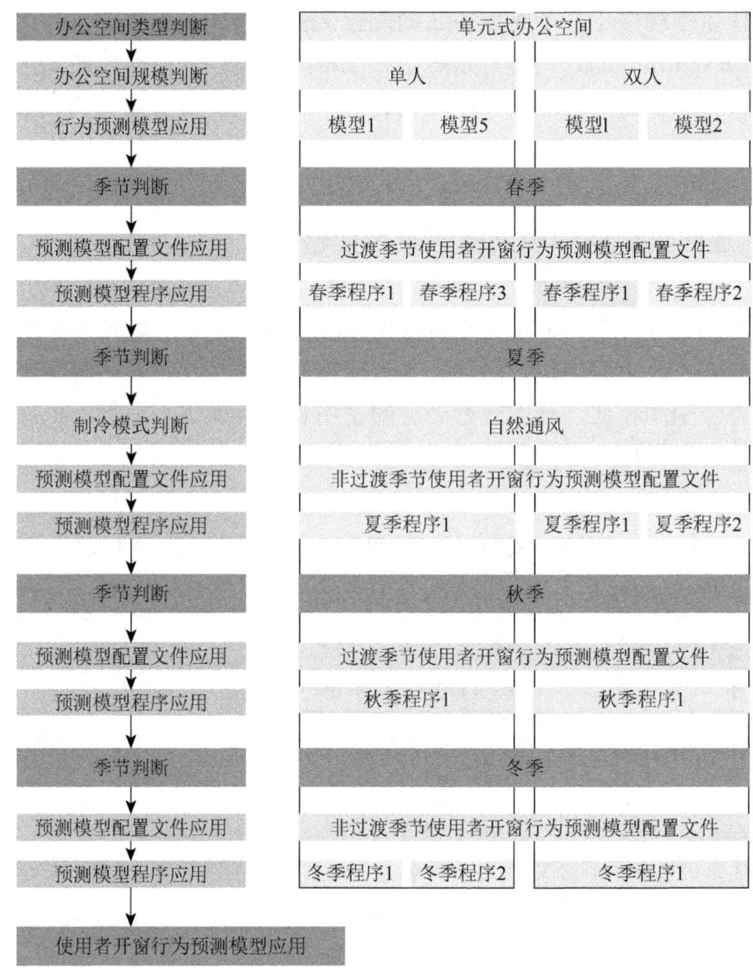

图 5-17　寒地单元式办公空间使用者开窗行为预测模型应用策略

寒地办公空间使用者开窗行为预测模型程序可单独或连接并用。因此，仅进行非过渡季节建筑性能模拟时，依据应用策略，应用夏季和冬季的行为预测模型程序进行模拟。在进行全年时段的建筑性能模拟时，可依据应用策略，使用全年各个季节的行为预测模型程序进行模拟。

例如，对规模为单人的单元式办公空间进行模拟，其行为预测模型为预测模型 1 或预测模型 5，所采用的行为预测模型配置文件为表 5-1 和表 5-2，所采用的程序为图 5-13 和图 5-14。在春季模拟计算中，分别应用春季程序 1 和春季程序 3 的行为配置文件和程序，代替既有行为程序进行模拟；在夏季和秋季模拟计算中，选择夏季程序 1 和秋季程序 1 的行为配置文件和程序进行模拟；在冬季模拟计算中，则选择冬季程序 1 与冬季程序 2 的配置文件和程序进行模拟。若建筑性能模拟平台为 DesignBuilder，则可直接应用相应程序计算；若为其他建筑性能模拟平台，则需将相应配置文件数据转译为适宜的程序代码，再与建筑性能模拟平台进行链接。

5.3.2　开放式办公空间预测模型应用策略

寒地开放式办公空间使用者开窗行为预测模型分类文件如表 5-6 所示。每一规模的开放式办公空间均包含两种行为预测模型，且具有不同的时间维度类型。与单元式办公空间相比，开放式办公空间使用者行为受热舒适促动机理的影响更大，且更具有多样性。

表 5-6　寒地开放式办公空间使用者开窗行为预测模型分类文件

空间维度	预测模型	时间维度		机理维度
3～10 人开放式办公空间	模型 3	T2(SP) + T2(A) + WO(S + W)	季节 + 行为习惯（AL）	—
	模型 2	T2(SP) + WO(S) + AC(A + W)		
11～20 人开放式办公空间	模型 1	WO(SP) + AO(S) + AC(A + W)		热舒适（SP）
	模型 6	T4(SP) + T3(S) + T3(A) + WO(W)		—
>20 人开放式办公空间	模型 1	WO(SP) + AO(S) + AC(A + W)		热舒适（SP + S）
	模型 4	T2(SP) + WO(S + A + W)		热舒适（SP + S + W）

注：SP 为春季，S 为夏季，A 为秋季，W 为冬季，AL 为全部季节，AO 为全时段连续开窗，AC 为全时段连续关窗，WO 为工作时间内开窗，T 为使用者开窗行为类型。

依据寒地开放式办公空间使用者开窗行为预测模型程序和分类文件，本小节提出寒地开放式办公空间使用者开窗行为预测模型的应用策略，如图 5-18 所示。开放式办公空间使用者开窗行为预测模型应用策略的步骤与单元式办公空间相同，首先判断设计方案或建筑实例中的办公空间类型与规模，然后按照季节与制冷模式等差异，逐层选择对应的办公空间使用者开窗行为预测模型程序。

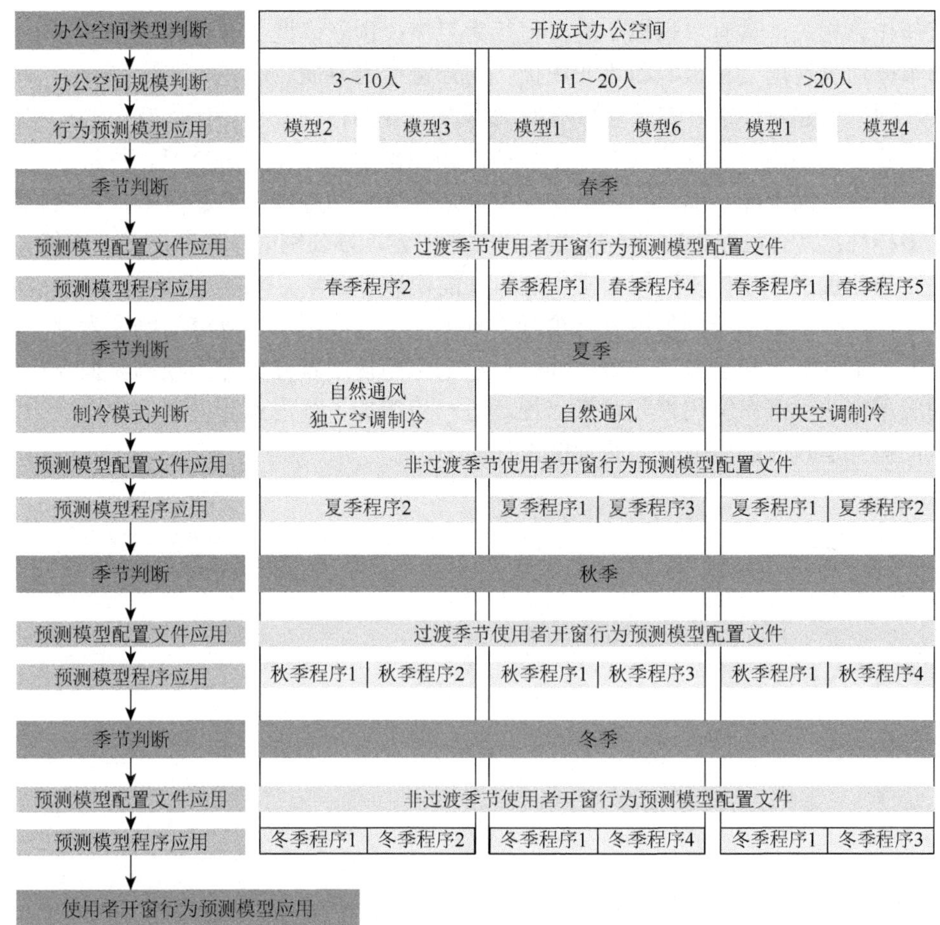

图 5-18　寒地开放式办公空间使用者开窗行为预测模型应用策略

5.4　本章小结

在行为机理研究结果基础上，本章建构了寒地办公空间使用者开窗行为预测模型，提出了行为预测模型架构，开发了行为配置文件和行为预测模型程序，并提出了行为预测模型应用策略。主要结论如下：

（1）基于聚类分析和关联规则分析，从时间维度、空间维度和机理维度得出了寒地办公空间使用者开窗行为预测模型架构，共划分出 6 个独立的子模型，能够普遍适用于寒地各种类型与规模的办公空间使用者开窗行为预测。

寒地办公空间使用者开窗行为预测模型多具有显著的季节延续性特征，在不同季节多延续其行为属性与习惯：预测模型 1 具有显著的行为惰性，其行为特征为“非积极”特征；预测模型 3、预测模型 4 和预测模型 6 的行为变化与使用者工作作息相关，具有“积极”的开窗行为习惯；预测模型 2 和预测模型 5 在不同季节分别表现出“积极”和“非积极”的开窗行为习惯。

（2）与建筑性能模拟平台既有行为程序包含的行为数据相比，寒地办公空间使用者开窗预测模型程序具有如下优势：预测模型程序拓展了季节、月份、日期和时刻的时间维度，以及空间类型和空间规模等空间维度，能够有效地反映行为的多样性；具有地域针对性，适用于我国寒地建筑办公空间；具有集成应用能力，其行为配置文件和程序适用于常用建筑性能模拟平台。

（3）寒地办公空间使用者开窗行为预测模型的应用策略以空间维度为脉络，能够为不同类型和规模的办公空间提供办公空间使用者开窗行为预测模型及程序的应用方法，具有实用性和可操作性，进一步增加了行为预测模型的应用能力，从而提升建筑性能模拟技术的辅助设计能力。

第 6 章 寒地办公空间使用者行为预测模型的热性能模拟验证

本章通过模拟计算验证寒地办公空间使用者开窗行为预测模型的有效性。在模拟验证前，首先对所建构的办公空间模拟模型的可靠性进行验证，解析办公空间既有使用者开窗行为程序导致建筑性能模拟结果的偏差程度；然后以建筑性能的实测值作为检验标准，验证办公空间使用者开窗行为预测模型程序是否能够得到与实测值接近的模拟结果，即采用不同行为程序进行模拟时，能够获得更接近实测值的行为程度是更为准确的。办公空间使用者开窗行为影响能耗、热环境性能和空气质量等方面的模拟结果。由于室内空气温度与上述因素均相关，本章以办公空间室内空气温度的实测结果作为检验的标准，对比寒地办公空间使用者开窗行为预测模型程序与建筑性能模拟平台既有行为程序的模拟结果，论证行为预测模型对模拟结果的修正程度。

6.1 寒地办公空间使用者行为预测模型的热性能模拟验证方案

在实际应用预测模型前，必须检验预测模型的有效性[168]。为验证寒地办公空间使用者开窗行为预测模型的有效性，本节提出寒地办公空间使用者开窗行为预测模型的验证方案，如图 6-1 所示。验证方案主要通过数据采集、数据解析和结果三个方面来验证研究结果的有效性。

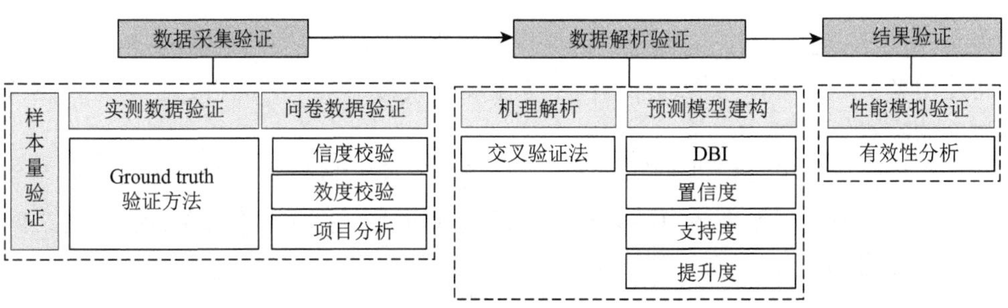

图 6-1 寒地办公空间使用者开窗行为预测模型验证方案

在数据采集方面，主要包括对样本量、实测数据和问卷数据的验证。在第 3 章中，采用 Ground truth 验证方法、信度校验、效度校验和项目分析等数据检验方法对数据的有效性、准确性进行了检验。验证结果表明，数据采集的样本量满足抽样调查原理、ASHRAE 55-2013 标准和《民用建筑室内热湿环境评价标准》（GB/T 50785—2012）的要求，实测和问卷数据也通过了信度等检验，研究采集的主客观数据可信可靠。

在数据解析方面，主要包括办公空间使用者开窗行为机理解析和预测模型建构两方面的验证。在办公空间使用者开窗行为机理解析方面，主要通过交叉验证法对决策树分析的结果进行检验。首先划分出学习训练组和校验组，然后在分类过程中不断应用校验组对学习训练组进行反复校验。在办公空间使用者开窗行为预测模型建构方面，主要对聚类分析和关联规则分析的结果进行检验。聚类分析在分类过程中采用 DBI 比较不同聚类结果的性能，当聚类结果取得最小的 DBI 时，即获得最好的类别划分。关联规则分析中，采用置信度与支持度验证分类类型之间的关联性，并用提升度检测关联的有效性。通过上述数据验证方法，保证数据解析的有效性和准确性。

最后，采用模拟验证法，对寒地建筑使用者开窗行为预测模型的结果进行实例检验，为模型的有效性提供更有说服力的证据。

6.1.1 模拟验证方法

在进行模拟验证时，需校准建筑性能模拟的相关参数设定，验证建筑性能模拟平台中建构的办公空间模拟模型的可靠性。具体的方法是，在办公空间使用者实际开窗行为状态下，模拟办公空间的室内空气温度，当实际开窗行为的模拟结果与实测值的差值小于 1℃时，所建构的办公空间模拟模型具有可靠性，并采用式（6-1）计算实际开窗行为的模拟结果与实测值间的差异比例。

$$D_s = \frac{|T_z - T_r|}{T_r} \times 100\% \tag{6-1}$$

式中，D_s 为办公空间的室内空气温度模拟结果与实测值的差异比例；T_z 为办公空间使用者实际开窗行为状态下室内空气温度的模拟结果；T_r 为办公空间室内空气温度的实测值。

在检验建筑模拟模型的可靠性时，还将办公空间既有使用者开窗行为程序的办公空间室内空气温度模拟结果与实测值进行对比，采用式（6-2）计算两者之间的差异比例。

$$D_e = \frac{|T_{db} - T_r|}{T_r} \times 100\% \tag{6-2}$$

式中，D_e 为办公空间使用者既有开窗行为程序的室内空气温度模拟结果与实测值的差异比例；T_{db} 为办公空间使用者既有开窗行为程序的室内空气温度模拟结果。

通过 D_e 和 D_s 两个比例的差值，解析建筑性能模拟平台既有行为程序的不足及其导致的模拟结果的偏差程度。在模拟时，还将无开窗行为状态下的办公空间室内空气温度模拟结果作为对照组。

在明确建筑模拟模型的可靠性后，采用此模型验证研究所得寒地办公空间使用者开窗行为预测模型的有效性。模拟验证，即计算将办公空间使用者开窗行为预测模型程序的室内空气温度模拟结果和既有行为程序的模拟结果与实际温度差异值的绝对值之差，如式（6-3）所示。

$$T_o = \left\| T_m - T_r \right| - \left| T_{db} - T_r \right\| \tag{6-3}$$

式中，T_o 为办公空间使用者开窗行为预测模型程序对室内空气温度模拟结果的修正值；T_m 为办公空间使用者开窗行为预测模型程序的室内空气温度模拟结果。

在式（6-3）计算结果的基础上，再通过均方根误差这一验证指标，比较模拟结果与实测值之间的数据相似程度，并统计办公空间使用者开窗行为预测模型程序对模拟结果的修正比例。当通过上述验证时，证明行为预测模型更能反映真实的办公空间使用者行为，应用行为预测模型程序进行模拟可得到更为精准的室内空气温度模拟结果。

6.1.2　模拟验证流程

寒地办公空间使用者开窗行为预测模型验证流程如图 6-2 所示。模拟验证由办公空间的模拟模型建构、模拟模型可靠性验证和行为预测模型有效性验证三个阶段组成。

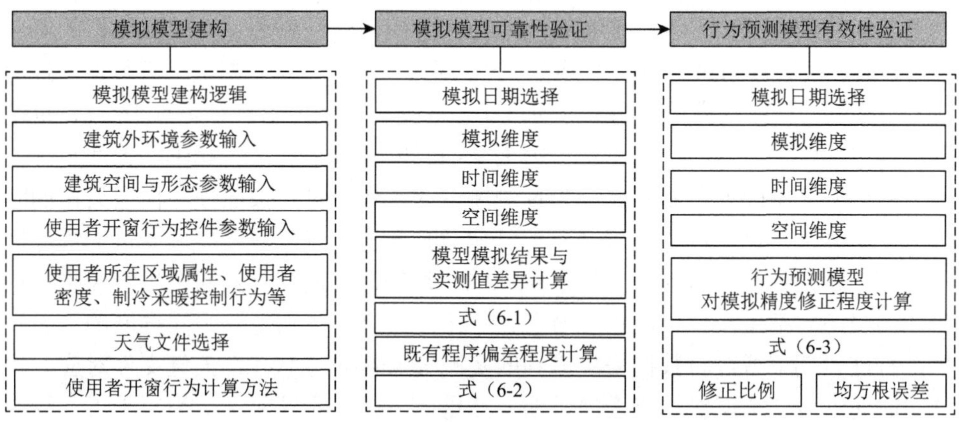

图 6-2　寒地办公空间使用者开窗行为预测模型验证流程

在模拟过程中，依据建筑性能模拟平台的天气文件特征进行模拟日期的选择。模拟验证采用的天气文件来自美国采暖、制冷与空调工程师学会（ASHRAE）国际能源计算用天气数据（International Weather for Energy Calculations，IWEC）天气文件。每一天气文件关联三种文件类型，包括 epw-EnergyPlus 天气档案、stat 数据汇总报告和 ddy 设计条件文件。IWEC 天气文件为多年数据的复合文件，是基于温度、湿度、风和太阳能等环境参数的加权，各参数权重均不同。IWEC 天气文件每一个月份的气象数据均能够代表该地区长期气候典型特征。

虽然 IWEC 天气文件具有普遍性和典型性，但与实测期间室外天气条件并不完全一致，直接基于 IWEC 天气文件获得的模拟结果将与实测值具有较大差异，实测值失去其作为检验标准的意义。虽然 IWEC 天气文件可允许手动修改，且修改后可直接运行模拟计算，但在进行建筑性能模拟时，不应轻易修改 IWEC 天气文件，其原因有两方面，一是实测获取的气象数据通常仅包括温湿度等基本数据，不能提供完整的气象文件；二是采用实测周期内的气象数据修改 IWEC 天气文件相应数据，此时获得的模拟结果仅代表某时间段内特定天气情况下的模拟结果，不具有典型性。因此，在进行办公空间模拟模型的校准、运用模拟分析进行验证时，通常不修改 IWEC 天气文件，从而保证在典型天气条件下进行模拟，获得有效的建筑性能模拟结果。

在此前提下，进行办公空间模拟模型的可靠性验证和行为预测模型的模拟验证。对比 IWEC 天气文件与实测获得的气象数据，比较每一季节的日均值和工作时间段内日均值，选取空气温度等气象数据接近的日期，从而确保在类似的室外天气条件下进行模拟验证。

在选择与气象数据类似的模拟日期时，通常选择多个 IWEC 天气文件的气象数据与实际气象数据类似的日期进行模拟，以获得概率化的模拟验证结果。验证办公空间模拟模型的可靠性时，将输入在数据采集期间每一日发生的真实办公空间使用者开窗行为。真实的行为状态变化沿时间轴线发生改变。在不同的日期，办公空间使用者开窗行为可能有较大差异。因而，验证办公空间模拟模型的可靠性时，无法去除日期的时间轴线影响。验证时沿时间轴线选择对应气象数据一致的模拟日期进行模拟。满足上述条件的日期包括春季时 4 月 3 日和 4 月 16 日、夏季时 7 月 10 日和 7 月 26 日、秋季时 10 月 23 日和 10 月 25 日、冬季时 12 月 6 日。

验证办公空间使用者开窗行为预测模型的有效性时，按照预测模型架构的时间维度划分，选择 IWEC 天气文件的气象数据与实际气象数据接近的日期进行模拟验证。行为预测模型的时间维度从季节、月份、日期和时刻四个层级建构，在日期层级还包括工作日、周末和节假日三个子层级。依据上述时间维度的层级设定，打破日期束缚，将数据采集得到的实测气象数据与 IWEC 天气文件对应，找到与时间维度各个层级均接近的日期。满足上述条件的日期，春季为 8 天、夏季为 10 天、秋季为 11 天、冬季为 9 天。

为获得具有概率意义的结果，采用 ASHRAE Guideline 14-2014 中的模拟验证方法[169]，从模拟阶段的模拟结果总均值和这段日期的每小时均值两个时间维度进行模拟结果的比较。依据办公空间及使用者基本特征调查获得的办公空间使用者工作作息时刻统计结果，工作时间段为 7:00～18:00。在进行模拟计算时，比较这一时间段内的室内空气温度模拟结果。

在选择模拟日期后，依据行为预测模型时间维度的季节子层级、空间层级的空间类型与规模子层级展开模拟验证，采用式（6-1）～式（6-3）对模拟结果进行计算，并通过均方根误差和优化比例两个指标验证计算结果，统计得出寒地办公空间使用者开窗行为预测模型的有效性验证结果。

6.2　寒地办公空间模拟模型建构与验证结果

本节依据建筑性能模拟平台 DesignBuilder 模拟模型的建构逻辑，建构单元式办公空间和开放式办公空间模拟模型，对其可靠性进行验证，并解析既有行为程序导致的模拟结果的偏差程度。

6.2.1　办公空间模拟模型建构

建筑性能模拟平台 DesignBuilder 采用常用建筑能耗模拟平台 EnergyPlus 动态模拟引擎来生成性能数据。EnergyPlus 的 Compact HVAC 模式为建筑性能分析提供了简单有效的计算方法。建筑性能模拟平台 DesignBuilder 自然通风计算方法中的计算型方法可真实地反馈办公空间使用者开窗行为控制对建筑内部空间环境性能的影响。本次研究应用 DesignBuilder V5.5 版本。

在建筑性能模拟平台 DesignBuilder 建构办公空间模拟模型，按照建筑及其场地、建筑本体、建筑体块、建筑内部空间、空间表面和建筑开口分级建构，如图 6-3 所示。高级别层级的参数设定可以自动覆盖低级别层级的各项参数，各个级别的参数均可被独立修改，低级别层级的参数设定不反作用于高级别层级的参数设定。

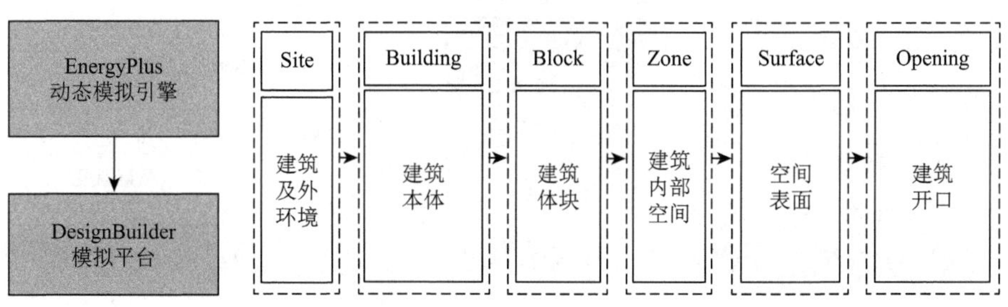

图 6-3　建筑性能模拟平台模拟模型的建构流程

本研究运用此多级结构的设定逻辑建构模拟模型，设定相关参数，继承系统中最多的数据，输入较少的数据量，提升了模拟模型的建构速度。

精准的建筑设计参数是得到准确模拟结果的前提。模拟验证中，选择可获得准确建筑信息的办公空间建构模拟模型进行实证检验。办公空间包括不同规模的单元式办公空间和开放式办公空间，每个规模办公空间均包括两个案例。纵向调查的数据采集对象包括 6 个办公建筑、10 个办公空间。办公建筑 E 与多个建筑内部空间相连，空间复杂、体量较大，且无法获得准确的建筑图纸，故没有建构办公建筑 E 中的办公空间模拟模型。

模拟建模时所需的建筑空间与形态设计参数通过调研办公空间所在单位提供的建筑设计施工图文件获得，并配合红外线测距仪实测，补充了细节数据。部分案例所在场地布局较为紧凑，部分案例与其他建筑的界面相连。在建构模拟模型时，依据实测数据分别通过 standard Component Block 与 adiabatic Component Block 建构周边环境，从而真实地反映周边建筑对模拟对象的影响，如建筑界面间的热传递等。

模拟建模时，需设定建筑中每个空间功能的属性。每一空间依据属性设定对应相应的行为活动控件模块，每一行为变化模块都对应多个行为发生时刻分布的子模块。行为活动控件模块包括区域类型、使用者在室率、假日、环境控制、计算机及其他办公设备控制和其他空间环境热增益设定等，如图 6-4 所示。依据建筑性能模拟平台 DesignBuilder 行为活动控件模块的主次设定规则，办公空间使用者在室率中的使用者密度与在室情况、环境控制模块中的采暖及制冷系统行为控制和自然通风行为控制是影响办公空间内部环境性能的主要方面。

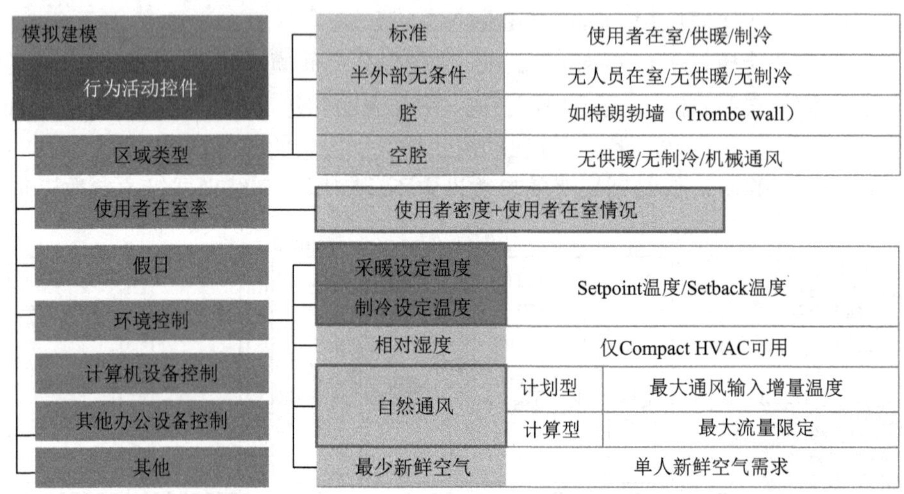

图 6-4　模拟模型建构的使用者行为相关模块设置

区域类型模块的设定包括多种模式，如标准（standard）和半外部（semi-exterior unconditioned）等。通常区域类型均为标准模式，即使用者使用此空间，可伴随采暖与制冷。区域类型模块、使用者在室率和计算机设备等其他模块依据数据采集的真实情况进行设定。

环境控制模块链接 HVAC 模块，从而实现温度或湿度控制，包括采暖、制冷系统和自然通风控制模块等。模拟模型建构的采暖和制冷系统设置如表 6-1 所示。依据办公空间的室内空气温度实测数据、办公空间使用者访谈和问卷调查的反馈，获得办公空间采暖和制冷类型及周期。在 HVAC 系统中没有风扇控制模块，这是因为在通常情况下，风扇设备仅改善了办公空间使用者的局部热舒适，并不会影响室内空气温度。

表 6-1　模拟模型建构的采暖和制冷系统设置

建筑名称	A（A1、A2）	B	C	D（D1、D2）	E（E1、E2）	F（F1、F2）
HVAC 类型	电采暖	热辐射热水供暖				
	—	—	—	独立空调制冷	—	中央空调制冷
	自然通风					混合自然通风

自然通风控制模块的计划型与计算型自然通风计算方法已在研究背景中详细阐述。计划型自然通风通常需设定最大通风输入增量温度。计算型自然通风通过输入办公空间使用者的开窗行为变化来反馈真实的行为状态，其设定限制条件包括气流（airflow）的最大流量限定（max flow rate）设置等。为验证行为预测模型程序是否可反馈真实的使用者开窗行为变化，在模拟验证时不开启气流控件的相关限制控件。

6.2.2　单元式办公空间模拟模型验证结果

本节对规模为单人和双人的单元式办公空间模拟模型进行验证，分析在单元式办公空间中，DesignBuilder 办公空间使用者既有开窗行为程序、实际办公空间使用者开窗行为状态下的模拟结果与实测值的差异比例，并得出建筑性能模拟平台既有行为程序导致的模拟结果的偏差程度。

1. 春季模拟结果与分析

春季单人单元式办公空间模拟模型验证如图 6-5 所示。在 4 月 3 日，办公空间 A1 使用者没有开启窗口，既有行为程序和实际行为的室内空气温度模拟结果与实测值的差异比例分别为 4.5%和 0.4%，温度差异值分别为 0.9℃和 0.1℃；在 4 月 16 日，办公空间 A1 开窗时长较短，无开窗行为、既有行为程序和实际行为的室内空气温度模拟结果与实测值的差异比例为 3.1%～3.7%，温度差异值为 0.6～0.8℃。可见，既有行为程序的模拟结果有显著的偏差，同时实际行为的模拟结果与实测值非常接近，证明建构的模拟模型 A1 可靠，能够用于后续行为预测模型的模拟校验。

在 4 月 3 日，办公空间 B 无开窗行为、既有行为程序和实际行为的室内空气温度模拟结果与实测值的差异比例为 1.2%～3.1%，温度差异值为 0.3～0.7℃；在 4 月 16 日，它们的温度差异比例为 0.8%～2.5%，温度差异值为 0.2～0.6℃。

4 月 3 日和 4 月 16 日办公空间 A1、4 月 3 日办公空间 B 使用者多不开窗或开窗时长较短暂，此时无开窗行为的模拟结果与实际行为的模拟结果较为接近，均接近实测值。

由上述数据分析可得出，在春季，规模为单人的单元式办公空间模拟模型可靠。既有行为程序计算出的模拟结果与实测值的偏差较大，温度偏差程度达 4.1%，温度偏差值达 1℃。

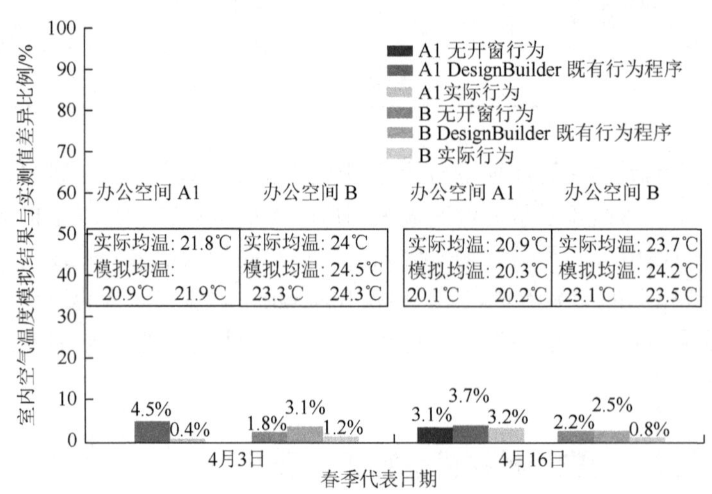

图 6-5 春季单人单元式办公空间模拟模型验证（扫封底二维码可见彩图）

春季双人单元式办公空间模拟模型验证如图 6-6 所示。在 4 月 3 日，办公空间 A2 无开窗行为、既有行为程序和实际行为的室内空气温度模拟结果与实测值的差异比例为 0.2%～12.1%，温度差异值为 0～1℃；办公空间 C 既有行为程序、实际行为的模拟结果与实际值的差异比例分别为 4.2%和 0.6%，温度差异值分别为 0.9℃和 0.1℃。在 4 月 16 日，由于室内外温度十分接近，不同行为状态下办公空间的模拟结果与实测值间的差异比例几乎相同。

与单人办公空间类似，春季双人办公空间使用者多不开启窗口或开窗时长较短暂，此时无开窗行为的模拟结果与实际行为的模拟结果较为接近，均接近实测值。

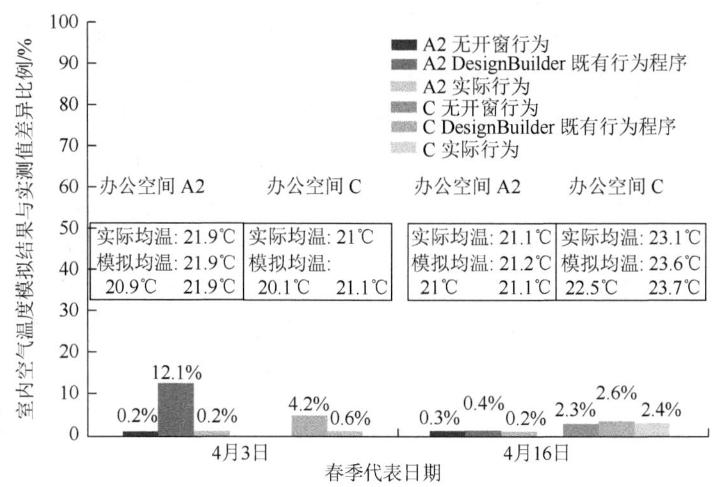

图 6-6　春季双人单元式办公空间模拟模型验证（扫封底二维码可见彩图）

在春季，规模为双人的单元式办公空间模拟模型可靠。既有行为程序的不足导致模拟结果的偏差程度为 0.2%～11.9%，温度偏差值为 0.1～1.2℃。

2. 夏季模拟结果与分析

在夏季，规模为单人的单元式办公空间实际开窗行为均为连续开窗，其办公空间模拟模型验证如图 6-7 所示。在 7 月 10 日，办公空间 A1 无开窗行为、既有行为程序和实际行为的室内空气温度模拟结果与实测值的差异比例为 2.4%～15.3%，温度差异值为 0.8～4.8℃。在 7 月 26 日，空气温度模拟结果与实测值的

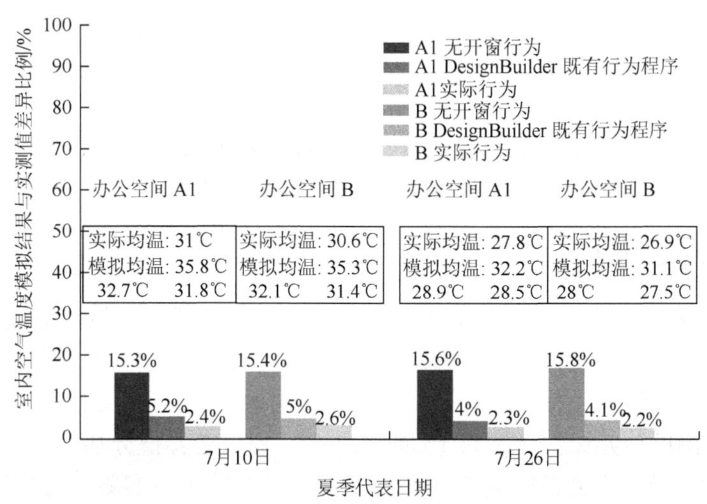

图 6-7　夏季单人单元式办公空间模拟模型验证（扫封底二维码可见彩图）

差异比例为 2.3%～15.6%，温度差异值为 0.7～4.4℃；办公空间 B 的室内空气温度模拟结果和实测值的差异比例与办公空间 A1 十分类似。

在夏季，规模为单人的单元式办公空间模拟模型可靠。既有行为程序的不足导致模拟结果的偏差程度为 1.7%～2.8%，温度偏差值为 0.4～0.9℃。

在夏季，规模为双人的单元式办公空间 A2 仅在办公时间开窗，办公空间 C 连续开窗，其办公空间模拟模型验证如图 6-8 所示。在 7 月 10 日，办公空间 A2 无开窗行为、既有行为程序和实际行为的室内空气温度模拟结果与实测值的差异比例为 3.2%～11.2%，温度差异值为 1～3.5℃。在 7 月 26 日，虽然室外空气温度略有降低，不同行为状态下办公空间的模拟结果与实测值的差异比例和温度差异值与 7 月 10 日的解析结果十分类似。办公空间 C 与办公空间 A1、B 的验证结果类似。

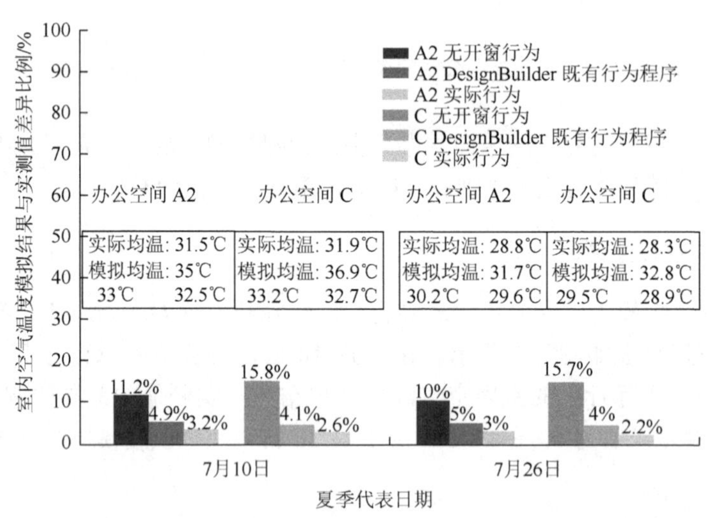

图 6-8　夏季双人单元式办公空间模拟模型验证（扫封底二维码可见彩图）

在夏季，规模为双人的单元式办公空间模拟模型可靠。既有行为程序的不足导致模拟结果的偏差程度为 1.5%～2%，温度偏差值为 0.5～0.6℃。

3. 秋季模拟结果与分析

规模为单人的单元式办公空间无开窗行为，其模拟模型验证如图 6-9 所示。在 10 月 23 日，办公空间 A1 既有行为程序和实际行为的室内空气温度模拟结果与实测值的差异比例分别为 2.2%和 0.8%，温度差异值分别为 0.5℃和 0.1℃。在 10 月 25 日，二者温度差异比例分别为 16.8%和 1.6%，温度差异值分别为 2.9℃和 0.3℃。在不同行为影响下，办公空间 B 室内空气温度模拟结果与实测值的差异比例和温度差异值与办公空间 A 的验证结果十分接近。

在秋季，规模为单人的单元式办公空间模拟模型可靠。既有行为程序的不足导致较大的模拟结果偏差，偏差程度为 1.4%～15.2%，温度偏差值在 0.5～3.7℃。

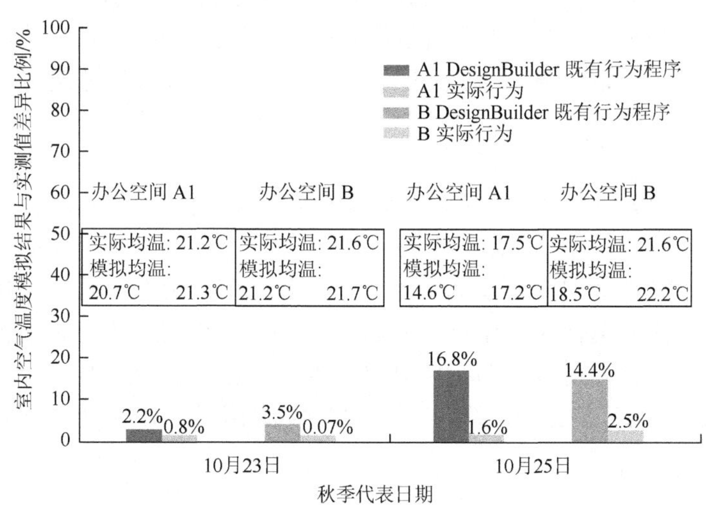

图 6-9 秋季单人单元式办公空间模拟模型验证（扫封底二维码可见彩图）

规模为双人的单元式办公空间无开窗行为，其模拟模型验证如图 6-10 所示。在 10 月 23 日，办公空间 A2 的既有行为程序、实际行为的室内空气温度模拟结果与实测值的差异比例分别为 14.2%和 1%，温度差异值分别为 3.2℃和 0.3℃；在 10 月 25 日，二者温度差异比例分别为 14.4%和 1.5%，温度差异值分别为 2.9℃和

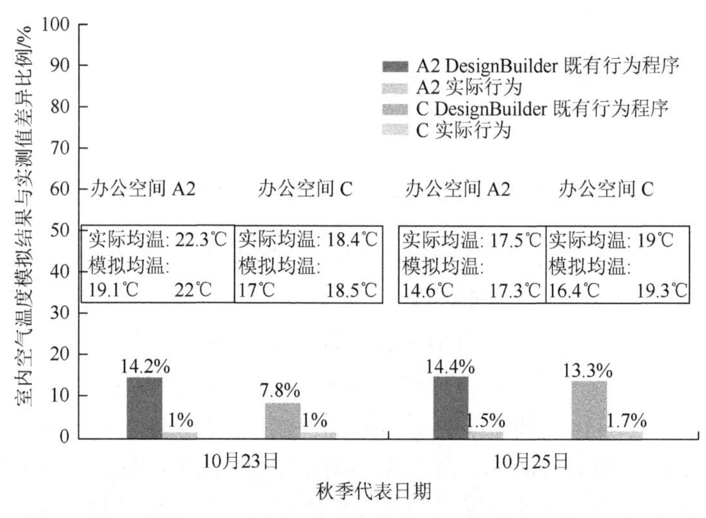

图 6-10 秋季双人单元式办公空间模拟模型验证（扫封底二维码可见彩图）

0.2℃。在 10 月 23 日，办公空间 C 的既有行为程序、实际行为的室内空气温度模拟结果与实测值的差异比例分别为 7.8%和 1%，温度差异值分别为 1.4℃与 0.1℃；在 10 月 25 日，二者温度差异比例分别为 13.3%和 1.7%，温度差异值分别为 2.6℃和 0.3℃。

在秋季，规模为双人的单元式办公空间模拟模型可靠。既有行为程序的不足导致较大的模拟结果偏差，偏差程度为 7.7%～13.2%，温度偏差值为 1.5～2.9℃。

4. 冬季模拟结果与分析

冬季单人单元式办公空间模拟模型验证如图 6-11 所示。办公空间 A1 无开窗行为，其既有行为程序、实际行为的室内空气温度模拟结果与实测值的差异比例分别为 14%和 1.5%，温度差异值分别为 3℃和 0.3℃；办公空间 B 使用者的开窗行为短暂，其无开窗行为、既有行为程序、实际行为的室内空气温度模拟结果与实测值的差异比例分别为 1.6%、16.1%和 1.5%。无开窗行为与实际行为的模拟结果十分接近，均与实测值相差约 0.3℃，而既有程序模拟结果与实测值相差 3.6℃。

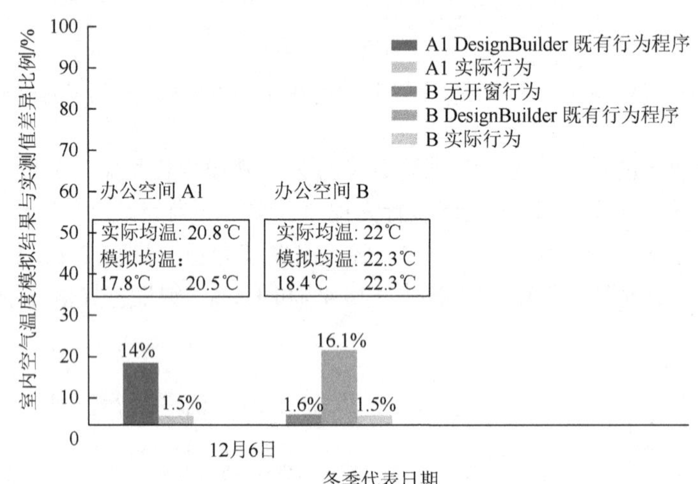

图 6-11 冬季单人单元式办公空间模拟模型验证（扫封底二维码可见彩图）

在冬季，规模为单人的单元式办公空间模拟模型可靠。既有行为程序的不足导致较大的模拟结果偏差，偏差程度为 12.5%～14.6%，温度偏差值为 2.7～3.9℃。

规模为双人的单元式办公空间均无开窗行为，其模拟模型验证如图 6-12 所示。办公空间 A2 既有行为程序、实际行为的室内空气温度模拟结果与实测值的差异比例较大，分别为 21.3%和 5%，其温度差异值与夏季类似，分别为 3.5℃和 1℃。室内空气温度的实测值较低，造成了这一较高的差异比例。办公空间 C 既有行为程序、实际行为的室内空气温度模拟结果与实测值的差异比例分别为 16%和 1.5%，温度差异值分别为 3.1℃和 0.3℃。

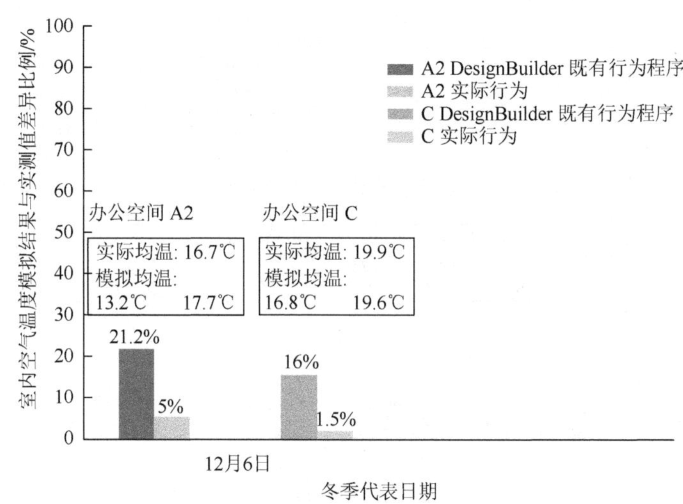

图 6-12　冬季双人单元式办公空间模拟模型验证（扫封底二维码可见彩图）

在冬季，规模为双人的单元式办公空间模拟模型可靠。既有行为程序的不足导致较大的模拟结果偏差，偏差程度为 14.5%～17.2%，温度偏差值为 2.8～4.5℃。

6.2.3　开放式办公空间模拟模型验证结果

本节对开放式办公空间模拟模型进行验证，分析其办公空间使用者既有开窗行为程序、实际办公空间使用者开窗行为状态下的模拟结果与实测值的差异比例，并得出建筑性能模拟平台既有行为程序导致的模拟结果的偏差程度。

1. 春季模拟结果与分析

春季 3～10 人开放式办公空间模拟模型验证如图 6-13 所示。无开窗行为、既有行为程序和实际行为的室内空气温度模拟结果十分接近，表明办公空间模拟模型可靠。

春季大于 20 人开放式办公空间模拟模型验证如图 6-14 所示。由于设备的丢失，无法记录办公空间 F2 室内空气温度的实测值，故未进行验证。在 4 月 3 日，办公空间 F1 使用者开窗时长较短，实际行为与无开窗行为的模拟结果接近，无开窗行为、既有行为程序和实际行为的室内空气温度模拟结果与实测值的差异比例为 0.5%～7.6%，温度差异值为 0.1～1.7℃。4 月 16 日之后，随着室外空气温度的上升，不同行为状态下的室内空气温度模拟结果十分接近，与实测值之间的差异比例类似。

在春季，规模大于 20 人的开放式办公空间模拟模型可靠。既有行为程序的不足导致模拟结果的偏差程度为 0.1%～7.1%，温度偏差值为 0.1～3.7℃。

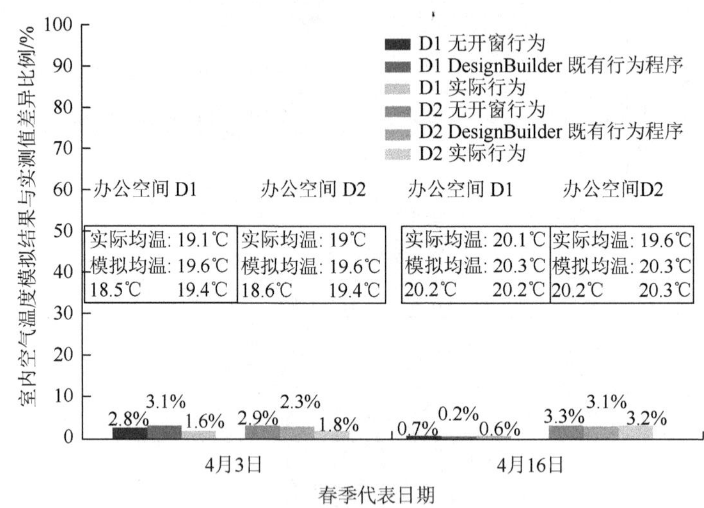

图 6-13　春季 3～10 人开放式办公空间模拟模型验证（扫封底二维码可见彩图）

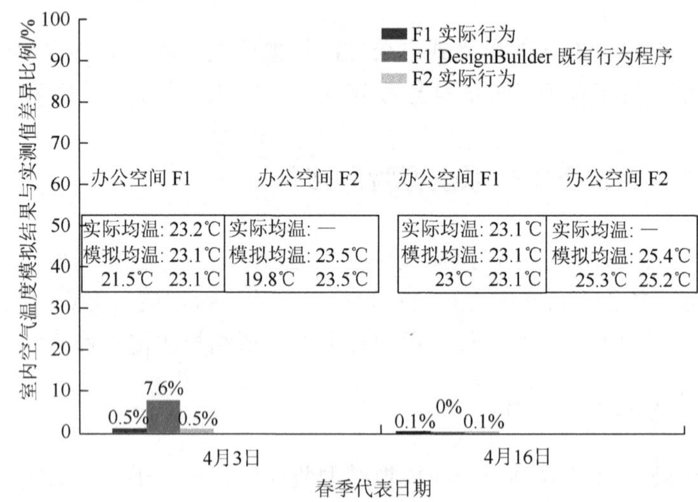

图 6-14　春季大于 20 人开放式办公空间模拟模型验证（扫封底二维码可见彩图）

2. 夏季模拟结果与分析

在夏季，办公空间 D1 和 D2 在部分时间采用了独立空调制冷，办公空间 F1 和 F2 采用中央空调制冷。由式（1-4）可知，在建筑性能模拟平台中，当空调系统运行后，如果室内空气温度低于室外，办公空间的窗口将自动关闭。因此，对空调制冷办公空间而言，无法真实地模拟全过程的办公空间使用者开窗行为，但在制冷的启动阶段，模拟计算仍可按照真实的行为计算。而且在办公空间使用者使用空调制冷设备时，即使始终开启窗口，办公空间的室内空气温度也将始终保持在空调设备设定温度，因而模拟结果能够反映真实的室内空气温度变化情况。

夏季 3～10 人开放式办公空间模拟模型验证如图 6-15 所示。办公空间 D1 关闭了独立空调设备，在 7 月 10 日，无开窗行为、既有行为程序和实际行为的室内空气温度模拟结果与实测值的差异比例为 1.5%～15.8%，温度差异值为 0.4～4.7℃；办公空间 D2 因使用独立空调制冷，不同行为状态下的室内空气温度模拟结果十分接近，与实测值的差异比例类似。在 7 月 26 日，两个办公空间的空调均被移除，两个办公空间使用者实际开窗行为与既有行为程序类似，其模拟结果也有较高相似度，与实测值的差异比例也较为接近。

在夏季，规模为 3～10 人的开放式办公空间模拟模型可靠。在自然通风情况下，既有行为程序的不足导致模拟结果的偏差程度为 0.1%～8.7%，温度偏差值为 0.1～2.6℃。在空调制冷情况下，偏差程度为 0.68%，温度偏差值为 0.2℃。

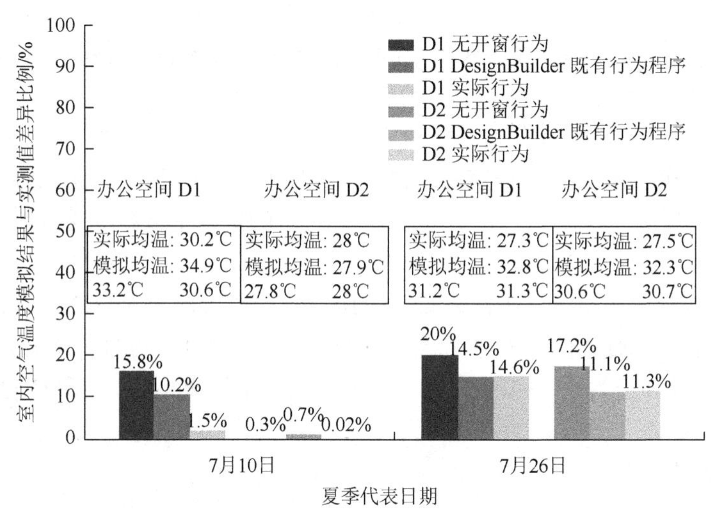

图 6-15　夏季 3～10 人开放式办公空间模拟模型验证（扫封底二维码可见彩图）

夏季大于 20 人开放式办公空间模拟模型验证如图 6-16 所示。在 7 月 10 日，办公空间 F1 无开窗行为、既有行为程序和实际行为的室内空气温度模拟结果与实测值的差异比例为 0.2%～3.2%，温度差异值为 0.1～0.9℃。在 7 月 26 日，差异比例为 0.4%～2.5%，温度差异值为 0.1～0.6℃。

在 7 月 10 日，因单位管制，未能获得办公空间 F2 的室内空气温度实测数据，故无法进行验证。在 7 月 26 日，办公空间 F2 在不同行为状态下的空气温度模拟结果与实测值的差异比例为 0.08%～10.6%，温度差异值为 0.1～2.7℃。

在夏季，规模大于 20 人的开放式办公空间模拟模型可靠。既有行为程序的不足导致模拟结果的偏差程度为 0.5%～1.72%，温度偏差值为 0.1～0.6℃。

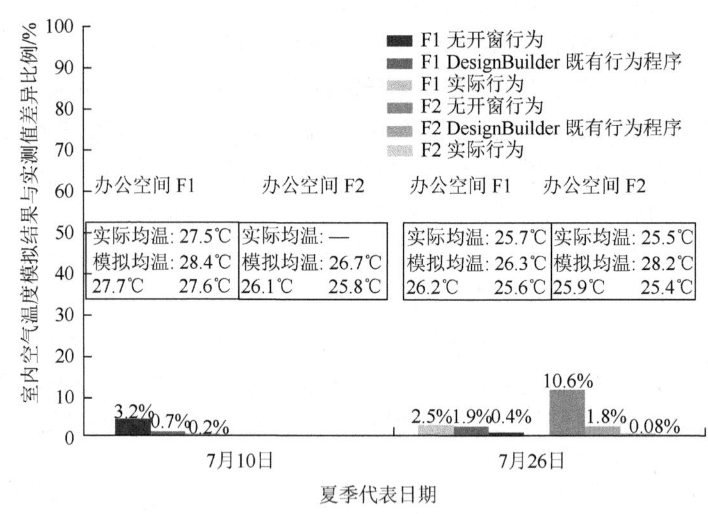

图 6-16　夏季大于 20 人开放式办公空间模拟模型验证（扫封底二维码可见彩图）

3. 秋季模拟结果与分析

秋季 3～10 人开放式办公空间模拟模型验证如图 6-17 所示。在 10 月 23 日，办公空间 D1 无开窗行为、既有行为程序和实际行为的室内空气温度模拟结果与实测值的差异比例为 0.3%～17.4%，温度差异值为 0.1～3.6℃；在 10 月 25 日，其温度差异比例和温度差异值与 10 月 23 日类似。在 10 月 23 日，办公空间 D2 无开窗行为、既有行为程序和实际行为的室内空气温度模拟结果与实测值之间的差异比例为 3.9%～14.3%，温度差异值为 0.4～4.1℃；10 月 25 日的验证结果也与 10 月 23 日类似。

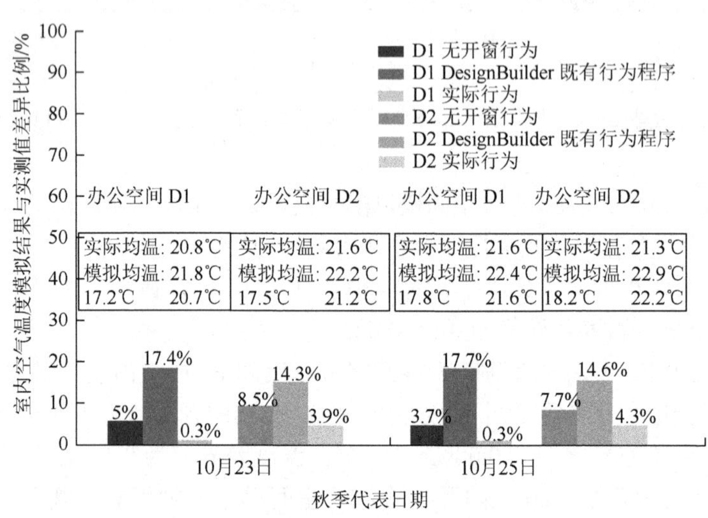

图 6-17　秋季 3～10 人开放式办公空间模拟模型验证（扫封底二维码可见彩图）

在秋季，规模为 3～10 人的开放式办公空间模拟模型可靠。既有行为程序的不足导致模拟结果的偏差程度为 10.3%～17.4%，温度偏差值为 3.5～4℃。

秋季大于 20 人开放式办公空间模拟模型验证如图 6-18 所示。秋季时，办公空间 F1 无开窗行为，在 10 月 23 日，既有行为程序和实际行为的室内空气温度模拟结果与实测值的差异比例分别为 11.7%和 1.1%，温度差异值分别为 2.7℃和 0.2℃；在 10 月 25 日，不同行为状态下的差异比例分别为 3.5%和 1.8%，温度差异值分别为 0.8℃和 0.5℃。在 10 月 25 日，办公空间 F2 无开窗行为、既有行为程序和实际行为的室内空气温度模拟结果与实测值的差异比例为 0.6%～5%，温度差异值为 0.2～1.4℃。

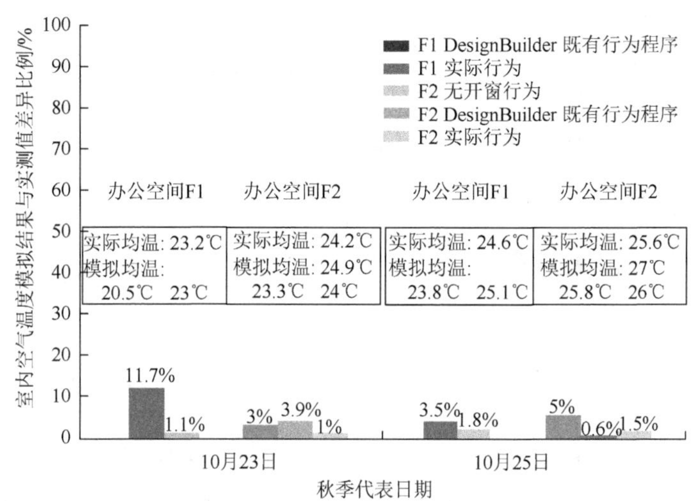

图 6-18　秋季大于 20 人开放式办公空间模拟模型验证（扫封底二维码可见彩图）

在秋季，规模大于 20 人的开放式办公空间模拟模型可靠。既有行为程序的不足导致模拟结果的偏差程度为 0.9%～10.6%，温度偏差值为 0.2～2.5℃。

4. 冬季模拟结果与分析

冬季 3～10 人开放式办公空间模拟模型验证如图 6-19 所示。在冬季，办公空间使用者多不开窗或开窗时长较短，此时无开窗行为的模拟结果与实际行为的模拟结果较为接近，均接近实测值。

在冬季，3～10 人的开放式办公空间模拟模型可靠。既有行为程序的不足导致模拟结果的偏差程度为 8.2%～16.1%，温度偏差值为 1.6～2.5℃。

冬季大于 20 人开放式办公空间模拟模型验证如图 6-20 所示。办公空间 F1 的实际行为为无开窗行为，其既有行为程序的室内空气温度模拟结果与实测值的差异比例高达 32.8%，温度差异值高达 8℃；其实际行为的室内空气温度模拟结果与实测值的差异比例为 1.1%，温度差异值为 0.3℃。办公空间 F2 的实际行为接近无开窗行为，两者模拟结果类似，而既有行为程序的室内空气温度模拟结果与实测值的差异比例高达 20.6%，温度差异值高达 5℃。

在冬季，规模大于 20 人的开放式办公空间模拟模型可靠。既有行为程序的不足导致较大的模拟结果偏差，偏差程度为 16.6%～31.7%，温度偏差值为 4～8.2℃。

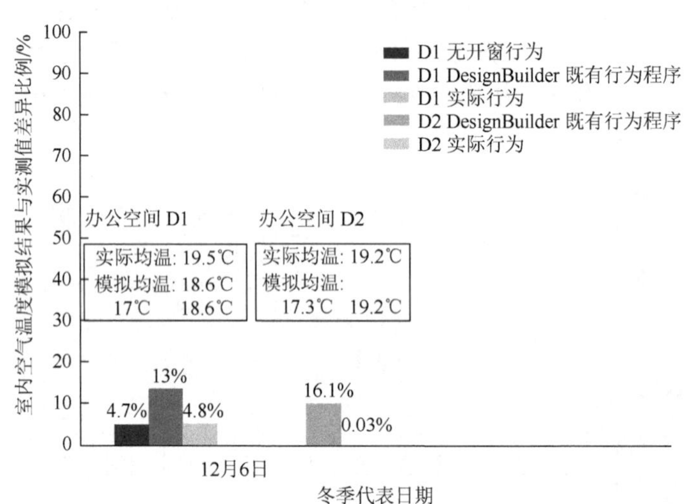

图 6-19　冬季 3～10 人开放式办公空间模拟模型验证（扫封底二维码可见彩图）

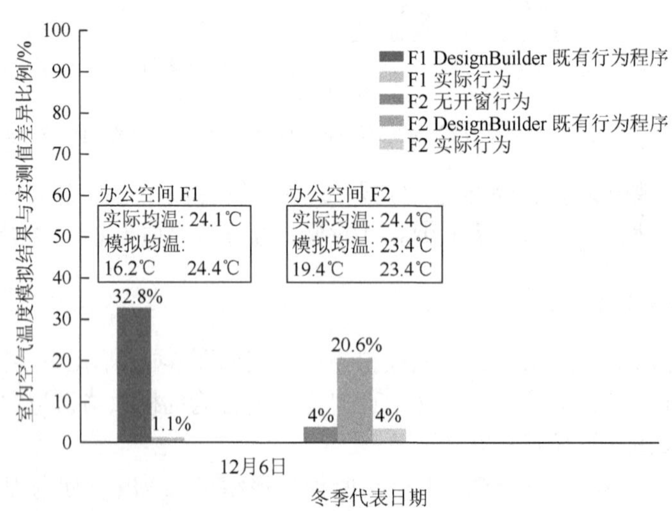

图 6-20　冬季大于 20 人开放式办公空间模拟模型验证（扫封底二维码可见彩图）

在各个季节的实际行为状态下，不同类型办公空间室内空气温度的模拟结果与实测值接近。在建筑性能模拟平台所建构的办公空间模拟模型能够代表调查办公空间的样本特征，具有可靠性。建筑性能模拟平台既有行为程序不足导致模拟结果的偏差程度达 31.7%，温度偏差值达 8.2℃。

6.3 寒地办公空间使用者行为预测模型的热性能模拟验证结果

在验证办公空间模拟模型可靠性后，本节采用模拟验证法进行实例检验，比较寒地办公空间使用者开窗行为预测模型程序、DesignBuilder 办公空间使用者既有开窗行为程序的室内空气温度模拟结果与实测值的差异性。从总均值和每小时均值两个方面比较模拟结果，通过修正值、修正比例和均方根误差等指标，解析研究得出的行为预测模型程序对建筑性能模拟计算结果的修正作用，验证寒地办公空间使用者开窗行为预测模型的有效性。

6.3.1 单元式办公空间行为预测模型验证结果

单元式办公空间 A1、B、A2 和 C 所属行为预测模型分别为预测模型 1、预测模型 5、预测模型 2 和预测模型 1，下面对单元式办公空间使用者开窗行为预测模型程序进行验证。

1. 春季验证结果与优化程度

春季单人单元式办公空间使用者开窗行为预测模型程序验证如图 6-21 所示。办公空间使用者开窗行为预测模型程序对办公空间 A1 室内空气温度的模拟结果总均值的修正值为 1.2℃。在每小时均温比较中，在 7:00～18:00 的 11h 工作时段，预测模型程序对模拟结果的修正值为 0.52～2.16℃。

办公空间使用者开窗行为预测模型程序对办公空间 B 室内空气温度的模拟结果总均值的修正值为 0.59℃。在每小时均温比较中，在 7:00～13:00、15:00～18:00 总计 9h 工作时段，即 81.8%的工作时间内，行为预测模型程序对模拟结果的修正作用明显。在 13:00～14:00 时段，预测模型程序与既有行为程序的模拟结果较为接近。在工作时间段的 9h 内，对模拟结果的修正值为 0.76～1.67℃。

春季双人单元式办公空间使用者开窗行为预测模型程序验证如图 6-22 所示。办公空间使用者开窗行为预测模型程序对办公空间 A2 室内空气温度的模拟结果总均值的修正值为 2.3℃。在每小时均温比较中，在 8:00～18:00 的 10h 工作时段，即 90.1%的工作时间内，预测模型程序对模拟结果的修正作用明显，修正值为 1.65～2.99℃。

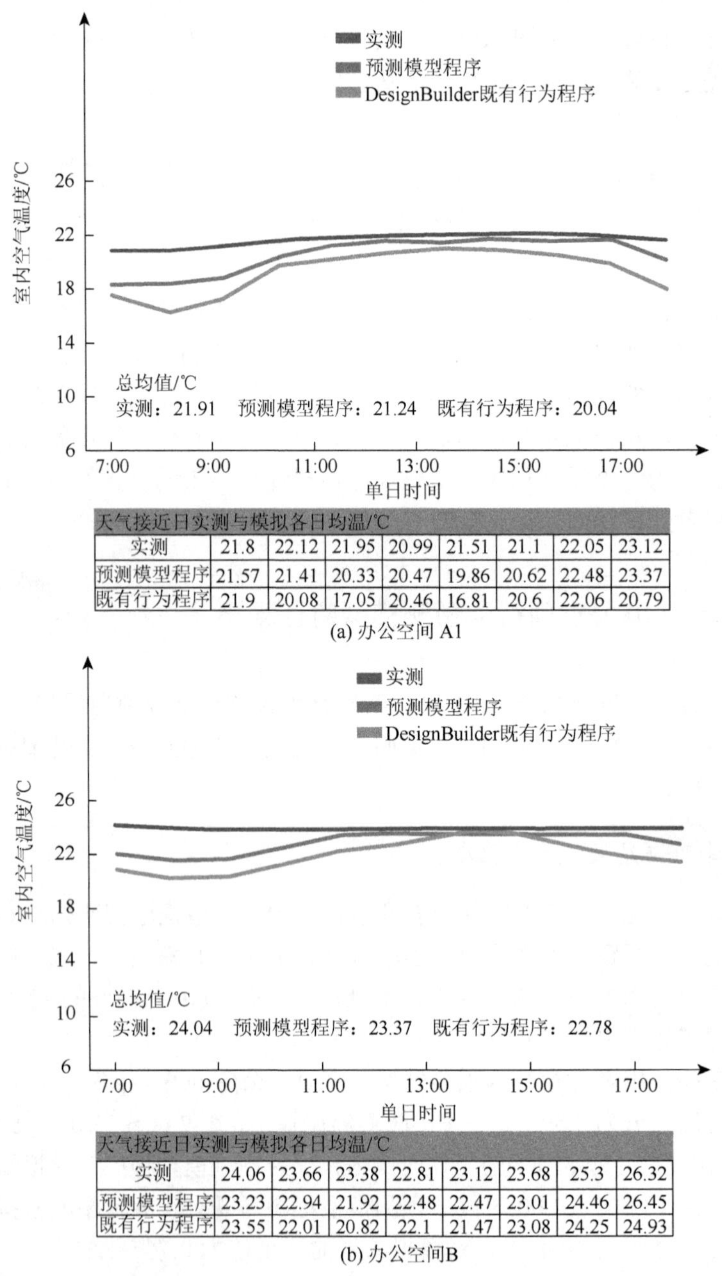

天气接近日实测与模拟各日均温/℃								
实测	21.8	22.12	21.95	20.99	21.51	21.1	22.05	23.12
预测模型程序	21.57	21.41	20.33	20.47	19.86	20.62	22.48	23.37
既有行为程序	21.9	20.08	17.05	20.46	16.81	20.6	22.06	20.79

(a) 办公空间 A1

天气接近日实测与模拟各日均温/℃								
实测	24.06	23.66	23.38	22.81	23.12	23.68	25.3	26.32
预测模型程序	23.23	22.94	21.92	22.48	22.47	23.01	24.46	26.45
既有行为程序	23.55	22.01	20.82	22.1	21.47	23.08	24.25	24.93

(b) 办公空间B

图 6-21　春季单人单元式办公空间使用者开窗行为预测模型程序验证（扫封底二维码可见彩图）

办公空间使用者开窗行为预测模型程序对办公空间 C 室内空气温度的模拟结果总均值的修正值为 1.86℃。在每小时均温比较中，在 7:00～18:00 的 11h 工作时段，预测模型程序对模拟结果的修正作用明显，修正值为 0.42～1.97℃。

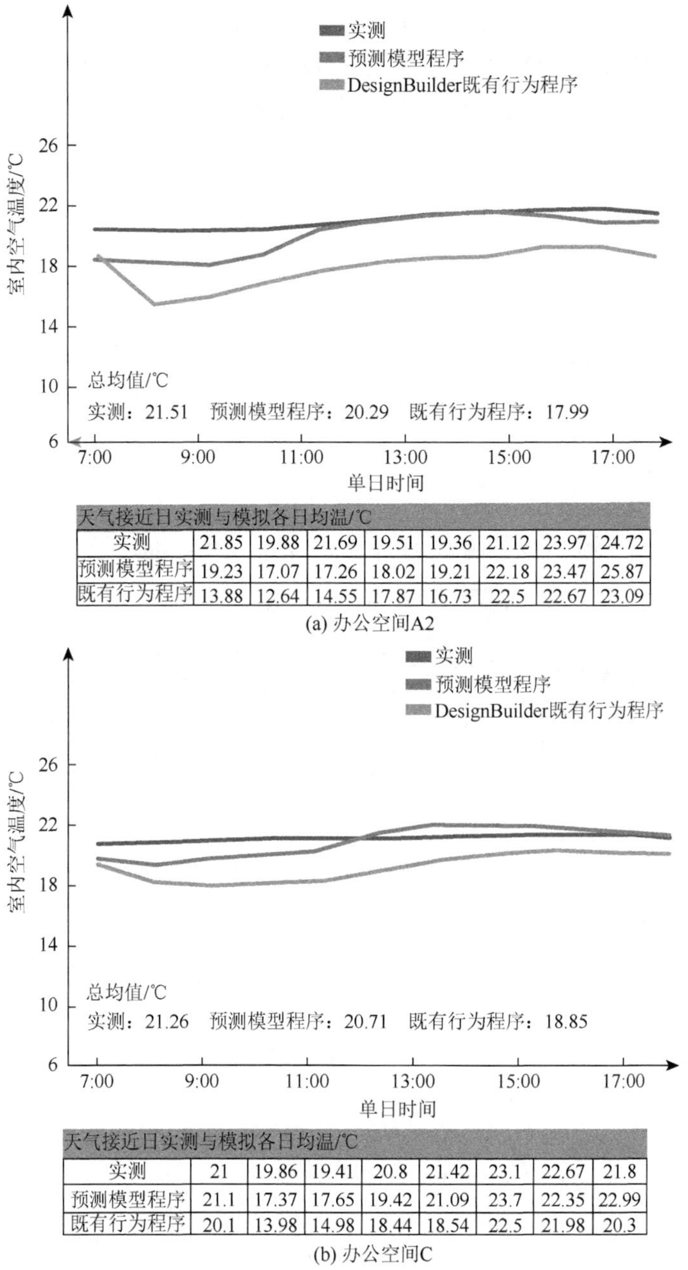

天气接近日实测与模拟各日均温/℃								
实测	21.85	19.88	21.69	19.51	19.36	21.12	23.97	24.72
预测模型程序	19.23	17.07	17.26	18.02	19.21	22.18	23.47	25.87
既有行为程序	13.88	12.64	14.55	17.87	16.73	22.5	22.67	23.09

(a) 办公空间A2

天气接近日实测与模拟各日均温/℃								
实测	21	19.86	19.41	20.8	21.42	23.1	22.67	21.8
预测模型程序	21.1	17.37	17.65	19.42	21.09	23.7	22.35	22.99
既有行为程序	20.1	13.98	14.98	18.44	18.54	22.5	21.98	20.3

(b) 办公空间C

图 6-22　春季双人单元式办公空间使用者开窗行为预测模型程序验证（扫封底二维码可见彩图）

2. 夏季验证结果与优化程度

夏季单人单元式办公空间使用者开窗行为预测模型程序验证如图 6-23 所示。

办公空间使用者开窗行为预测模型程序对办公空间 A1 室内空气温度的模拟结果总均值的修正值为 0.56℃。在每小时均温比较中，在 9:00～18:00 的 9h 工作时段，即 81.8%的工作时间内，预测模型程序对模拟结果的修正值为 0.32～0.69℃。

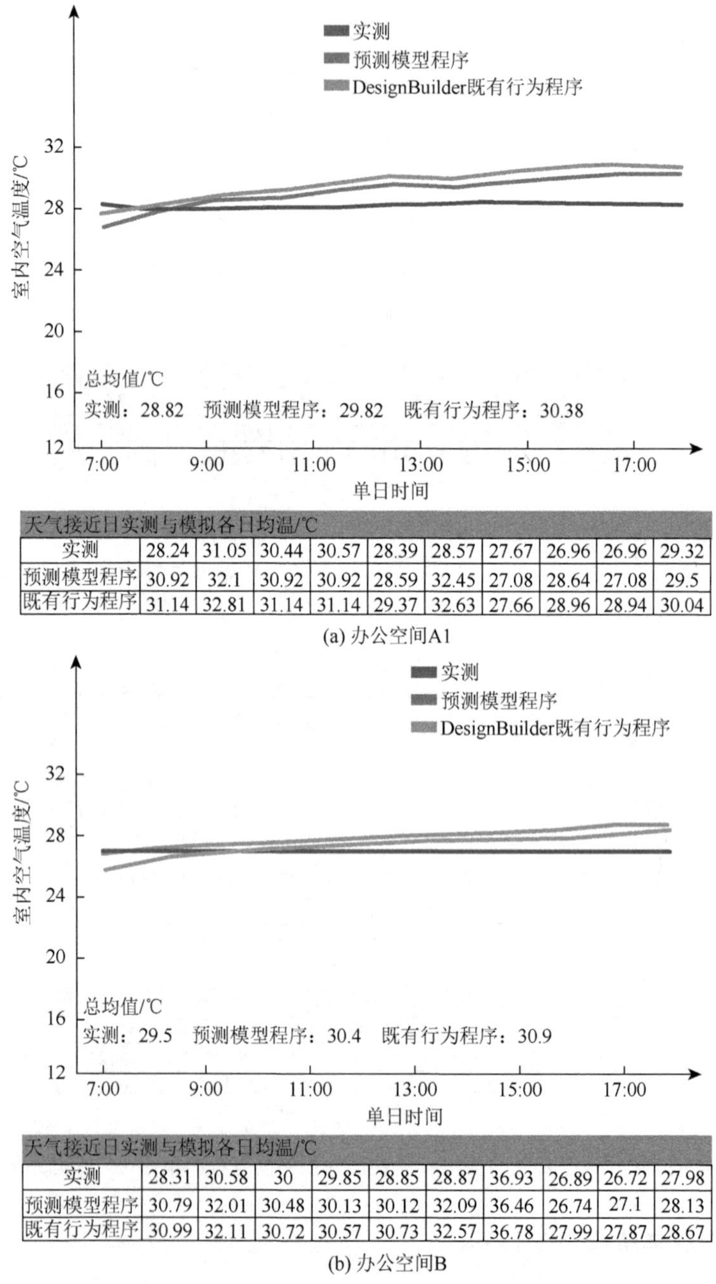

天气接近日实测与模拟各日均温/℃										
实测	28.24	31.05	30.44	30.57	28.39	28.57	27.67	26.96	26.96	29.32
预测模型程序	30.92	32.1	30.92	30.92	28.59	32.45	27.08	28.64	27.08	29.5
既有行为程序	31.14	32.81	31.14	31.14	29.37	32.63	27.66	28.96	28.94	30.04

(a) 办公空间A1

天气接近日实测与模拟各日均温/℃										
实测	28.31	30.58	30	29.85	28.85	28.87	36.93	26.89	26.72	27.98
预测模型程序	30.79	32.01	30.48	30.13	30.12	32.09	36.46	26.74	27.1	28.13
既有行为程序	30.99	32.11	30.72	30.57	30.73	32.57	36.78	27.99	27.87	28.67

(b) 办公空间B

图 6-23　夏季单人单元式办公空间使用者开窗行为预测模型程序验证（扫封底二维码可见彩图）

办公空间使用者开窗行为预测模型程序对办公空间 B 室内空气温度的模拟结果总均值的修正值为 0.5℃。在每小时均温比较中，在 10:00～18:00 的 8h 工作时段，即 72.7%的工作时间内，预测模型程序对模拟结果的修正值为 0.49～0.68℃。

夏季双人单元式办公空间使用者开窗行为预测模型程序验证如图 6-24 所示。

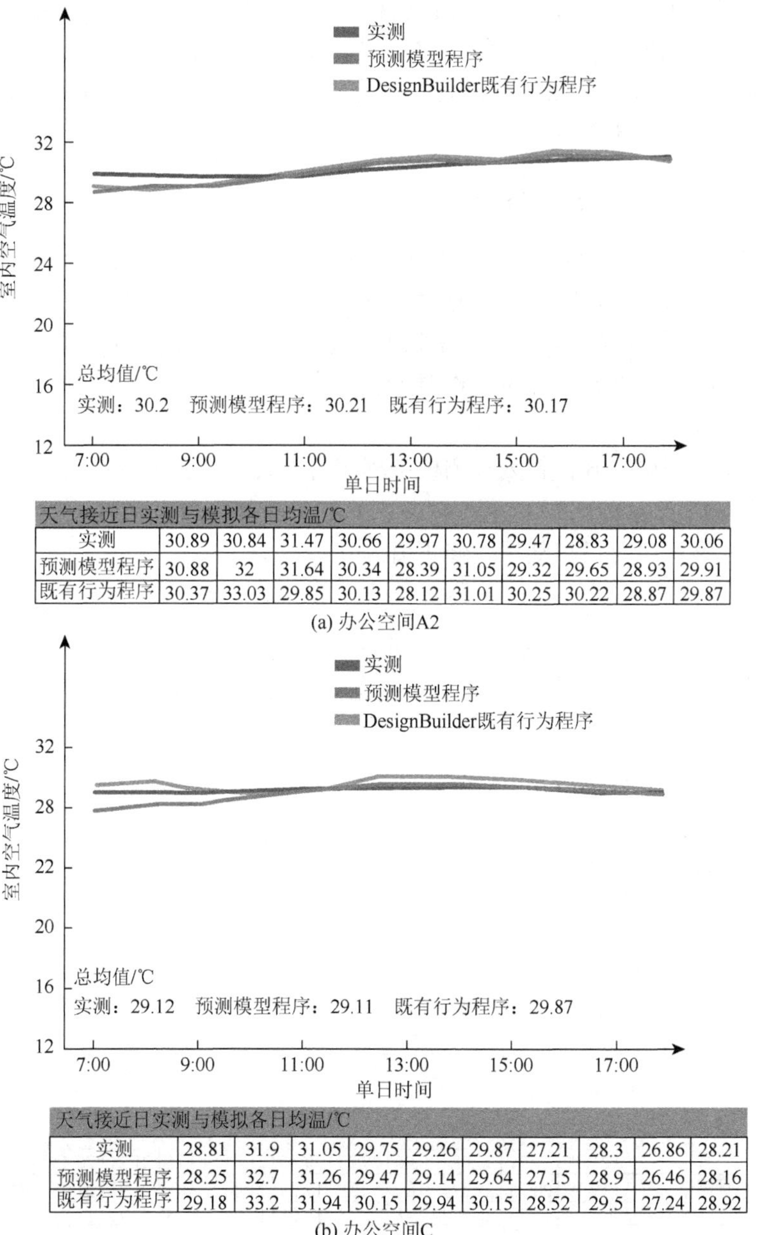

天气接近日实测与模拟各日均温/℃										
实测	30.89	30.84	31.47	30.66	29.97	30.78	29.47	28.83	29.08	30.06
预测模型程序	30.88	32	31.64	30.34	28.39	31.05	29.32	29.65	28.93	29.91
既有行为程序	30.37	33.03	29.85	30.13	28.12	31.01	30.25	30.22	28.87	29.87

(a) 办公空间A2

天气接近日实测与模拟各日均温/℃										
实测	28.81	31.9	31.05	29.75	29.26	29.87	27.21	28.3	26.86	28.21
预测模型程序	28.25	32.7	31.26	29.47	29.14	29.64	27.15	28.9	26.46	28.16
既有行为程序	29.18	33.2	31.94	30.15	29.94	30.15	28.52	29.5	27.24	28.92

(b) 办公空间C

图 6-24　夏季双人单元式办公空间使用者开窗行为预测模型程序验证（扫封底二维码可见彩图）

办公空间使用者开窗行为预测模型程序对办公空间 A2 室内空气温度的模拟结果总均值的修正值为 0.04℃。在每小时均温比较中，在 7:00～18:00 的 11h 工作时段，预测模型程序因与既有行为程序较为类似，模拟结果接近，对模拟结果的修正值为 0.07～0.31℃。

办公空间使用者开窗行为预测模型程序对办公空间 C 室内空气温度的模拟结果总均值的修正值为 0.76℃。每小时均温比较中，在 7:00～10:00、12:00～18:00 的 9h 工作时段，即 81.8%的工作时间内，预测模型程序对模拟结果修正作用明显，修正值为 0.19～0.58℃。

3. 秋季验证结果与优化程度

秋季单人单元式办公空间使用者开窗行为预测模型程序验证如图 6-25 所示。办公空间使用者开窗行为预测模型程序对办公空间 A1 室内空气温度的模拟结果总均值的修正值为 1.47℃。在每小时均温比较中，在 7:00～10:00、12:00～18:00 的 9h 工作时段，即 81.8%的工作时间内，预测模型程序对模拟结果的修正值为 0.43～1.74℃。

办公空间使用者开窗行为预测模型程序对办公空间 B 室内空气温度的模拟结果总均值的修正值为 1.13℃。每小时均温比较中，在 7:00～18:00 的 11h 工作时段内，预测模型程序对模拟结果的修正值为 0.3～2.14℃。

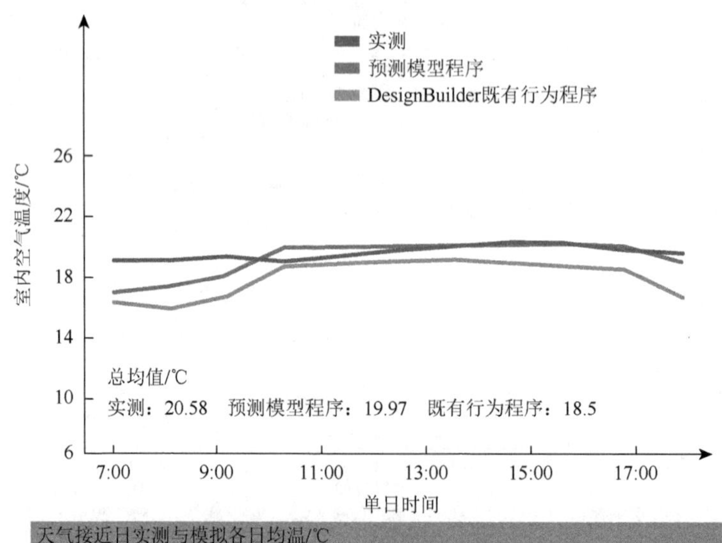

天气接近日实测与模拟各日均温/℃											
实测	21.08	20.51	23.68	20.06	19.23	20.25	21.54	19.15	21.21	20.46	19.16
预测模型程序	19.49	20.73	24.37	18	18	19.05	21.46	18	21.33	21.25	18
既有行为程序	16.01	18.53	22.33	17.48	17.48	18.06	19.26	17.48	20.75	18.65	17.48

(a) 办公空间A1

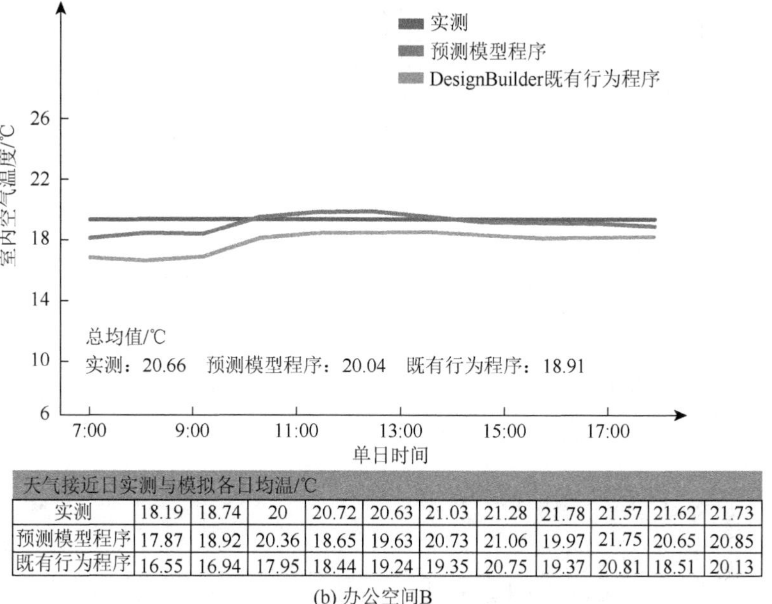

天气接近日实测与模拟各日均温/℃											
实测	18.19	18.74	20	20.72	20.63	21.03	21.28	21.78	21.57	21.62	21.73
预测模型程序	17.87	18.92	20.36	18.65	19.63	20.73	21.06	19.97	21.75	20.65	20.85
既有行为程序	16.55	16.94	17.95	18.44	19.24	19.35	20.75	19.37	20.81	18.51	20.13

(b) 办公空间B

图 6-25　秋季单人单元式办公空间使用者开窗行为预测模型程序验证（扫封底二维码可见彩图）

秋季双人单元式办公空间使用者开窗行为预测模型程序验证如图 6-26 所示。办公空间使用者开窗行为预测模型程序对办公空间 A2 室内空气温度的模拟结果总均值的修正值为 2.01℃。在每小时均温比较中，在 7:00～18:00 中的 9h 工作时段，

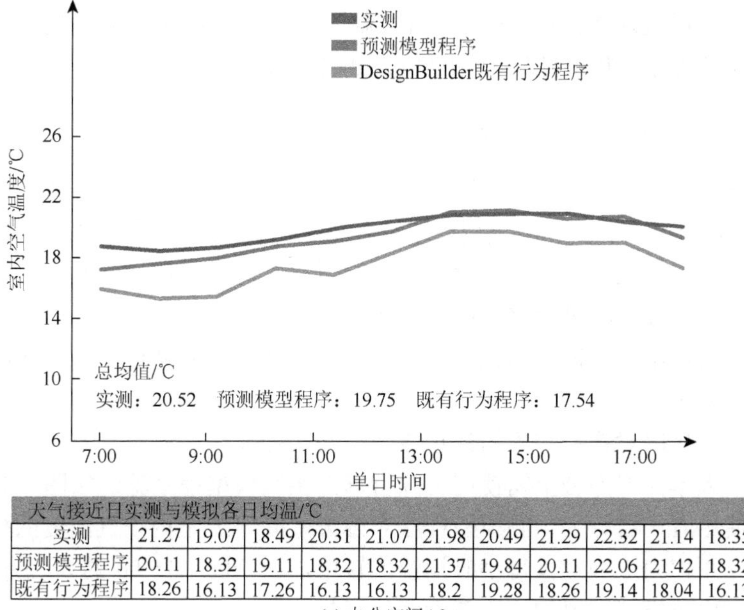

天气接近日实测与模拟各日均温/℃											
实测	21.27	19.07	18.49	20.31	21.07	21.98	20.49	21.29	22.32	21.14	18.35
预测模型程序	20.11	18.32	19.11	18.32	18.32	21.37	19.84	20.11	22.06	21.42	18.32
既有行为程序	18.26	16.13	17.26	16.13	16.13	18.2	19.28	18.26	19.14	18.04	16.13

(a) 办公空间A2

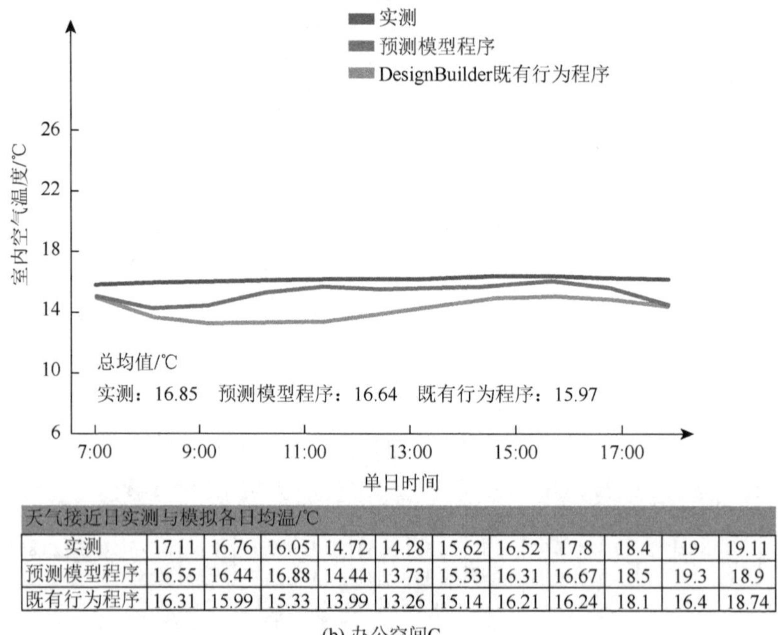

天气接近日实测与模拟各日均温/℃											
实测	17.11	16.76	16.05	14.72	14.28	15.62	16.52	17.8	18.4	19	19.11
预测模型程序	16.55	16.44	16.88	14.44	13.73	15.33	16.31	16.67	18.5	19.3	18.9
既有行为程序	16.31	15.99	15.33	13.99	13.26	15.14	16.21	16.24	18.1	16.4	18.74

(b) 办公空间C

图 6-26 秋季双人单元式办公空间使用者开窗行为预测模型程序验证（扫封底二维码可见彩图）

即 81.8%的工作时间内，预测模型程序对模拟结果的修正作用明显，修正值为 1.41～2.64℃。

办公空间使用者开窗行为预测模型程序对办公空间 C 室内空气温度的模拟结果总均值的修正值为 0.67℃。在每小时均温比较中，在 7:00～18:00 的 11h 工作时段，预测模型程序对模拟结果的修正值为 0.06～2.5℃。

4. 冬季验证结果与优化程度

秋季单人单元式办公空间使用者开窗行为预测模型程序验证如图 6-27 所示。办公空间使用者开窗行为预测模型程序对办公空间 A1 室内空气温度的模拟结果总均值的修正值为 0.92℃。在每小时均温比较中，在 7:00～18:00 的 11h 工作时段，预测模型程序对模拟结果的修正值为 0.38～2.42℃。

办公空间使用者开窗行为预测模型程序对办公空间 B 室内空气温度的模拟结果总均值的修正值为 0.63℃。在每小时均温比较中，在 7:00～18:00 的 11h 工作时段，预测模型程序对模拟结果的修正值为 0.22～1.68℃。

冬季双人单元式办公空间使用者开窗行为预测模型程序验证如图 6-28 所示。办公空间使用者开窗行为预测模型程序对办公空间 A2 室内空气温度的模拟结果总均值的修正值为 2.44℃。每小时均温比较中，在 7:00～15:00 的 8h 工作时段，预测模型程序对模拟结果的修正值为 0.36～3.3℃。

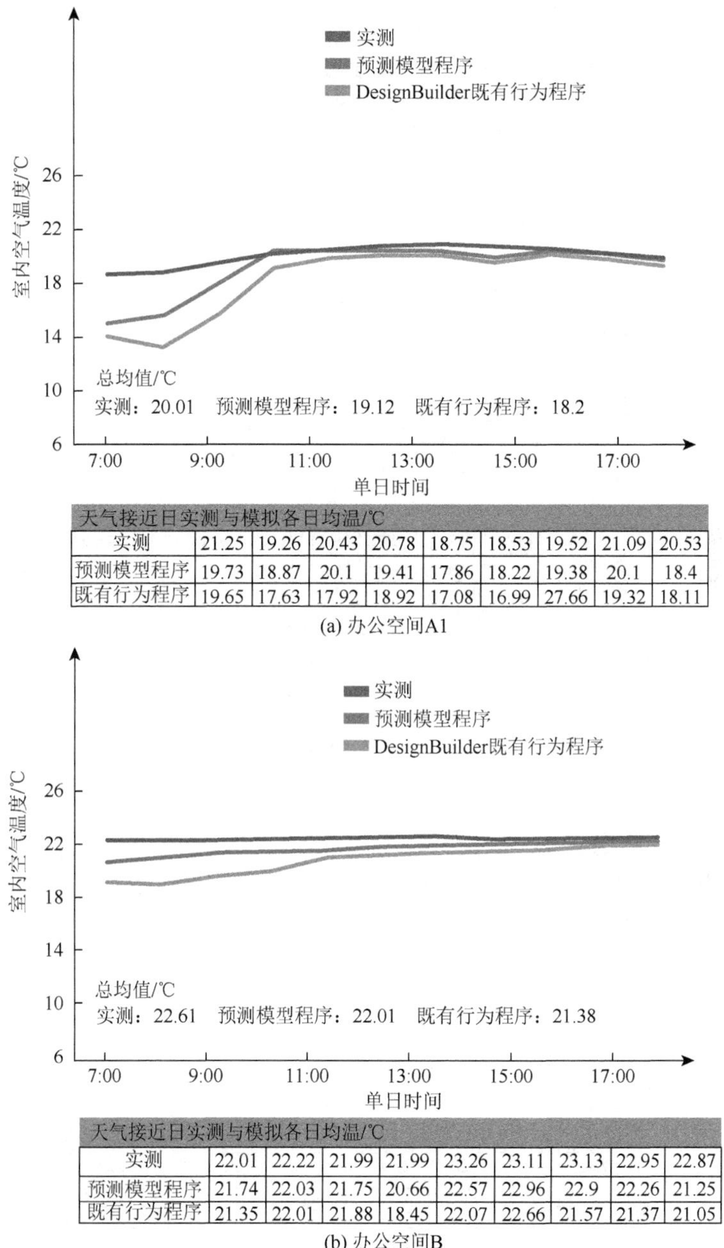

天气接近日实测与模拟各日均温/℃									
实测	21.25	19.26	20.43	20.78	18.75	18.53	19.52	21.09	20.53
预测模型程序	19.73	18.87	20.1	19.41	17.86	18.22	19.38	20.1	18.4
既有行为程序	19.65	17.63	17.92	18.92	17.08	16.99	27.66	19.32	18.11

(a) 办公空间A1

天气接近日实测与模拟各日均温/℃									
实测	22.01	22.22	21.99	21.99	23.26	23.11	23.13	22.95	22.87
预测模型程序	21.74	22.03	21.75	20.66	22.57	22.96	22.9	22.26	21.25
既有行为程序	21.35	22.01	21.88	18.45	22.07	22.66	21.57	21.37	21.05

(b) 办公空间B

图 6-27　冬季单人单元式办公空间使用者开窗行为预测模型程序验证（扫封底二维码可见彩图）

办公空间使用者开窗行为预测模型程序对办公空间 C 室内空气温度的模拟结果总均值的修正值为 1.87℃。在每小时均温比较中，在 7:00～18:00 的 11h 工作时段，预测模型程序对模拟结果的修正值为 0.06～3.29℃。

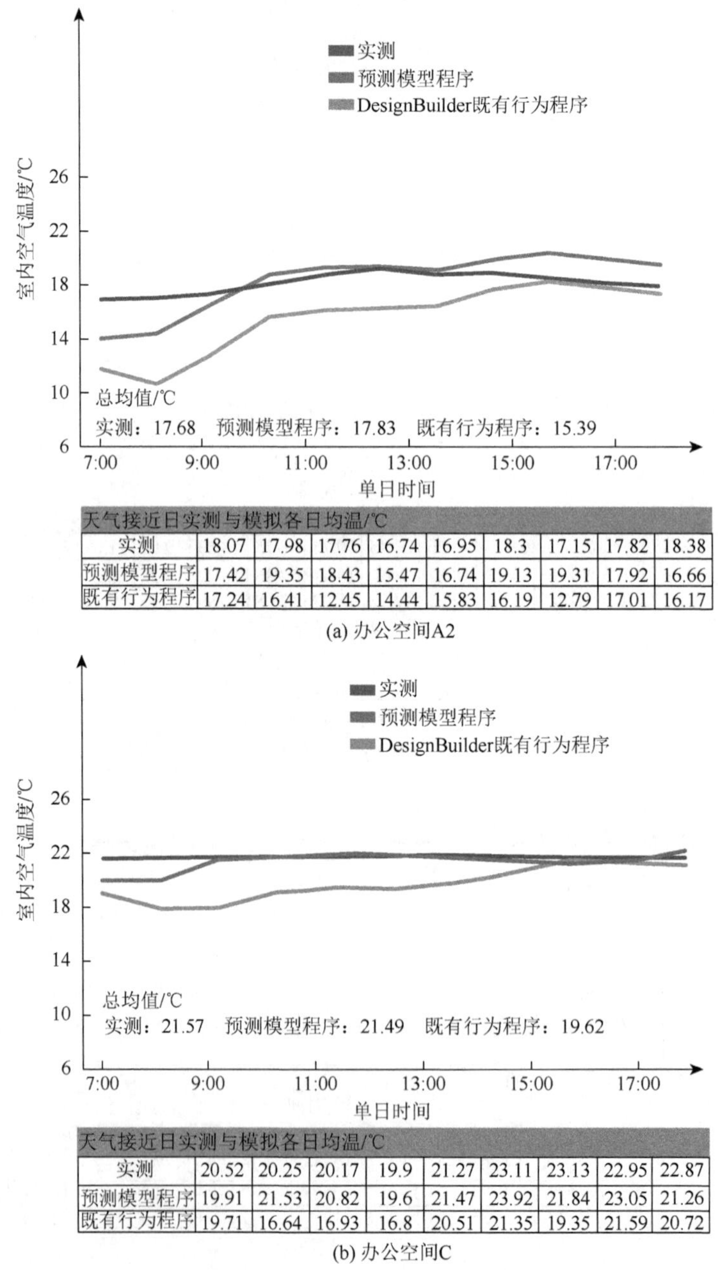

天气接近日实测与模拟各日均温/℃									
实测	18.07	17.98	17.76	16.74	16.95	18.3	17.15	17.82	18.38
预测模型程序	17.42	19.35	18.43	15.47	16.74	19.13	19.31	17.92	16.66
既有行为程序	17.24	16.41	12.45	14.44	15.83	16.19	12.79	17.01	16.17

(a) 办公空间A2

天气接近日实测与模拟各日均温/℃									
实测	20.52	20.25	20.17	19.9	21.27	23.11	23.13	22.95	22.87
预测模型程序	19.91	21.53	20.82	19.6	21.47	23.92	21.84	23.05	21.26
既有行为程序	19.71	16.64	16.93	16.8	20.51	21.35	19.35	21.59	20.72

(b) 办公空间C

图 6-28　冬季双人单元式办公空间使用者开窗行为预测模型程序验证（扫封底二维码可见彩图）

6.3.2　开放式办公空间行为预测模型验证结果

开放式办公空间 D1、D2、F1 和 F2 所属行为预测模型分别为预测模型 1、预测模型 6、预测模型 1 和预测模型 4，下面对开放式办公空间使用者开窗行为预测模型程序的室内空气温度模拟结果进行验证。

1. 春季验证结果与优化程度

春季 3～10 人开放式办公空间使用者开窗行为预测模型程序验证如图 6-29 所

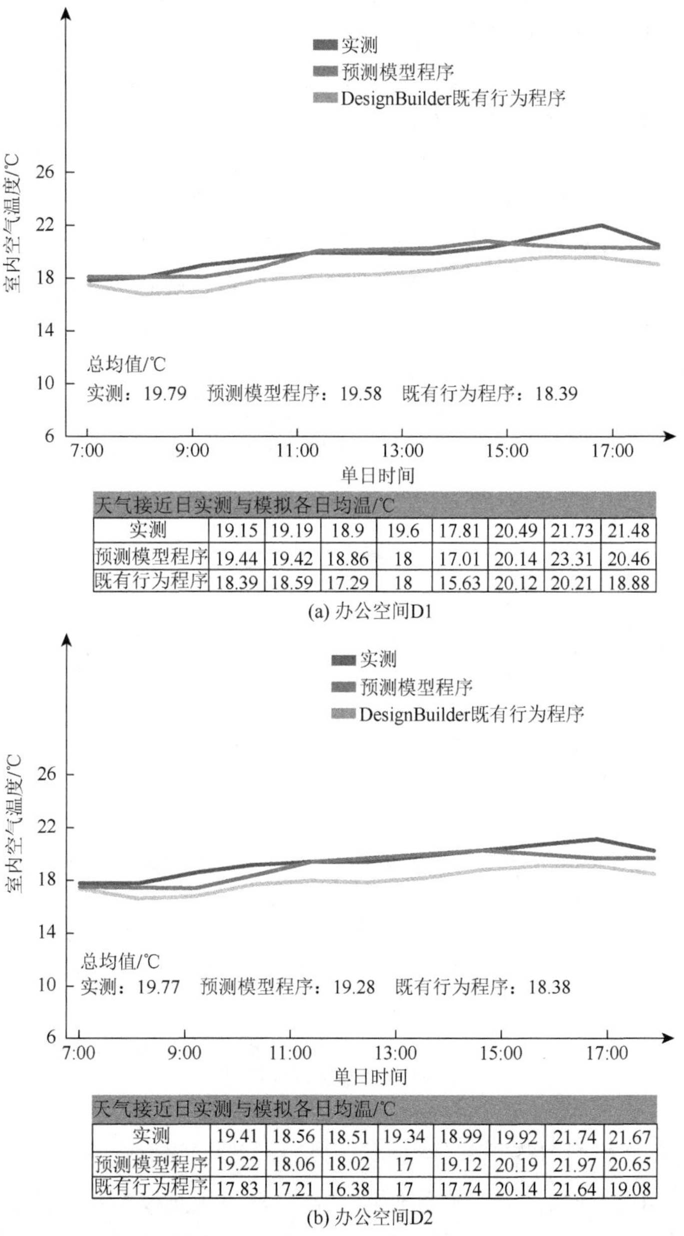

天气接近日实测与模拟各日均温/℃								
实测	19.15	19.19	18.9	19.6	17.81	20.49	21.73	21.48
预测模型程序	19.44	19.42	18.86	18	17.01	20.14	23.31	20.46
既有行为程序	18.39	18.59	17.29	18	15.63	20.12	20.21	18.88

(a) 办公空间D1

天气接近日实测与模拟各日均温/℃								
实测	19.41	18.56	18.51	19.34	18.99	19.92	21.74	21.67
预测模型程序	19.22	18.06	18.02	17	19.12	20.19	21.97	20.65
既有行为程序	17.83	17.21	16.38	17	17.74	20.14	21.64	19.08

(b) 办公空间D2

图 6-29　春季 3～10 人开放式办公空间使用者开窗行为预测模型程序验证（扫封底二维码可见彩图）

示。办公空间使用者开窗行为预测模型程序对办公空间 D1 室内空气温度的模拟结果总均值的修正值为 2.3℃。每小时均温比较中，在 7:00～18:00 的 11h 工作时段，预测模型程序对模拟结果的修正值为 0.18～1.24℃。

办公空间使用者开窗行为预测模型程序对办公空间 D2 室内空气温度的模拟结果总均值的修正值为 0.9℃。每小时均温比较中，在 7:00～18:00 的 11h 工作时段，预测模型程序对模拟结果的修正值为 0.07～1.51℃。

春季大于 20 人开放式办公空间使用者开窗行为预测模型程序验证如图 6-30 所示。办公空间使用者开窗行为预测模型程序对办公空间 F1 室内空气温度的模拟结果总均值的修正值为 1.95℃。在每小时均温比较中，在 7:00～18:00 的 11h 工作时段，预测模型程序对模拟结果的修正值为 0.12～2.24℃。

办公空间使用者开窗行为预测模型程序对办公空间 F2 室内空气温度的模拟结果总均值的修正值为 0.9℃。由于设备丢失，仅可比较行为预测模型程序与既有行为程序的差异。

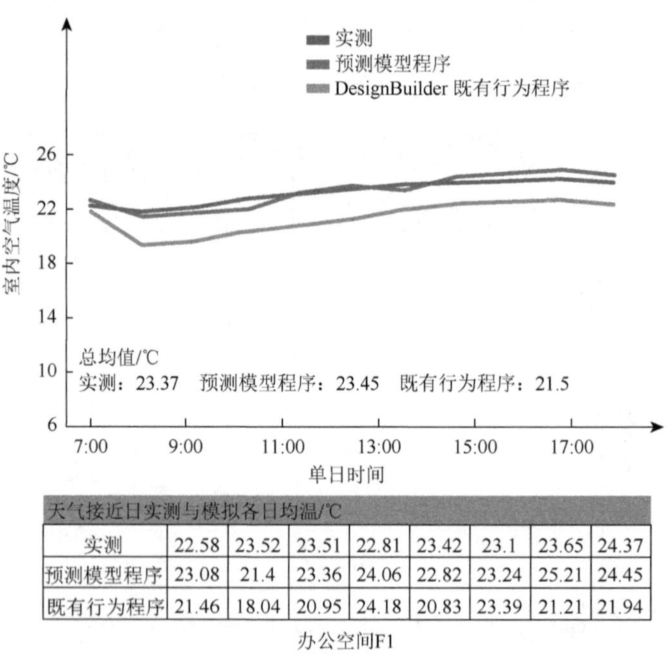

天气接近日实测与模拟各日均温/℃								
实测	22.58	23.52	23.51	22.81	23.42	23.1	23.65	24.37
预测模型程序	23.08	21.4	23.36	24.06	22.82	23.24	25.21	24.45
既有行为程序	21.46	18.04	20.95	24.18	20.83	23.39	21.21	21.94

办公空间F1

图 6-30　春季大于 20 人开放式办公空间使用者开窗行为预测模型程序验证

（扫封底二维码可见彩图）

2. 夏季验证结果与优化程度

夏季 3～10 人开放式办公空间使用者开窗行为预测模型程序验证如图 6-31 所示。自然通风状态下，办公空间 D1 的预测模型程序与既有行为程序十分接近，对室内空气温度的模拟结果总均值的修正值为 0.05℃。在每小时均温比较中，在 7:00～18:00 的 11h 工作时段，预测模型程序与既有行为程序的模拟结果接近，修正值为 0.1～0.6℃。与之类似，在自然通风状态下，开放式办公空间 D2 的行为预测模型程序与既有行为程序十分接近，模拟结果也十分接近。

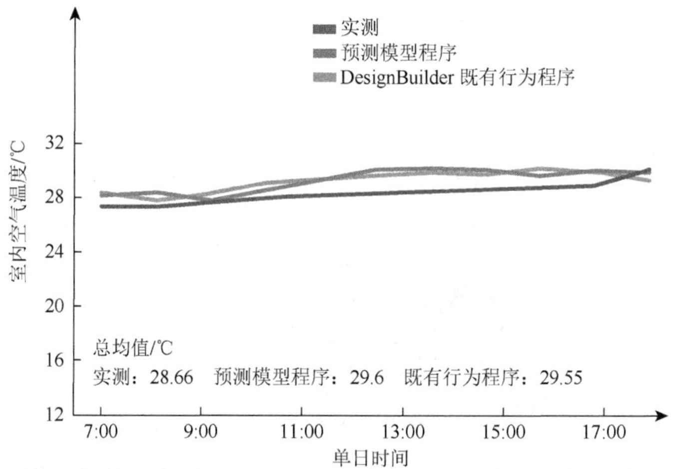

天气接近日实测与模拟各日均温/℃										
实测	29.7	30.16	30.4	30.16	28.09	27.88	26.87	27.15	27.38	28.85
预测模型程序	29.84	30.4	29.84	29.84	28.35	30.68	27.48	31.02	30.29	28.29
既有行为程序	29.33	31.25	29.33	29.33	28.56	30.44	28.31	31.22	29.87	27.87

(a) 办公空间D1

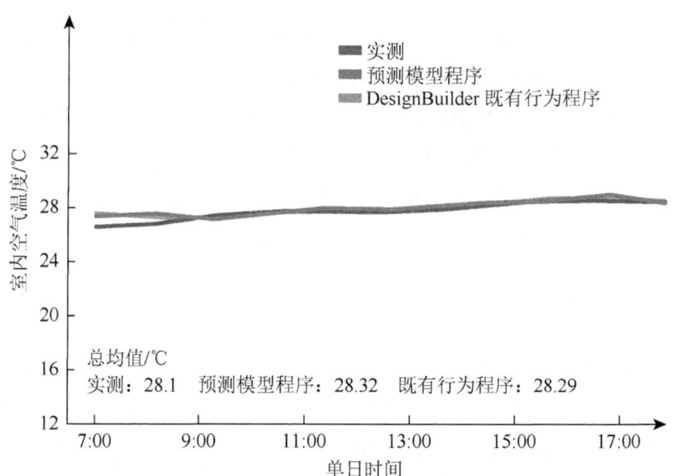

天气接近日实测与模拟各日均温/℃										
实测	—	—	—	29.7	28.63	28.52	27.28	27.54	26.37	28.67
预测模型程序	—	—	—	29.17	28.4	27.73	27.08	30.73	26.43	28.71
既有行为程序	—	—	—	28.85	28.18	16.38	26.99	30.62	26.43	28.52

(b) 办公空间D2

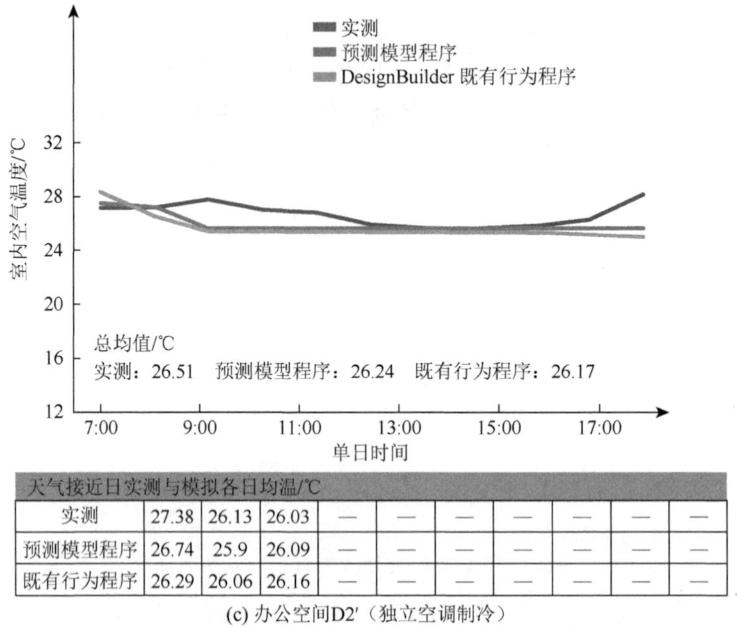

天气接近日实测与模拟各日均温/℃										
实测	27.38	26.13	26.03	—	—	—	—	—	—	—
预测模型程序	26.74	25.9	26.09	—	—	—	—	—	—	—
既有行为程序	26.29	26.06	26.16	—	—	—	—	—	—	—

(c) 办公空间D2′（独立空调制冷）

图 6-31　夏季 3～10 人开放式办公空间使用者开窗行为预测模型程序验证
（扫封底二维码可见彩图）

办公空间使用者开窗行为预测模型程序对独立空调制冷状态下的办公空间 D2′室内空气温度模拟结果的修正作用微弱，总均值的修正值为 0.07℃。在每小时均温比较中，在 7:00～18:00 的 11h 工作时段，预测模型程序对模拟结果的修正值仅为 0.15～0.67℃。

夏季大于 20 人开放式办公空间使用者开窗行为预测模型程序验证如图 6-32 所示。与其他空调制冷办公空间的模拟结果类似，各类行为程序的室内空气温度模拟结果十分接近，模拟结果的差异主要体现在空调制冷达到预设温度前的阶段。办公空间使用者开窗行为预测模型程序对办公空间 F1 的室内空气温度模拟结果总均值的修正值为 1.79℃，对办公空间 F2 的室内空气温度模拟结果总均值的修正值为 0.45℃。

3. 秋季验证结果与优化程度

秋季 3～10 人的开放式办公空间使用者开窗行为预测模型程序验证如图 6-33 所示。办公空间使用者开窗行为预测模型程序对办公空间 D1 室内空气温度模拟结果总均值的修正值为 1.38℃。在每小时均温比较中，在 7:00～18:00 的 11h 工作时段，预测模型程序对模拟结果的修正作用明显，修正值为 0.68～1.86℃。

办公空间使用者开窗行为预测模型程序对办公空间 D2 室内空气温度的模拟结果总均值的修正值为 1.04℃。在每小时均温比较中，在 7:00～18:00 的 11h 工作时段，预测模型程序对模拟结果的修正值为 0.75～1.79℃。

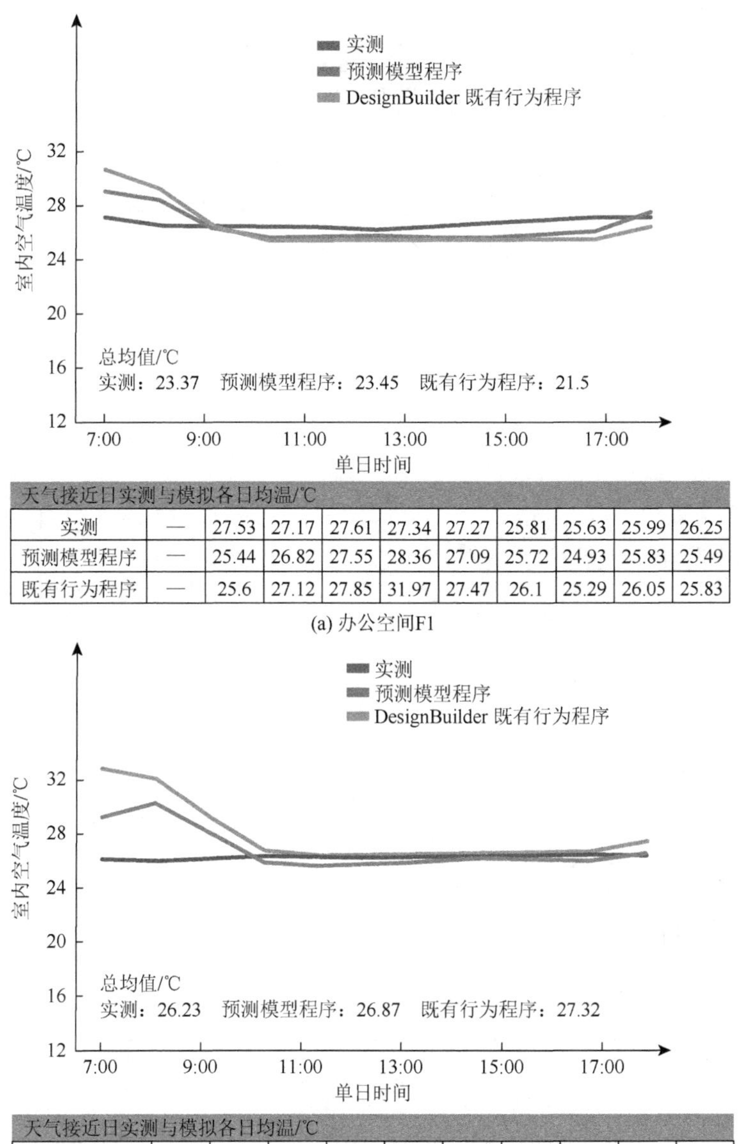

天气接近日实测与模拟各日均温/℃										
实测	—	27.53	27.17	27.61	27.34	27.27	25.81	25.63	25.99	26.25
预测模型程序	—	25.44	26.82	27.55	28.36	27.09	25.72	24.93	25.83	25.49
既有行为程序	—	25.6	27.12	27.85	31.97	27.47	26.1	25.29	26.05	25.83

(a) 办公空间F1

天气接近日实测与模拟各日均温/℃										
实测	—	—	27.17	27.19	26.3	26.44	25.64	25.44	25.7	25.92
预测模型程序	—	—	27.03	27.93	29.9	26.94	26.44	25.16	25.76	25.78
既有行为程序	—	—	27.05	28.52	31.23	27.3	26.8	25.35	25.95	26.38

(b) 办公空间F2

图 6-32　夏季大于 20 人开放式办公空间使用者开窗行为预测模型程序验证（扫封底二维码可见彩图）

秋季大于 20 人开放式办公空间使用者开窗行为预测模型程序验证如图 6-34 所示。办公空间使用者开窗行为预测模型程序对办公空间 F1 室内空气温度的模拟结果总均值的修正值为 1.35℃。在每小时均温比较中，在 7:00～18:00 的 11h 工作时段，行为预测模型程序对模拟结果的修正值为 0.03～1.9℃。

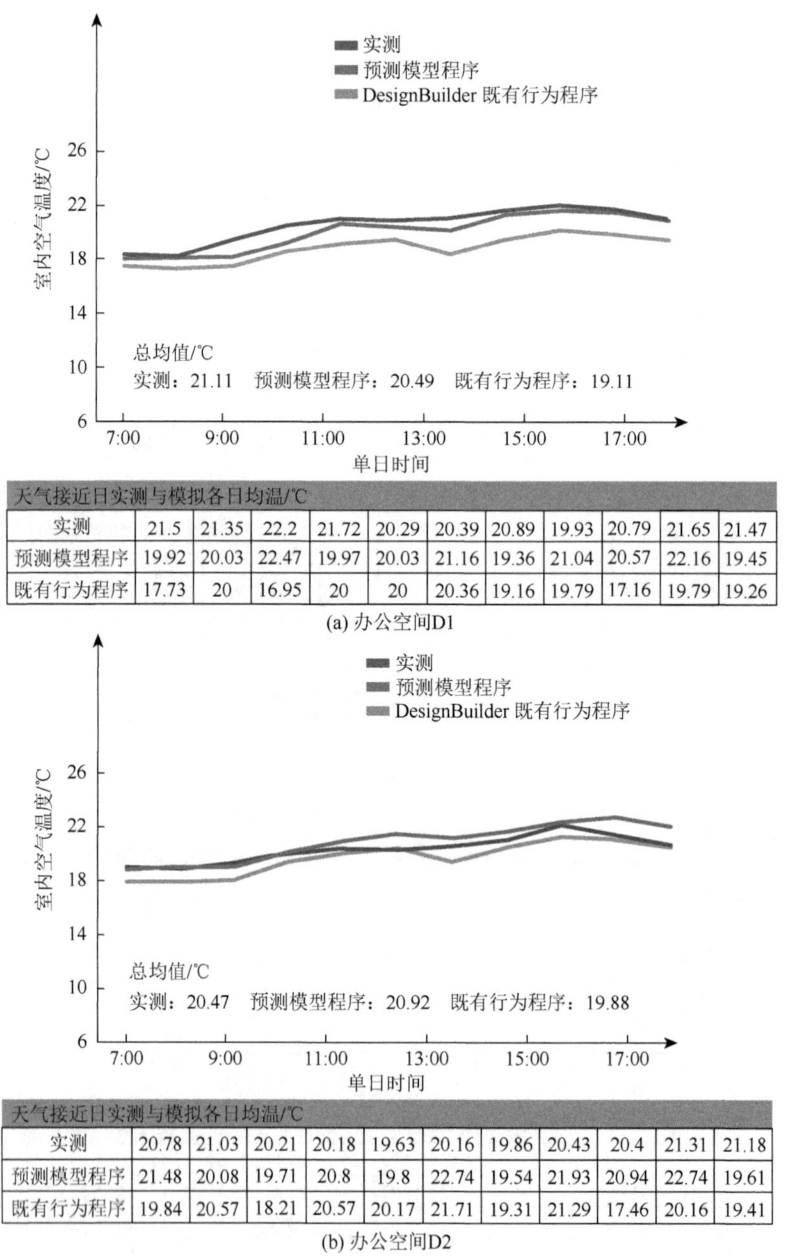

天气接近日实测与模拟各日均温/℃											
实测	21.5	21.35	22.2	21.72	20.29	20.39	20.89	19.93	20.79	21.65	21.47
预测模型程序	19.92	20.03	22.47	19.97	20.03	21.16	19.36	21.04	20.57	22.16	19.45
既有行为程序	17.73	20	16.95	20	20	20.36	19.16	19.79	17.16	19.79	19.26

(a) 办公空间D1

天气接近日实测与模拟各日均温/℃											
实测	20.78	21.03	20.21	20.18	19.63	20.16	19.86	20.43	20.4	21.31	21.18
预测模型程序	21.48	20.08	19.71	20.8	19.8	22.74	19.54	21.93	20.94	22.74	19.61
既有行为程序	19.84	20.57	18.21	20.57	20.17	21.71	19.31	21.29	17.46	20.16	19.41

(b) 办公空间D2

图 6-33 秋季 3～10 人开放式办公空间使用者开窗行为预测模型程序验证
（扫封底二维码可见彩图）

办公空间使用者开窗行为预测模型程序对办公空间 F2 室内空气温度的模拟结果总均值的修正值为 0.52℃。在每小时均温比较中，在 7:00～18:00 的 11h 工作时段，预测模型程序对模拟结果的修正值为 0.06～1.24℃。

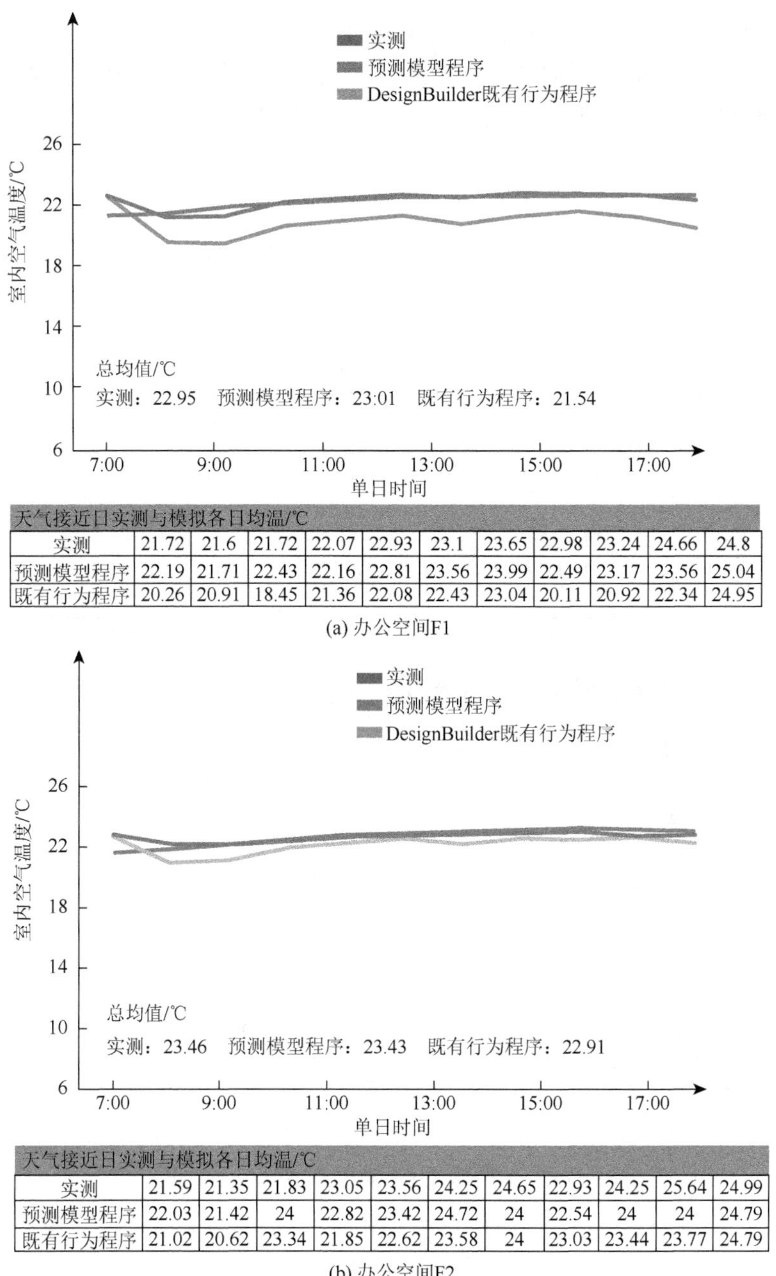

天气接近日实测与模拟各日均温/℃											
实测	21.72	21.6	21.72	22.07	22.93	23.1	23.65	22.98	23.24	24.66	24.8
预测模型程序	22.19	21.71	22.43	22.16	22.81	23.56	23.99	22.49	23.17	23.56	25.04
既有行为程序	20.26	20.91	18.45	21.36	22.08	22.43	23.04	20.11	20.92	22.34	24.95

(a) 办公空间F1

天气接近日实测与模拟各日均温/℃											
实测	21.59	21.35	21.83	23.05	23.56	24.25	24.65	22.93	24.25	25.64	24.99
预测模型程序	22.03	21.42	24	22.82	23.42	24.72	24	22.54	24	24	24.79
既有行为程序	21.02	20.62	23.34	21.85	22.62	23.58	24	23.03	23.44	23.77	24.79

(b) 办公空间F2

图 6-34　秋季大于 20 人开放式办公空间使用者开窗行为预测模型程序验证（扫封底二维码可见彩图）

4. 冬季验证结果与优化程度

冬季3～10人开放式办公空间使用者开窗行为预测模型程序验证如图6-35所示。

办公空间使用者开窗行为预测模型程序对办公空间D1室内空气温度的模拟结果总均值修正作用明显，修正值为3.14℃。在每小时均温比较中，在8:00～18:00的10h工作时段，即90.1%的工作时间内，预测模型程序对模拟结果的修正值为1.16～3.64℃。

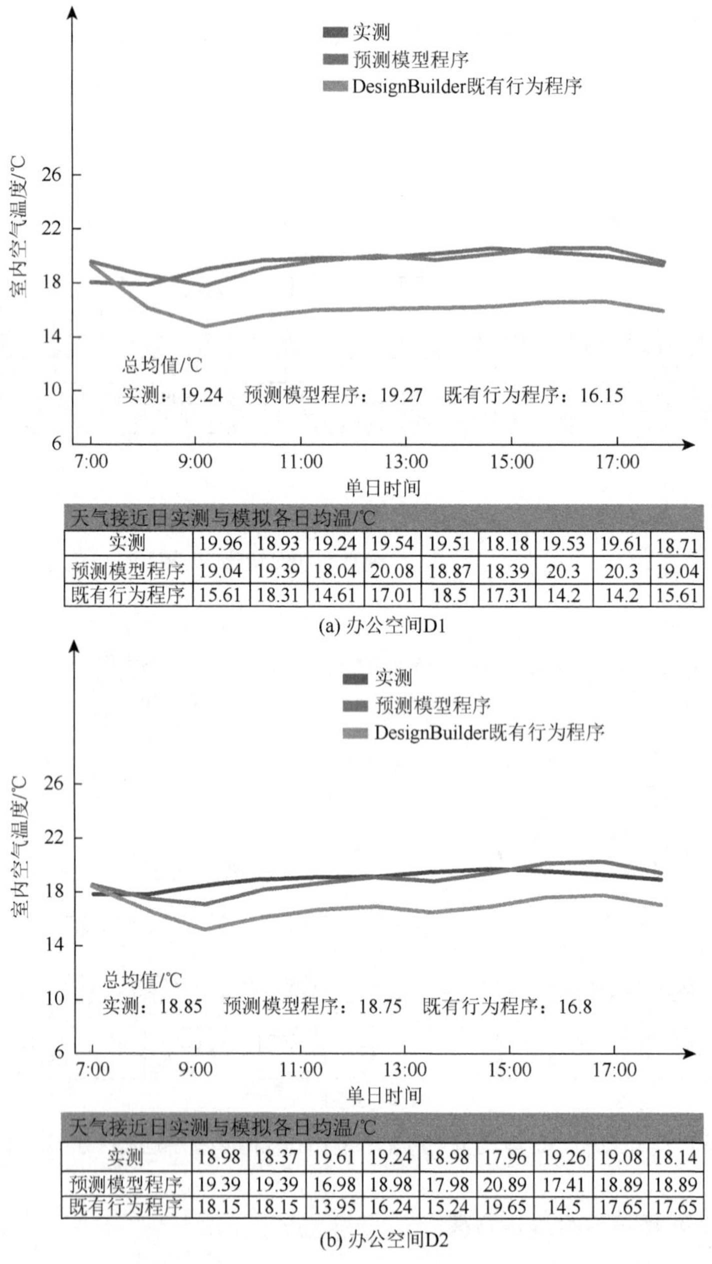

天气接近日实测与模拟各日均温/℃									
实测	19.96	18.93	19.24	19.54	19.51	18.18	19.53	19.61	18.71
预测模型程序	19.04	19.39	18.04	20.08	18.87	18.39	20.3	20.3	19.04
既有行为程序	15.61	18.31	14.61	17.01	18.5	17.31	14.2	14.2	15.61

(a) 办公空间D1

天气接近日实测与模拟各日均温/℃									
实测	18.98	18.37	19.61	19.24	18.98	17.96	19.26	19.08	18.14
预测模型程序	19.39	19.39	16.98	18.98	17.98	20.89	17.41	18.89	18.89
既有行为程序	18.15	18.15	13.95	16.24	15.24	19.65	14.5	17.65	17.65

(b) 办公空间D2

图6-35　冬季3～10人开放式办公空间使用者开窗行为预测模型程序验证（扫封底二维码可见彩图）

办公空间使用者开窗行为预测模型程序对办公空间 D2 室内空气温度的模拟结果总均值的修正值为 1.95℃。每小时均温比较中，在 8:00～18:00 的 10h 工作时段，即 90.1%的工作时间内，预测模型程序对模拟结果的修正值为 1～2.19℃。

冬季大于 20 人开放式办公空间使用者开窗行为预测模型程序验证如图 6-36

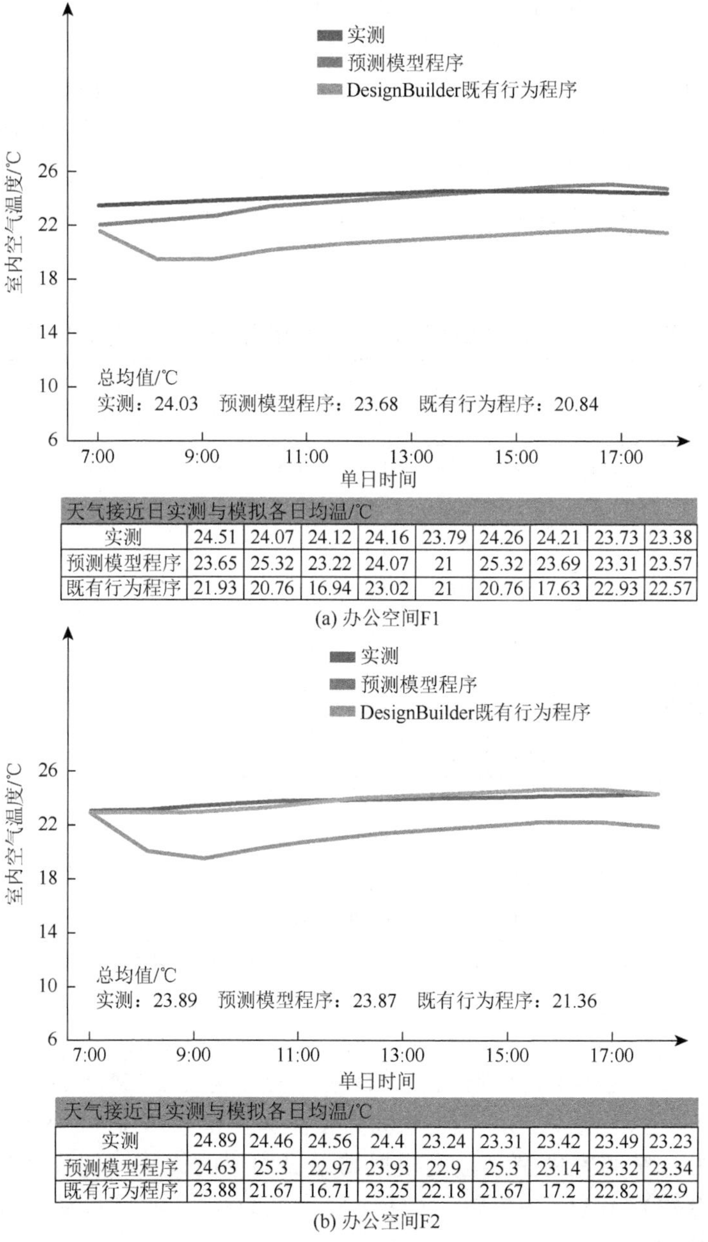

天气接近日实测与模拟各日均温/℃									
实测	24.51	24.07	24.12	24.16	23.79	24.26	24.21	23.73	23.38
预测模型程序	23.65	25.32	23.22	24.07	21	25.32	23.69	23.31	23.57
既有行为程序	21.93	20.76	16.94	23.02	21	20.76	17.63	22.93	22.57

(a) 办公空间F1

天气接近日实测与模拟各日均温/℃									
实测	24.89	24.46	24.56	24.4	23.24	23.31	23.42	23.49	23.23
预测模型程序	24.63	25.3	22.97	23.93	22.9	25.3	23.14	23.32	23.34
既有行为程序	23.88	21.67	16.71	23.25	22.18	21.67	17.2	22.82	22.9

(b) 办公空间F2

图 6-36　冬季大于 20 人开放式办公空间使用者开窗行为预测模型程序验证（扫封底二维码可见彩图）

所示。办公空间使用者开窗行为预测模型程序对办公空间 F1 室内空气温度模拟结果总均值的修正作用明显，修正值为 2.84℃。在每小时均温比较中，在 8:00～18:00 的 10h 工作时段，预测模型程序对模拟结果的修正值为 0.48～3.18℃。

办公空间使用者开窗行为预测模型程序对办公空间 D2 室内空气温度的模拟结果总均值的修正作用明显，修正值为 2.51℃。在每小时均温比较中，在 8:00～18:00 的 10h 工作时段，预测模型程序对模拟结果的修正值为 0.03～3.48℃。

统计在每一季节中寒地办公空间使用者开窗行为预测模型程序的验证结果，如表 6-2 所示。针对每小时均温的模拟结果进行数据处理，计算预测模型程序和 DesignBuilder 既有行为程序室内空气温度的模拟结果与实测值的均方根误差，发现前者的均方根误差均显著小于后者，从而证明了研究所得寒地办公空间使用者开窗行为预测模型的有效性。

表 6-2　寒地办公空间使用者开窗行为预测模型程序验证结果统计

验证指标		季节	单元式办公空间				开放式办公空间			
			A1	B	A2	C	D1	D2（D2′）	F1	F2
均方根误差	预测模型程序	春	1.44	1.24	1.38	0.89	0.63	0.66	0.50	—
		夏	1.39	0.91	0.56	0.51	1.06	0.46（0.36）	1.08	1.77
		秋	1.07	0.65	1.59	1.08	0.67	0.76	0.46	0.41
		冬	1.56	0.66	1.37	0.70	0.69	0.69	0.72	0.28
	DesignBuilder 既有行为程序	春	2.67	2.27	3.40	2.12	1.48	1.43	1.96	—
		夏	1.82	1.27	0.60	0.53	1.10	1.69（0.37）	1.72	3.02
		秋	2.11	1.81	3.44	2.20	1.84	0.77	1.69	0.79
		冬	2.56	1.55	2.84	2.23	3.44	2.29	3.25	2.69
修正比例/%		春	5.48	2.45	10.69	8.75	11.62	4.55	8.34	—
		夏	1.94	1.69	0.13	2.61	0.17	0.11（0.26）	7.66	1.72
		秋	7.14	5.47	9.80	3.98	6.54	5.08	5.88	2.22
		冬	4.60	2.79	13.80	8.67	16.32	10.34	11.82	10.51

注：D2 和 D2′分别代表办公空间 D2 的空调设备移除阶段和具有独立空调设备制冷阶段。

在各个季节中，寒地办公空间使用者开窗行为预测模型程序对单元式办公空间室内空气温度模拟结果日均值的修正比例分别为 2.45%～10.69%（春季）、0.13%～2.61%（夏季）、3.98%～9.80%（秋季）和 2.79%～13.80%（冬季），对开放式办公空间室内空气温度模拟结果日均值的修正比例分别为 4.55%～11.62%（春季）、0.11%～7.66%（夏季）、2.22%～6.54%（秋季）和 10.34%～16.32%（冬季）。

在夏季，寒地办公空间使用者开窗行为预测模型程序对自然通风办公空间室内空气温度模拟结果日均值的修正比例可达 2.61%，对空调类办公空间模拟结果日均值的修正比例可达 7.66%。

在春季、秋季和冬季，寒地办公空间使用者开窗行为预测模型程序对室内空气温度模拟结果的修正作用显著。在夏季时，预测模型 2 和预测模型 3 的办公空间使用者开窗行为预测模型程序与既有行为程序类似，其模拟结果较为接近，修正作用相对较小。

6.4　本章小结

本章以室内空气温度实测值为参照，通过模拟计算验证了办公空间模拟模型的可靠性，得到了既有行为程序导致的模拟结果的偏差程度，验证了寒地办公空间使用者开窗行为预测模型的有效性。主要结论如下：

（1）在寒地办公空间中，既有行为程序导致的室内空气温度模拟结果的偏差值在春季达 3.7℃，在夏季达 2.6℃，在秋季达 4℃，在冬季达 8.2℃。可见，在各个季节既有行为程序的模拟结果偏差明显，一般可达 2.6～8.2℃。

（2）寒地办公空间使用者开窗行为预测模型程序对室内空气温度模拟结果日均值的修正比例在春季达 11.62%，在夏季达 7.66%，在秋季达 9.8%，在冬季修正比例最高，达 16.32%。

（3）寒地办公空间使用者开窗行为预测模型程序对模拟结果的修正作用显著。在夏季，寒地办公空间使用者开窗行为预测模型程序对室内空气温度模拟结果的修正作用相对较小，修正比例的均值为 2.3%；而在其他季节，行为预测模型程序对办公空间的修正作用明显，修正比例的均值高于 5.8%。

参 考 文 献

[1] International Energy Agency(IEA). World energy balances?[EB/OL]. [2025-05-22]. https://www.iea.org/reports/world-energy-balances-overview.

[2] U.S. Energy Information Administration. International energy outlook products-archive[EB/OL]. [2025-05-22]. https://www.eia.gov/outlooks/ieo/ieoarchive.php.

[3] 清华大学建筑节能研究中心. 中国建筑节能年度发展研究报告 2009[M]. 北京: 中国建筑工业出版社, 2009.

[4] 清华大学建筑节能研究中心. 中国建筑节能年度发展研究报告 2013[M]. 北京: 中国建筑工业出版社, 2013.

[5] Al Horr Y, Arif M, Kaushik A, et al. Occupant productivity and office indoor environment quality: A review of the literature[J]. Building and Environment, 2016, 105: 369-389.

[6] Hong T, Chou S K, Bong T Y. Building simulation: An overview of developments and information sources[J]. Building and Environment, 2000, 35(4): 347-361.

[7] Cathy T, Mark F. Energy performance of LEED for new construction buildings[R]. New Building Institute, Vancouver, 2008.

[8] 江亿, 魏庆芃, 杨秀. 以数据说话——科学发展建筑节能[J]. 建设科技, 2009, (7): 20-24.

[9] 江亿, 杨秀. 我国建筑能耗状况及建筑节能工作中的问题[J]. 中华建设, 2006, (2): 12-18.

[10] Yoshino H, Hong T Z, Nord N. IEA ECBCS Annex 53: Total energy use in buildings—Analysis and evaluation methods[J]. Energy and Buildings, 2017, 152: 124-136.

[11] Li C, Hong T Z, Yan D. An insight into actual energy use and its drivers in high-performance buildings[J]. Applied Energy, 2014, 131: 394-410.

[12] Hoes P, Hensen J L M, Loomans M G L C, et al. User behaviour in whole building simulation[J]. Energy and Buildings, 2009, 41(3): 295-302.

[13] Yan D, O'Brien W, Hong T Z, et al. Occupant behavior modeling for building performance simulation: Current state and future challenges[J]. Energy and Buildings, 2015, 107: 264-278.

[14] Hong T Z, Yan D, D'Oca S, et al. Ten questions concerning occupant behavior in buildings: The big picture[J]. Building and Environment, 2017, 114: 518-530.

[15] Yan D, Hong T Z, Dong B, et al. IEA EBC Annex 66: Definition and simulation of occupant behavior in buildings[J]. Energy and Buildings, 2017, 156: 258-270.

[16] D'Oca S, Hong T Z, Langevin J. The human dimensions of energy use in buildings: A review[J]. Renewable and Sustainable Energy Reviews, 2018, 81: 731-742.

[17] Sun K Y, Hong T Z. A framework for quantifying the impact of occupant behavior on energy savings of energy conservation measures[J]. Energy and Buildings, 2017, 146: 383-396.

[18] Andersen R V, Toftum J, Andersen K K, et al. Survey of occupant behaviour and control of

indoor environment in Danish dwellings[J]. Energy and Buildings, 2009, 41(1): 11-16.

[19] Haldi F, Robinson D. On the behaviour and adaptation of office occupants[J]. Building and Environment, 2008, 43(12): 2163-2177.

[20] Luo M H, Cao B, Zhou X, et al. Can personal control influence human thermal comfort? A field study in residential buildings in China in winter[J]. Energy and Buildings, 2014, 72: 411-418.

[21] U.S. Department of Energy. 2011 Buildings energy data book[EB/OL]. [2025-05-22]. https://ieer.org/wp/wp-content/uploads/2012/03/DOE-2011-Buildings-Energy-DataBook-BEDB.pdf.

[22] Menezes A C, Cripps A, Bouchlaghem D, et al. Predicted vs. actual energy performance of non-domestic buildings: Using post-occupancy evaluation data to reduce the performance gap[J]. Applied Energy, 2012, 97: 355-364.

[23] 江亿，朱颖心，魏庆芃，等. 坚持科学发展，实现中国特色建筑节能[J]. 城市发展研究，2009, 16(8): 7-17.

[24] Mardaljevic J, Heschong L, Lee E. Daylight metrics and energy savings[J]. Lighting Research & Technology, 2009, 41(3): 261-283.

[25] Skumatz L, Khawaja M, Colby J. Lessons learned and next steps in energy efficiency measurement and attribution: Energy savings, net to gross, non-energy benefits, and persistence of energy[R]. California Institute for Energy and Environment, Berkeley, 2009.

[26] Hopfe C J. Uncertainty and sensitivity analysis in building performance simulation for decision support and design optimization[D]. Eindhoven: Technische Universiteit Eindhoven, 2009.

[27] Cole R J, Brown Z. Reconciling human and automated intelligence in the provision of occupant comfort[J]. Intelligent Buildings International, 2009, 1(1): 39-55.

[28] Janda K B. Buildings don't use energy: People do[J]. Architectural Science Review, 2011, 54(1): 15-22.

[29] Delzendeh E, Wu S, Lee A, et al. The impact of occupants' behaviours on building energy analysis: A research review[J]. Renewable and Sustainable Energy Reviews, 2017, 80: 1061-1071.

[30] International Energy Agency. EBC annual report 2013[EB/OL]. [2025-05-22]. https://wap.ecbcs.org/Data/publications/EBCAnnualReport 2013.pdf.

[31] Al-Mumin A, Khattab O, Sridhar G. Occupants' behaviour and activity patterns influencing the energy consumption in the Kuwaiti residences[J]. Energy and Buildings, 2003, 35(6): 549-559.

[32] Wang L P, Greenberg G. Window operation and impacts on building energy consumption[J]. Energy and Buildings, 2015, 92: 313-321.

[33] Lee Y S, Malkawi A M. Simulating multiple occupant behaviors in buildings: An agent-based modeling approach[J]. Energy and Buildings, 2014, 69: 407-416.

[34] Maier T, Krzaczek M, Tejchman J. Comparison of physical performances of the ventilation systems in low-energy residential houses[J]. Energy and Buildings, 2009, 41(3): 337-353.

[35] Gartland L M, Emery A F, Sun Y S, et al. Residential energy usage and the influence of occupant behavior[C]//Proceedings of the ASME Winter Annual Meeting, New Orleans, 1993.

[36] Juodis E, Jaraminiene E, Dudkiewicz E. Inherent variability of heat consumption in residential

buildings[J]. Energy and Buildings, 2009, 41(11): 1188-1194.

[37] Yao M Y, Zhao B. Window-opening behavior of occupants in residential buildings in Beijing[J]. Building and Environment, 2017, 124: 441-449.

[38] Rijal H B, Tuohy P, Humphreys M A, et al. Using results from field surveys to predict the effect of open windows on thermal comfort and energy use in buildings[J]. Energy and Buildings, 2007, 39(7): 823-836.

[39] Day J K, Gunderson D E. Understanding high performance buildings: The link between occupant knowledge of passive design systems, corresponding behaviors, occupant comfort and environmental satisfaction[J]. Building and Environment, 2015, 84: 114-124.

[40] Mahdavi A, Mohammadi A, Kabir E, et al. Occupants' operation of lighting and shading systems in office buildings[J]. Journal of Building Performance Simulation, 2008, 1(1): 57-65.

[41] Fabi V, Andersen R V, Corgnati S P, et al. Influence of user behaviour on indoor environmental quality and heating energy consumptions in danish dwellings[C]//The 2nd International Conference on Building Energy and Environment, Boulder, 2012.

[42] Jia M D, Srinivasan R S, Raheem A A. From occupancy to occupant behavior: An analytical survey of data acquisition technologies, modeling methodologies and simulation coupling mechanisms for building energy efficiency[J]. Renewable and Sustainable Energy Reviews, 2017, 68: 525-540.

[43] Gaetani I, Hoes P J, Hensen J L M. Occupant behavior in building energy simulation: Towards a fit-for-purpose modeling strategy[J]. Energy and Buildings, 2016, 121: 188-204.

[44] Hong T, Taylor-Lange S C, D'Oca S, et al. Advances in research and applications of energy-related occupant behavior in buildings[J]. Energy and Buildings, 2016, 116: 694-702.

[45] Stern P C. What psychology knows about energy conservation[J]. American Psychologist, 1992, 47(10): 1224-1232.

[46] Chen C F, Xu X J, Frey S. Who wants solar water heaters and alternative fuel vehicles? Assessing social-psychological predictors of adoption intention and policy support in China[J]. Energy Research & Social Science, 2016, 15: 1-11.

[47] Creswell J W. Research Design: Qualitative, Quantitative, and Mixed Methods Approaches[M]. 4th ed. Los Angeles: SAGE Publications, 2014.

[48] González M C, Hidalgo C A, Barabási A L. Understanding individual human mobility patterns[J]. Nature, 2008, 453(7196): 779-782.

[49] Schweiker M, Wagner A. The effect of occupancy on perceived control, neutral temperature, and behavioral patterns[J]. Energy and Buildings, 2016, 117: 246-259.

[50] Adair J G. The Hawthorne effect: A reconsideration of the methodological artifact[J]. Journal of Applied Psychology, 1984, 69(2): 334-345.

[51] ANSI/ASHRAE Standard 55-2013. Thermal Environmental Conditions for Human Occupancy[S]. Peachtree Corners: ASHRAE, 2013.

[52] Holopainen R, Tuomaala P, Hernandez P, et al. Comfort assessment in the context of sustainable buildings: Comparison of simplified and detailed human thermal sensation methods[J]. Building and Environment, 2014, 71: 60-70.

[53] Sovacool B K. Rejecting renewables: The socio-technical impediments to renewable electricity in the United States[J]. Energy Policy, 2009, 37(11): 4500-4513.

[54] Dillman D A. Mail and Internet Surveys[M]. New York: Wiley, 2000.

[55] Heydarian A, Pantazis E, Gerber D, et al. Use of immersive virtual environments to understand human-building interactions and improve building design[C]//International Conference on Human-Computer Interaction, Los Angeles, 2015: 180-184.

[56] Adib F, Katabi D. See through walls with Wi-Fi![J]. Computer Communication Review, 2013, 43(4): 75-86.

[57] Le Bon G. La Psychologie Des Foules[M]. Paris: Presses Universitaires de France, 1895.

[58] Brundrett G W. Ventilation: A behavioural approach[J]. International Journal of Energy Research, 1977, 1(4): 289-298.

[59] Dick J B, Thomas D A. Ventilation research in occupied houses[J]. Journal of the Institution of Heating and Vetilating Engineers, 1951, 19: 279-305.

[60] Schweiker M. Occupant behaviour and the related reference levels for heating and cooling[D]. Tokyo: Tokyo City University, 2010.

[61] Nicol J F. Characterizing occupant behaviour in buildings: Towards a stochastic model of occupant use of windows, lights, blinds heaters and fans[C]//Proceedings of the 7th International IBPSA Conference, Rio De Janeiro, 2001: 1073-1078.

[62] Nicol J F, Humphreys M. A stochastic approach to thermal comfort-occupant behavior and energy use in buildings[J]. ASHRAE Transactions, 2004, 110: 554-568.

[63] Fabi V, Corgnati S, Andersen R, et al. Effect of occupant behaviour related influencing factors on final energy end uses in buildings[C]//Proceedings of Climamed 11 Conference, Madrid, 2011: 2-3.

[64] Nicol J F, Humphreys M A. Adaptive thermal comfort and sustainable thermal standards for buildings[J]. Energy and Buildings, 2002, 34(6): 563-572.

[65] de Dear R, Brager G. Developing an adaptive model of thermal comfort and preference[J]. ASHRAE Transactions, 1998, 104: 1-18.

[66] Ajzen I, Brown T C, Carvajal F. Explaining the discrepancy between intentions and actions: The case of hypothetical bias in contingent valuation[J]. Personality and Social Psychology Bulletin, 2004, 30(9): 1108-1121.

[67] Ajzen I, Fishbein M. The influence of attitudes on behaviour[M]//Albarracìn D, Johnson B T, Zanna M P. The Handbook of Attitudes. Mahwah: Erlbaum, 2005: 173-221.

[68] Raja I A, Nicol J F, McCartney K J, et al. Thermal comfort: Use of controls in naturally ventilated buildings[J]. Energy and Buildings, 2001, 33(3): 235-244.

[69] Pu Q F, Gupta S, Gollakota S, et al. Whole-home gesture recognition using wireless signals[C]// Proceedings of the 19th Annual International Conference on Mobile Computing and Networking, Miami, 2013: 27-38.

[70] Stazi F, Naspi F, D'Orazio M. A literature review on driving factors and contextual events influencing occupants' behaviours in buildings[J]. Building and Environment, 2017, 118: 40-66.

[71] Roetzel A, Tsangrassoulis A, Dietrich U, et al. A review of occupant control on natural

ventilation[J]. Renewable and Sustainable Energy Reviews, 2010, 14(3): 1001-1013.

[72] van den Wymelenberg K. Patterns of occupant interaction with window blinds: A literature review[J]. Energy and Buildings, 2012, 51: 165-176.

[73] Fabi V, Andersen R, Corgnati S. Accounting for the uncertainty related to building occupants with regards to visual comfort: A literature survey on drivers and models[J]. Buildings, 2016, 6(1): 5.

[74] Konstantoglou M, Tsangrassoulis A. Dynamic operation of daylighting and shading systems: A literature review[J]. Renewable and Sustainable Energy Reviews, 2016, 60: 268-283.

[75] Zhou X, Yan D, Hong T Z, et al. Data analysis and stochastic modeling of lighting energy use in large office buildings in China[J]. Energy and Buildings, 2015, 86: 275-287.

[76] Jiao Y, Yu H, Wang T, et al. Thermal comfort and adaptation of the elderly in free-running environments in Shanghai, China[J]. Building and Environment, 2017, 118: 259-272.

[77] Pan S, Xiong Y Z, Han Y Y, et al. A study on influential factors of occupant window-opening behavior in an office building in China[J]. Building and Environment, 2018, 133: 41-50.

[78] Shi Z N, Qian H A, Zheng X H, et al. Seasonal variation of window opening behaviors in two naturally ventilated hospital wards[J]. Building and Environment, 2018, 130: 85-93.

[79] Zhou X, Liu T C, Shi X, et al. Case study of window operating behavior patterns in an open-plan office in the summer[J]. Energy and Buildings, 2018, 165: 15-24.

[80] Fritsch R, Kohler A, Nygård-Ferguson M, et al. A stochastic model of user behaviour regarding ventilation[J]. Building and Environment, 1990, 25(2): 173-181.

[81] Balvedi B F, Ghisi E, Lamberts R. A review of occupant behaviour in residential buildings[J]. Energy and Buildings, 2018, 174: 495-505.

[82] Santamouris M, Synnefa A, Asssimakopoulos M, et al. Experimental investigation of the air flow and indoor carbon dioxide concentration in classrooms with intermittent natural ventilation[J]. Energy and Buildings, 2008, 40(10): 1833-1843.

[83] Rijal H B, Nicol J F, Humphreys M, et al. Development of adaptive algorithms for the operation of windows, fans' and doors to predict thermal comfort and energy use in Pakistani buildings[J]. ASHRAE Transactions, 2008, 114: 555-573.

[84] Haldi F, Robinson D. Interactions with window openings by office occupants[J]. Building and Environment, 2009, 44(12): 2378-2395.

[85] Rijal H B, Tuohy P, Nicol F, et al. Development of an adaptive window-opening algorithm to predict the thermal comfort, energy use and overheating in buildings[J]. Journal of Building Performance Simulation, 2008, 1(1): 17-30.

[86] Fabi V, Andersen R V, Corgnati S P. Window-opening behaviour: Simulations of occupant behaviour in residential buildings using models based on a field survey[C]//7th Windsor Conference: The Changing context of comfortable in an Unpredictable World, Windsor, 2012.

[87] Zhang Y F, Barrett P. Factors influencing the occupants' window opening behaviour in a naturally ventilated office building[J]. Building and Environment, 2012, 50: 125-134.

[88] Li N, Li J C, Fan R, et al. Probability of occupant operation of windows during transition seasons in office buildings[J]. Renewable Energy, 2015, 73: 84-91.

[89] Schakib-Ekbatan K, Çakıcı F Z, Schweiker M, et al. Does the occupant behavior match the energy concept of the building?—Analysis of a German naturally ventilated office building[J]. Building and Environment, 2015, 84: 142-150.

[90] Jeong B, Jeong J W, Park J S. Occupant behavior regarding the manual control of windows in residential buildings[J]. Energy and Buildings, 2016, 127: 206-216.

[91] Erhorn H. Influence of meteorological conditions on inhabitants' behaviour in dwelling with mechanical ventilation[J]. Energy and Buildings, 1988, 11(1-3): 267-275.

[92] Chen Z H, Masood M K, Soh Y C. A fusion framework for occupancy estimation in office buildings based on environmental sensor data[J]. Energy and Buildings, 2016, 133: 790-798.

[93] Calì D, Andersen R K, Müller D, et al. Analysis of occupants' behavior related to the use of windows in German households[J]. Building and Environment, 2016, 103: 54-69.

[94] Brundrett G W. Ventilation: A behavioural approach[J]. International Journal of Energy Research, 1977, 1(4): 289-298.

[95] Warren P R, Parkins L M. Window-opening behaviour in office buildings[J]. Building Services Engineering Research and Technology, 1984, 5(3): 89-101.

[96] Wei S, Buswell R, Loveday D. Factors affecting 'end-of-day' window position in a non-air-conditioned office building[J]. Energy and Buildings, 2013, 62: 87-96.

[97] Dubrul C. Inhabitant behaviour with respect to ventilation: A summary report of IEA annex Ⅷ[R]. 1988.

[98] Abrahamse W, Steg L. Factors related to household energy use and intention to reduce it: The role of psychological and socio-demographic variables[J]. Human Ecology Review, 2011, (18): 30-40.

[99] Biggart N W, Lutzenhiser L. Economic sociology and the social problem of energy inefficiency[J]. American Behavioral Scientist, 2007, 50(8): 1070-1087.

[100] Andersen R, Fabi V, Toftum J, et al. Window opening behaviour modelled from measurements in Danish dwellings[J]. Building and Environment, 2013, 69: 101-113.

[101] Mahdavi A, Pröglhöf C. User behaviour and energy performance in buildings[C]//Internationalen Energiewirtschaftstagung an der TU Wien(IEWT), Wien, 2009.

[102] Peng C, Yan D, Wu R H, et al. Quantitative description and simulation of human behavior in residential buildings[J]. Building Simulation, 2012, 5(2): 85-94.

[103] Tabak V, de Vries B. Methods for the prediction of intermediate activities by office occupants[J]. Building and Environment, 2010, 45(6): 1366-1372.

[104] Erickson V L, Carreira-Perpiñán M Á, Cerpa A E. Observe: Occupancy-based system for efficient reduction of HVAC energy[C]//10th International Conference on Information Processing in Sensor Networks(IPSN), Chicago, 2011: 269.

[105] Dong B, Andrews B. Sensor-based occupancy behavioral pattern recognition for energy and comfort management in intelligent building[C]//Proceedings of 11 th IBPSA International Conference, Glasgow, 2009: 1444-1451.

[106] Dong B, Lam K P. Building energy and comfort management through occupant behaviour pattern detection based on a large-scale environmental sensor network[J]. Journal of Building

Performance Simulation, 2011, 4(4): 359-369.

[107] Lee C, Tong J, Cheng V. Occupant behaviour in building design and operation[C]//HK Joint Symposium 2014, Hong Kong, 2014.

[108] Andrews C J, Chandra Putra H, Brennan C. Simulation modeling of occupant behaviour in commercial buildings[C]//Prepared by the Center for Green Building at Utgers University for the Energy Efficient Buildings Hub, Philadelphia, 2013.

[109] Zimmermann G. Modeling and simulation of individual user behaviour for building performance predictions[C]//Proceedings of the 2007 Summer Computer Simulation Conference, San Diego, 2007: 913-920.

[110] Klein L, Kwak J Y, Kavulya G, et al. Coordinating occupant behavior for building energy and comfort management using multi-agent systems[J]. Automation in Construction, 2012, 22: 525-536.

[111] Alfakara A, Croxford B. Using agent-based modelling to simulate occupants' behaviours in response to summer overheating[C]//Proceedings of the Symposium on Simulation for Architecture and Urban Design, Tampa, 2014: 13.

[112] Zhao J, Lasternas B, Lam K P, et al. Occupant behavior and schedule modeling for building energy simulation through office appliance power consumption data mining[J]. Energy and Buildings, 2014, 82: 341-355.

[113] D'Oca S, Hong T Z. Occupancy schedules learning process through a data mining framework[J]. Energy and Buildings, 2015, 88: 395-408.

[114] Alhamoud A, Xu P, Englert F, et al. Extracting human behaviour patterns from appliance-level power consumption data[M]//Abdelzaher T, Pereira N, Tovar E. Wireless Sensor Networks. Cham: Springer International Publishing, 2015: 52-67.

[115] 周欣, 彭琛, 王闯, 等. 人行为标准定义及案例分析[C]//中国制冷学会会议, 杭州, 2010: 11.

[116] Sun K Y, Yan D, Hong T Z, et al. Stochastic modeling of overtime occupancy and its application in building energy simulation and calibration[J]. Building and Environment, 2014, 79: 1-12.

[117] Ren X X, Yan D, Wang C. Air-conditioning usage conditional probability model for residential buildings[J]. Building and Environment, 2014, 81: 172-182.

[118] 王闯, 燕达, 丰晓航, 等. 基于马氏链与事件的室内人员移动模型[J]. 建筑科学, 2015, 31(10): 188-198.

[119] 王闯, 燕达, 孙红三, 等. 室内环境控制相关的人员动作描述方法[J]. 建筑科学, 2015, 31(10): 199-211.

[120] Wang W, Chen J Y, Song X Y. Modeling and predicting occupancy profile in office space with a Wi-Fi probe-based dynamic Markov time-window inference approach[J]. Building and Environment, 2017, 124: 130-142.

[121] Inkarojrit V. Monitoring and modelling of manually-controlled Venetian blinds in private offices: A pilot study[J]. Journal of Building Performance Simulation, 2008, 1(2): 75-89.

[122] Clarke J, Macdonald I, Nicol J. Predicting adaptive responses-simulating Occupied Environments[C]//Proceedings of International Comfort and Energy Use in Buildings

Conference, London, 2006.

[123] Gunay H B, O'Brien W, Beausoleil-Morrison I. A critical review of observation studies, modeling, and simulation of adaptive occupant behaviors in offices[J]. Building and Environment, 2013, 70: 31-47.

[124] D'Oca S, Hong T Z. A data-mining approach to discover patterns of window opening and closing behavior in offices[J]. Building and Environment, 2014, 82: 726-739.

[125] D'Oca S, Fabi V, Corgnati S P, et al. Effect of thermostat and window opening occupant behavior models on energy use in homes[J]. Building Simulation, 2014, 7(6): 683-694.

[126] Ellis P G, Torcellini P, Crawley D. Simulation of energy management systems in EnergyPlus[C]//Proceedings of Building Simulation, Beijing, 2007: 1-9.

[127] Parys W, Saelens D, Hens H. Coupling of dynamic building simulation with stochastic modelling of occupant behaviour in offices: A review-based integrated methodology[J]. Journal of Building Performance Simulation, 2011, 4(4): 339-358.

[128] Hong T Z, Sun H S, Chen Y X, et al. An occupant behavior modeling tool for co-simulation[J]. Energy and Buildings, 2016, 117: 272-281.

[129] Hong T Z, D'Oca S, Taylor-Lange S C, et al. An ontology to represent energy-related occupant behavior in buildings. Part II: Implementation of the DNAS framework using an XML schema[J]. Building and Environment, 2015, 94: 196-205.

[130] Cowie A, Hong T Z, Feng X, et al. Usefulness of the obFMU module examined through a review of occupant modelling functionality in building performance simulation programs[C]//IBPSA Building and Simulation Conference, San Francisco, 2017.

[131] Hong T Z, Chen Y X, Belafi Z, et al. Occupant behavior models: A critical review of implementation and representation approaches in building performance simulation programs[J]. Building Simulation, 2018, 11(1): 1-14.

[132] 孙红三, Hong T Z, 王闯, 等. 建筑人行为描述的扩展标识语言架构[C]//2015 年全国建筑院系建筑数字技术教学研讨会, 武汉, 2015: 163-169.

[133] 孙红三, 洪天真, 王闯, 等. 建筑用能人行为模型的 XML 描述方法研究[J]. 建筑科学, 2015, 31(10): 71-78.

[134] Chen Y X, Luo X, Hong T Z. An Agent-based occupancy simulator for building performance simulation[C]//ASHRAE Annual Conference, St. Louis, 2016.

[135] 丰晓航, 燕达, 王闯. 建筑人行为模拟中的重复模拟和时间步长[J]. 暖通空调, 2017, 47(9): 19-26.

[136] 孙红三, 王闯, 丰晓航, 等. DeST 软件的用能行为模块[C]//2016 年全国建筑院系建筑数字技术教学研讨会, 沈阳, 2016: 203-210.

[137] Nouidui T, Wetter M, Zuo W D. Functional mock-up unit for co-simulation import in EnergyPlus[J]. Journal of Building Performance Simulation, 2014, 7(3): 192-202.

[138] Langevin J, Gurian P L, Wen J. Tracking the human-building interaction: a longitudinal field study of occupant behavior in air-conditioned offices[J]. Journal of Environmental Psychology, 2015, 42: 94-115.

[139] 中华人民共和国住房和城乡建设部. 民用建筑热工设计规范(GB 50176—2016)[S]. 北京: 中

国建筑工业出版社, 2017.
[140] 中华人民共和国住房和城乡建设部. 公共建筑节能设计标准(GB 50189—2015)[S]. 北京: 中国建筑工业出版社, 2015.
[141] 国家气象科学数据中心. 中国气象数据网[EB/OL]. [2025-05-22]. http://data.cma.cn/data/weatherBk.html.
[142] 国家技术监督局, 中华人民共和国建设部. 建筑气候区划标准(GB 50178—1993)[S]. 北京: 计划出版社, 1993.
[143] 华东建筑集团有限公司, 同济大学. 建筑设计资料集 第 3 分册: 办公 • 金融 • 司法 • 广电 • 邮政[M]. 3 版. 北京: 中国建筑工业出版社, 2017.
[144] 张冉. 严寒地区低能耗多层办公建筑形态设计参数模拟研究[D]. 哈尔滨: 哈尔滨工业大学, 2013.
[145] 邱麟. 基于自然通风模拟的严寒地区开放式办公空间设计研究[D]. 哈尔滨: 哈尔滨工业大学, 2013.
[146] 刘蕾. 基于光热性能模拟的严寒地区办公建筑低能耗设计策略研究[D]. 哈尔滨: 哈尔滨工业大学, 2017.
[147] David H, 郭本禹. 心理学史[M]. 4 版. 郭本禹, 魏宏波, 朱兴国, 等, 译. 北京: 人民邮电出版社, 2011.
[148] Sovacool B K, Ryan S E, Stern P C, et al. Integrating social science in energy research[J]. Energy Research & Social Science, 2015, 6: 95-99.
[149] Harold R S. 感觉与知觉[M]. 5 版. 李乐山, 等, 译. 西安: 西安交通大学出版社, 2014.
[150] 马悦颖, 李沧海, 霍海如, 等. 瞬时感受器电位 V 亚家族离子通道——温度感受器[J]. 医学分子生物学杂志, 2007, 42: 174-177.
[151] William T P. Behavior: The Control of Perception[M]. New Canaan: Benchmark Publications Inc., 1973.
[152] Linda M B, Harold R S. Sensation and perception: An integrated approach[J]. The American Journal of Psychology, 1977, 90: 463-518.
[153] Kollmuss A, Agyeman J. Mind the gap: Why do people act environmentally and what are the barriers to pro-environmental behavior[J]. Environmental Education Research, 2002, 8(3): 239-260.
[154] Maslow A H. Religions, Values, and Peak Experiences[M]. New York: Viking Press, 1966.
[155] Maslow A H. Motivation and Personality[M]. New York: Harper & Row, 1970.
[156] Maslow A H. A theory of human motivation[J]. Psychological Review, 1943, 50(4): 370-396.
[157] Maslow A H. Motivation and Personality[M]. Delhi: Pearson Education, 1987.
[158] 胡竹菁, 胡笑羽. 社会心理学[M]. 北京: 中国人民大学出版社, 2014.
[159] 中华人民共和国住房和城乡建设部. 民用建筑室内热湿环境评价标准(GB/T 50785—2012)[S]. 北京: 中国建筑工业出版社, 2012.
[160] 杜智敏, 樊文强. SPSS 在社会调查中的应用[M]. 北京: 电子工业出版社, 2015.
[161] Harbin Municipal People’s Government. Climatological summary[EB/OL]. [2025-05-22]. http://www.harbin. gov.cn/haerbin/c104455/201710/c01_69207.shtml.
[162] Herkel S, Kanpp U, Pfafferott J. A preliminary model of user behaviour regarding the manual

control of windows in office buildings[C]//Proceedings of The 9th International IBPSA Conference, Montreal, 2005: 403-410.

[163] Hirji K F, Mehta C R, Patel N R. Computing distributions for exact logistic regression[J]. Journal of the American Statistical Association, 1987, 82: 1110-1117.

[164] Quinlan J R. Simplifying decision trees[J]. International Journal of Man-Machine Studies, 1987, 27(3): 221-234.

[165] Breiman L, Friedman J H, Olshen R A, et al. Classification and Regression Trees[M]. New York: Wadsworth, 1984.

[166] Agrawal R, Mannila H, Srikant R, et al. Fast discovery of association rules[M]//Advances in Knowledg Discovery and Data Mining. Menlopark: AAAI Press, 1996: 307-328.

[167] Agrawal R, Srikant R. Fast Algorithms for mining association rules[C]//Proceedings of the 20th International Conference on Very Large Data Bases, Santiago, 1994: 487-499.

[168] Schweiker M, Haldi F, Shukuya M, et al. Verification of stochastic models of window-opening behaviour for residential buildings[J]. Journal of Building Performance Simulation, 2012, 5(1): 55-74.

[169] ASHRAE. Measurement of Energy, Demand, and Water Savings[S]. Atlanta: ASHRAE, 2014.

附录1　实地调研寒地办公建筑基本信息

附表 1-1　实地调研寒地办公建筑基本信息

建筑名称	地点	主要开窗立面朝向	所在街道走向
黑龙江省区域地质调查所	南岗区延兴路 72 号	东西	南北
哈尔滨市国土资源局	南岗区一曼街 173 号	南北＋东西	东西
中铁二十二局哈尔滨铁路建设集团有限公司	南岗区西大直街 113 号	西北＋东南	东北、西南
黑龙江省公路勘察设计院	南岗区延兴路 98-4 号	南北	东西
哈尔滨市档案局	南岗区学府四道街 29 号	南北	东西
哈尔滨工业大建筑学院	南岗区西大直街 66 号	西北＋东南，东北＋西南	东北、西南
哈尔滨市南岗区民政局	南岗区海城街 140 号	东北＋西南	西北、东南
哈尔滨市民大厦	南岗区中山路 181 号	东北＋西南	西北、东南
隆通国际广场	南岗区华山路 9 号	东西	南北
金马大厦	南岗区华山路 41 号	东西	南北
哈尔滨市南岗区公安分局	南岗区文昌街 66 号	西北＋东南	东北、西南
中俄广告展示服务中心	南岗区先锋路 469 号	东西	东西
哈尔滨市南岗区国税局	南岗区果戈里大街 186 号	东北＋东南	西北、东南
哈尔滨科技大厦	南岗区中宣街 20-6 号	西北＋东南	东北、西南
黑龙江省人民信访局	南岗区花园街 161 号	东北＋西南	西北、东南
黑龙江省垦区物价局	南岗区黄河路 122 号	南北	东西
哈尔滨工业大学建筑设计研究院	南岗区黄河路 73 号	东西	—
大兴安岭驻哈尔滨办事处	南岗区江路 181 号	南北	东西
中国建设银行黑龙江省分行	南岗区西大直街铁路局旁	西北＋东南	东北、西南
哈尔滨铁路公安局	南岗区西大直街 74 号	西北＋东南	东北、西南
哈尔滨天源石化工程设计有限公司	南岗区嵩山路 9 号	东西	南北
哈尔滨市妇女培训中心	南岗区嵩山路 20 号	东西	南北
黑龙江电力公司	南岗区嵩山路 87 号	东西	南北
黑龙江省农垦管理局	南岗区嵩山路 89 号	东西	南北
哈尔滨市高级人民法院	南岗区嵩山路 27 号	东北＋西南	南北
黑龙江省第五地质勘察设计院	南岗区嵩山路 39 号	东西	南北
哈尔滨广告产业园综合楼	南岗区先锋路 469 号	东西	—
哈尔滨广告产业园区 1 号办公楼	南岗区先锋路 469 号	东西	—
永大设计院	南岗区先锋路 469 号	东西	—

续表

建筑名称	地点	主要开窗立面朝向	所在街道走向
哈电集团阿城继电器有限责任公司电力设备研究院	南岗区先锋路326号	南北	东西
黑龙江省测绘地理信息局综合楼	南岗区测绘路32号	南北	东西
黑龙江省地理信息中心	南岗区学府东四道街38号	东西	南北
中国联通哈尔滨学府分公司	南岗区学府三道街48号	南北	东西
中国地震局工程力学研究所	南岗区学府路9-29号	东西	南北
广瀚科技创业大厦	南岗区红旗大街108号	南北	东西
银行大厦	南岗区珠江路104号	南北	东西
新华通讯社（黑龙江分社）	南岗区珠江路35号	南北	东西
黑龙江省政协	南岗区中山路99号	东西	南北
长江国际大厦	南岗区长江路28号	西北＋东南	东北、西南
黑龙江省监察厅	南岗区长江路45号	西北＋东南	东北、西南
哈尔滨市政建设投资集团	道里区河润街107号	东西	南北
哈尔滨市水务局	道里区河山街138号	南北	东西
国家税务总局哈尔滨市道里区税务局	道里区尚志大街178号	南北	东西
哈尔滨市教育局	道里区上游街69号	南北	东西
黑龙江省粮食设计院	道里区高谊街69号	东西	南北
哈尔滨市出入境管理局	道里区工程街2号	东北＋西南	西北、东南
哈尔滨市道里区地税局	道里区经纬十道街15号	东北＋西南	西北、东南
哈尔滨市道里区行政服务中心	道里区工程街126号	东北＋西南	西北、东南
哈尔滨市公安局道里区分局	道里区埃德蒙顿路23号	西北＋东南	东北、西南
哈尔滨市公安局	道里区红星街9号	东西	南北
哈尔滨市信息中心	道里区工程街29号	西北＋东南，东北＋西南	东北、西南
哈尔滨市房地产交易中心	道里区经纬街139号	东北＋西南	西北、东南
哈尔滨市报业大厦	道里区友谊路399号	西北＋东南	东北、西南
哈尔滨市道里区人民法院	道里区建国街118号	西北＋东南	东北、西南
黑龙江美术出版社	道里区安定街225号	西北＋东南	东北、西南
哈尔滨财政投资评审中心	道里区经纬十二道街52号	南北	东西
道里区委	道里区经纬十一道街51号	东西	南北
哈东鼎创业大厦	道里区民庆街8号	西北＋东南	东北、西南
中国水产科学研究院黑龙江水产研究所	道里区河松街232号	东西	东西
黑龙江省渔政局	道里区通江街178号	东北＋西南	西北、东南
哈尔滨民政局附属事业单位	道里区河松街24号	东北＋西南	西北、东南
黑龙江省电能计量中心	道里区群力阳江路5号	南北	南北
龙唐电力投资公司	道里区群力四方台大道1000号	南北	东西

续表

建筑名称	地点	主要开窗立面朝向	所在街道走向
君康大厦	道里区群力第六大道与朗江路交口	南北 + 东西	东西
哈尔滨市公安局道里区分局丽江路派出所	道里群力大道 1799	南北	东西
哈尔滨银行大厦-1	道里群力第四大道 399	南北	东西
哈尔滨银行大厦-2	道里群力第四大道 399	东西	南北
哈尔滨西部地区开发建设领导小组办公室	道里群力景江西路 888	东西 + 南北	南北
哈尔滨市市政工程研究院	道里区朗江路	南北	南北
哈尔滨市政建设有限公司	道里区康安路 31 号	西北 + 东南	东北、西南
黑龙江省日版社	道里区地段街 1 号	东西	南北
人才大厦	道里区地段街 8 号	东西	南北
哈尔滨创新金融产业园	道里区爱建路 66 号	东西	南北
道外区地税局	道外区南马路 91 号	东西	南北
哈尔滨市住房公积金管理中心	道外区景阳街 132 号	南北	东西
合远大厦	道外区先锋路 258 号	南北	南北
哈尔滨市公安局道外出入境接待大厅	道外区分润街 107 号	东北 + 西南	西北、东南
哈尔滨工程大学动力工程技术研究所	道外区延平头道街与延平街交叉口	南北	—
黑龙江省航务勘察设计院	道外区南通大街 63 号	西北 + 东南	东北、西南
哈尔滨市道外区民政局	道外区北十四道街 55 号	东北 + 西南	西北、东南
哈尔滨市道外区行政服务中心	道外区北十四道街 102-8 号	东北 + 西南	西北、东南
南马路小学	道外区南马路 10 号	南北	东西
哈尔滨市司法局	香坊区香坊大街 160 号	南北	东西
哈尔滨市劳动局	香坊区和兴路 38 号	东北+西南	西北、东南
哈尔滨科技局	香坊区红旗大街 251 号	南北	东西
中国移动通信意龙写字楼	香坊区红旗大街 240 号	东西	南北
哈尔滨高科技创业中心	香坊区红旗大街 180 号	东西	南北
哈尔滨市香坊区教育局	香坊区旭升街 213 号	南北 + 东西	南北
哈尔滨市公安局香坊分局	香坊区哈平路 90 号	东北 + 西南	西北、东南
黑龙江省城市规划勘测设计研究院	香坊区和平路 83 号	东北 + 西南	西北、东南
动力科技大厦	香坊区文昌街 267 号	东西	南北
常青国际大厦	香坊区中山路 172 号	东北 + 西南	西北、东南
黑龙江省高速公路管理局	香坊区赣水路 1 号	西北 + 东南	东北、西南
玉堂大厦	香坊区公滨路 300 号	南北	东西
黑龙江省电力科学研究院	香坊区湘江路 7 号	南北	东西
北大荒日报	香坊区红旗大街 208 号	东西	南北

附录 2　寒地办公空间及使用者基本特征问卷调查

本调查无任何商业用途，且为匿名调查，衷心希望得到您的支持。

基本信息（可填写一位小数）

1. 年龄：______　性别：______　此刻的时间：______年______月______日
　在哈尔滨生活时间：________　在此办公空间生活时间：______
2. 办公地址：____________________________　您所在办公楼始建于：____________

您所在办公室的基本信息

1. 在室办公人数：________人　办公室面积：________m²
2. 您通常上班到达办公室的时间为________　下班离开办公室的时间为________
　午休时间为________至________　午休时是否在办公室________
3. 夏季制冷设备（可多选）：□风扇　□独立空调　□中央空调　□无
4.（关联题目）是否可控制独立空调开关及温度（可多选）：
　□可控开关　□可控温度　□均不可调控
5.（关联题目）是否可控制中央空调开关及温度（可多选）：
　□可控开关　□可控温度　□均不可调控
6. 冬季采暖设备（可多选）：□集中供热采暖　□电采暖　□无
7.（关联题目）是否可控制集中供热采暖开关及温度（可多选）：
　□可控开关　□可控温度　□均不可调控
8.（关联题目）是否可控制电采暖开关及温度（可多选）：
　□可控开关　□可控温度　□均不可调控

办公空间窗口信息

1. 所在办公室窗数量：________个
2. 窗口类型（可多选）：
　□幕墙　□矩形窗　□异形窗　□落地窗　□圆形窗　□半圆形窗　□天窗　□高窗
3. 开窗模式（可多选）：
　□不能开启　□推拉式　□平开式　□上下悬式　□平开＋上下悬式
4. 是否使用遮阳构件：□有且经常使用　□有且不经常使用　□无

注：调查中建筑尺寸可估算。

附录 3　寒地办公空间使用者舒适度及行为问卷调查

初始问卷

本调查无任何商业用途，且为匿名调查，衷心希望得到您的支持。

---

1. 您的编码为________
2. 受试者基本信息调查（请填写整数）

   年龄：________　性别：________　此刻的时间：______年______月______日

   在哈尔滨生活时间：________　在此办公空间生活时间：________

   您今日上班到达办公室的时间为____点____分（仅上午问卷）

   午休时间为___点___分至___点___分　午休时是否在办公室____（仅下午问卷）
3. 您的办公位置在____号（对 3 人以上办公空间，并附简化座位图）
4. 您如何评估这间办公室在春季/夏季/秋季/冬季的热感觉（温度）

   □非常冷　□冷　□凉　□适中　□暖　□热　□非常热
5. 您如何评估这间办公室在春季/夏季/秋季/冬季的湿度

   □非常干燥　□干燥　□有点干燥　□适中　□有点湿润　□湿润　□非常湿润
6. 您如何评估这间办公室在春季/夏季/秋季/冬季的空气流动

   □非常闷　□闷　□有点闷　□适中　□有点通风　□通风　□非常通风
7. 您如何评估您对这间办公室热环境在春季/夏季/秋季/冬季时的整体满意度（温度、湿度及空气流动）

   □非常不满意　□不满意　□有点不满意　□适中　□有点满意　□满意　□非常满意
8. 通常以下因素是否影响您的开关窗行为

   室外噪声：

   □完全不影响　□不影响　□不太影响　□适中　□有点影响　□影响　□非常影响

   室外景观：

   □完全不影响　□不影响　□不太影响　□适中　□有点影响　□影响　□非常影响

   室内空气质量：

   □完全不影响　□不影响　□不太影响　□适中　□有点影响　□影响

☐非常影响

室外空气质量：

☐完全不影响　☐不影响　☐不太影响　☐适中　☐有点影响　☐影响

☐非常影响

9. 通常在春季/夏季/秋季/冬季，对以下设备/构件的可控制范围是

窗：

☐不询问他人进行　☐询问他人后进行　☐不想选择此设备/构件

☐没有此设备/构件　☐其他

门：

☐不询问他人进行　☐询问他人后进行　☐不想选择此设备/构件

☐没有此设备/构件　☐其他

电暖气（夏季不包含此问题）：

☐不询问他人进行　☐询问他人后进行　☐不想选择此设备/构件

☐没有此设备/构件　☐其他

10. 通常在春季/夏季/秋季/冬季，在改变行为状态时，您以哪一原则为首选条件

窗：

☐保持原有状态　☐他人满意度　☐工作效率　☐热舒适　☐节能

☐单位管理

门：

☐保持原有状态　☐他人满意度　☐工作效率　☐热舒适　☐节能

☐单位管理

服装：

☐保持原有状态　☐他人满意度　☐工作效率　☐热舒适　☐节能

☐单位管理

饮品（冷/热水）：

☐保持原有状态　☐他人满意度　☐工作效率　☐热舒适　☐节能

☐单位管理

电暖气（夏季不包含此问题）：

☐保持原有状态　☐他人满意度　☐工作效率　☐热舒适　☐节能

☐单位管理

日常问卷

本调查无任何商业用途，且为匿名调查，衷心希望得到您的支持。

1. 您的编码为：______ 您开始回答问卷的时间为：___时___分（24 小时制）
2. 此时您是否在您的办公室中（不在即结束问卷）：□在　□不在
3. 回答问卷时，是否在办公空间超过 20min
   □是（关联一下题目）　□否（结束问卷）
4. 您回答问卷时的着装和以下哪种描述最为接近，请将序号填入空格中：______

服装分类	服装搭配	编号
长裤	长裤，短袖单衣	1
	长裤，长袖单衣	2
	长裤，长袖毛衣	3
	长裤，长袖单衣，外套	4
	长裤，长袖单衣，长袖毛衣	5
	长裤，长袖单衣，长袖毛衣，外套	6
半裙/连衣裙	长裙，长袖单衣，长袜	7
	长裙，长袖毛衣，长袜	8
	长裙，长袖单衣，长袜，外套	9
	长裙，长袖单衣，长袜，长袖毛衣	10
	长裙，长袖单衣，长袜，长袖毛衣，外套	11
	半裙，长袖单衣，长袜	12
	半裙，长袖毛衣，长袜	13
	半裙，长袖单衣，长袜，外套	14
	半裙，长袖单衣，长袜，长袖毛衣	15
	半裙，长袖单衣，长袜，长袖毛衣，外套	16
运动服	运动长裤，长袖运动上衣	17
	运动长裤，长袖运动上衣，外套	18

春/秋/冬季着装

服装分类	服装搭配	编号
长裤	长裤，短袖单衣	1
	长裤，长袖单衣	2
	长裤，长袖单衣，外套	3
	长裤，长袖单衣，外套，背心	4
半裙/连衣裙	（及膝裙，短袖单衣）/短袖连衣裙	5
	（及膝裙，短袖单衣，外套）/短袖连衣裙，外套	6
	（及膝裙，长袖单衣）/长袖连衣裙	7
	（及膝裙，长袖单衣，外套）/长袖连衣裙，外套	8
	长裙，长袖单衣，外套	9
短裤	短裤，短袖单衣	10
	短裤，短袖单衣，外套	11
	短裤，长袖单衣	12
	短裤，长袖单衣，外套	13
运动服	运动长裤，运动上衣	14
	运动长裤，运动上衣，外套	15

夏季着装

4-1. 回答问卷时，除以上服装外，您是否还穿着以下服装（多选）（此题仅在春/秋/冬季问卷中）

□背心/短袖打底　□线衣（秋衣）　□线裤（秋裤）

□绒裤（毛裤）　□棉裤　□以上都没有

5. 回答问卷时，您认为在这间办公室您的热感觉（温度）

□非常冷　□冷　□凉　□适中　□暖　□热　□非常热

6. 回答问卷时，您认为这间办公室的湿度

□非常干燥　□干燥　□有点干燥　□适中　□有点湿润　□湿润

□非常湿润

7. 回答问卷时，您认为这间办公室的空气流动

□非常闷　□闷　□有点闷　□适中　□有点通风　□通风　□非常通风

8. 回答问卷时，您认为这间办公室的室内空气质量

□非常差　□差　□有点差　□适中　□还不错　□好　□非常好

9. 回答问卷时，您认为室外空气质量（此题仅在春/秋/冬季问卷中）

□非常差　□差　□有点差　□适中　□还不错　□好　□非常好

10. 回答问卷时，您认为室外噪声情况

□非常吵　□吵　□有点吵　□适中　□有点安静　□安静　□非常安静

11. 回答问卷时，您希望这间办公室的温度比现在更加

□冷很多　□冷一点　□稍微冷一点　□适中　□稍微热一点　□热一点　□热很多

12. 回答问卷时，您对这间办公室热环境整体满意度（温度、湿度及空气流动）的感受是

□非常不满意　□不满意　□有点不满意　□适中　□有点满意　□满意　□非常满意

13. 回答问卷时，以下项目是否开启

离您最近的窗：□开　□关

离您最近的门：□开　□关

空调（仅夏季）：□开　□关　□无

电采暖（非夏季）：□开　□关　□无（关联 14′题）

14′.（仅办公建筑 A）. 回答问卷时，您所在办公室的电供暖情况是否良好

□是　□否

14. 回答问卷时，您所在办公室的集中供暖情况是否良好

□是　□否　□非集中供暖

15. 若以上问题仍未包括您对室内热环境的感受，请将您的感受写在空格处，若无，请直接提交问卷____

最终问卷

本调查无任何商业用途，且为匿名调查，衷心希望得到您的支持。

---

1. 您的编码为：________　您开始回答问卷的时间为：____时____分（24 小时制）
2. 在这两周内，您认为在这间办公室您的热感觉（温度）
   □非常冷　□冷　□凉　□适中　□暖　□热　□非常热
3. 在这两周内，您认为这间办公室的湿度
   □非常干燥　□干燥　□有点干燥　□适中　□有点湿润　□湿润
   □非常湿润
4. 在这两周内，您认为这间办公室的空气流动
   □非常闷　□闷　□有点闷　□适中　□有点通风　□通风　□非常通风
5. 在这两周内，您认为这间办公室的室内空气质量
   □非常差　□差　□有点差　□适中　□还不错　□好　□非常好
6. 在这两周内，您认为室外空气质量（此题仅在春/秋/冬季问卷中）
   □非常差　□差　□有点差　□适中　□还不错　□好　□非常好
7. 在这两周内，您认为室外噪声情况
   □非常吵　□吵　□有点吵　□适中　□有点安静　□安静　□非常安静
8. 在这两周内，您对这间办公室热环境整体满意度（温度、湿度及空气流动）的感受是
   □非常不满意　□不满意　□有点不满意　□适中　□有点满意　□满意
   □非常满意
9. 在这两周内，离您最近的门窗状态是
   窗：□一直为开启状态　□经常开启　□不经常开启　□从不开启
   门：□一直为开启状态　□经常开启　□不经常开启　□从不开启
10. 请您对这两周问卷调查的内容及模式进行评价（在选择满意度时，将出现填空处，可将您对以下方面的意见填写其中，如无可不填写）
    整体评价：□非常不满意　□不满意　□适中　□满意　□非常满意
    题目表述清晰度：□非常不满意　□不满意　□适中　□满意　□非常满意
    发放方式：□非常不满意　□不满意　□适中　□满意　□非常满意
    整体花费时间：□非常不满意　□不满意　□适中　□满意　□非常满意
    单次花费时间：□非常不满意　□不满意　□适中　□满意　□非常满意
11. 您对每日进行的日常调查问卷有何建议，如无可不填__________________

附录 4　寒地办公空间使用者舒适度及行为调查数据统计表

附表 4-1　春季问卷室内外空气温度和相对湿度的平均值及四分位数

办公空间名称		室外空气温度/℃	室外相对湿度/%	室内空气温度/℃	室内相对湿度/%
单元式办公空间	A1	6.3(3, 9.9)	64.7(60, 71)	21.5(21, 21.8)	38(36.4, 39.4)
	B			23.6(23.2, 24)	28(26.6, 29.8)
	A2			21.5(19.4, 21.2)	33.8(30.5, 36.7)
	C			20.5(19.7, 21.1)	31.7(29.1, 34.9)
开放式办公空间	D1			19.6(18.9, 20.4)	36.7(32.5, 40.7)
	D2			19.2(18.5, 20)	38.1(36.3, 40.8)
	E1			23.1(21.9, 24.4)	20.2(15.3, 26.4)
	E2			21.8(19.9, 23.5)	22.4(17.1, 28.7)
	F1			23.3(22.4, 24.1)	21.3(16.5, 25.5)
	F2			—	—

附表 4-2　春季初始、日常及最终问卷的热感觉和热满意度投票

办公空间名称		初始问卷		日常问卷		最终问卷	
		热感觉投票	热环境整体满意度投票	热感觉投票	热环境整体满意度投票	热感觉投票	热环境整体满意度投票
单元式办公空间	A1	0(0, 0)	0(0, 0)	−0.07(−1, 0)	−0.2(−1, 1)	1(1, 1)	1(1, 1)
	B	2(2, 2)	0(0, 0)	1(1, 1)	0(0, 0)	1(1, 1)	1(1, 1)
	A2	0(0, 0)	0(0, 0)	−0.28(−0.5, 0)	0.17(0, 0.5)	1.5(0, —)	1.5(1, —)
	C	2(2, 2)	1(1, 1)	0.53(0, 1)	0(0, 0)	0(0, 0)	2(2, 2)

续表

办公空间名称		初始问卷		日常问卷		最终问卷	
		热感觉投票	热环境整体满意度投票	热感觉投票	热环境整体满意度投票	热感觉投票	热环境整体满意度投票
开放式办公空间	D1	−2.25(−2.75, −2)	−0.75(−2, 0.75)	−2.27(−3, −1)	−1.75(−3, −1)	−2(−3, −1)	0.25(−0.75, 1)
	D2	−1.4(−2.5, 0)	−0.6(−2, 1)	−0.85(−1, 0)	−0.33(−1, 0)	−1(−2, 0)	0.4(−0.5, 1)
	E1	0.14(0, 0)	−0.07(−1, 0.25)	−0.25(−1, 0)	0.14(−1, 1)	0.4(−0.5, 1)	0.85(0, 2)
	E2	1(−0.25, 2.25)	−0.5(−2, 0.5)	0(0, 0)	0.26(0, 1)	−0.4(−1, 0)	1.6(1, 2)
	F1	0(0, 0)	0.57(0, 0.5)	−0.06(−1, 1)	0.2(0, 1)	−0.46(−1, 0)	0.77(0, 1)
	F2	0.5(0, 1.75)	0.08(0, 0.75)	0.29(0, 1)	−0.15(−1, 0)	0.4(0, 1)	1.07(0, 2)

注：热感觉投票为7点标尺，−3（非常冷），−2（冷），−1（凉爽），0（适中），1（暖），2（热），3（非常热）；热满意度投票，−3（非常不满意），−2（不满意），−1（有点不满意），0（适中），1（有点满意），2（满意），3（非常满意）。

附表 4-3　夏季问卷室内外空气温度和相对湿度的平均值及四分位数

办公空间名称		室外空气温度/℃	室外相对湿度/%	室内空气温度/℃	室内相对湿度/%
单元式办公空间	A1	28.3(25.9, 30.5)	58.1(45.2, 69.9)	30(29.7, 30.1)	51.3(46.3, 59.7)
	B			29.6(29.3, 30)	57.5(50.8, 66.1)
	A2			30.6(29.6, 31.5)	52.6(45.6, 61.5)
	C			30.4(29.4, 31.3)	52.8(45.8, 61.7)
开放式办公空间	D1			30.2(29.6, 30.7)	56.5(50.2, 64.9)
	D2			28.5(26.9, 29.5)	57(48.4, 67)
	E1			—	—
	E2			30.3(29.1, 31.3)	51.1(44.2, 62.3)
	F1			27.3(26.8, 27.6)	46.2(43.4, 48.8)
	F2			26.9(26.7, 27.2)	49(44.7, 53.5)

附表 4-4　夏季初始、日常及最终问卷的热感觉和热满意度投票

办公空间名称		初始问卷		日常问卷		最终问卷	
		热感觉投票	热环境整体满意度投票	热感觉投票	热环境整体满意度投票	热感觉投票	热环境整体满意度投票
单元式办公空间	A1	1(1, 1)	—	1.7(0, 3)	−0.2(−1, 0)	0(0, 0)	1(1, 1)
	B	3(3, 3)	—	2.3(1, 3)	−0.9(−1, −1)	0(0, 0)	1(1, 1)
	A2	3(3, 3)	—	1.7(0, 3)	−0.3(−1, 0)	1.5(1, 2)	−0.5(−1, 0)
	C	—	—	—	—	—	—
开放式办公空间	D1	3(3, 3)	—	2.2(2, 3)	−2.2(−3, −2)	3(3, 3)	−2.8(−3, −2.5)
	D2	3(3, 3)	—	1.3(0, 3)	−1(−2, 0)	3(3, 3)	−2.3(−2.8, −2)
	E1	3(3, 3)	—	1.2(0, 3)	1.8(1, 3)	1.8(1, 3)	−0.9(−2, −1)
	E2	2.5(2, 3)	—	1.6(0, 3)	−1(−2, 0)	2(1, 3)	−1.8(−2, −1)
	F1	0.7(0, 1)	—	0.1(0, 1)	0.1(0, 1)	−0.1(0, 0)	0.6(0, 2)
	F2	0.4(−0.8, 1)	—	0.2(0, 1)	0.1(−1, 0)	0.3(0, 1)	0(0, 0)

注：热感觉投票为 7 点标尺，−3（非常冷），−2（冷），−1（凉爽），0（适中），1（暖），2（热），3（非常热）；热满意度投票，−3（非常不满意），−2（不满意），−1（有点不满意），0（适中），1（有点满意），2（满意），3（非常满意）。

附表 4-5　秋季问卷时室内外空气温度和相对湿度的平均值及四分位数

办公空间名称		室外空气温度/℃	室外相对湿度/%	室内空气温度/℃	室内相对湿度/%
单元式办公空间	A1	8.3(7.2, 9.6)	54.6(42.8, 66.4)	21.1(19.5, 22.4)	36(35, 36.7)
	B			20(18.6, 21.3)	32.2(28.5, 36.3)
	A2			20.2(19.9, 20.7)	40.8(39.8, 42.2)
	C			15.8(14.9, 16.5)	50.5(49.4, 42.2)

续表

办公空间名称		室外空气温度/℃	室外相对湿度/%	室内空气温度/℃	室内相对湿度/%
开放式办公空间	D1	8.3(7.2, 9.6)	54.6(42.8, 66.4)	21.4(20.1, 22.3)	44.4(41.3, 47.4)
	D2			20.3(19.5, 21.4)	40.4(36.5, 43)
	E1			20.5(20.2, 21.2)	33.7(32.5, 35.1)
	E2			19.6(19.2, 20.4)	37.3(35.3, 39.6)
	F1			22.5(22.1, 22.9)	29.7(28, 31)
	F2			22.7(21.8, 23.4)	30(26.9, 32.5)

附表 4-6　秋季初始、日常及最终问卷的热感觉和热满意度投票

办公空间名称		初始问卷		日常问卷		最终问卷	
		热感觉投票	热环境整体满意度投票	热感觉投票	热环境整体满意度投票	热感觉投票	热环境整体满意度投票
单元式办公空间	A1	−1(−1, −1)	−1(−1, 0)	−0.3(−1, 0)	−0.7(−1, 0)	−1(−1, −1)	0(0, 0)
	B	−1(−1, −1)	0(0, 0)	−0.9(−1, 0)	−0.1(−1, 1)	−1(−1, −1)	1(1, 1)
	A2	0(0, 0)	0(0, 0)	−0.3(−1, 0)	−0.2(−1, 0)	−0.5(−1, —)	1.5(1, —)
	C	—	—	−0.9(−1, 0)	−0.2(−0.5, 0)	—	—
开放式办公空间	D1	−2(−3, −1)	−1.6(−2. 5, −0.5)	−1.6(−2.5, −1)	−1.8(−3, −1)	−1.2(−2.5, 0)	−1.8(−2.5, −1)
	D2	−2.3(−3, –)	−1.7(−3, —)	−1.3(−2, 0)	−1(−2, 0)	−1(−2, —)	0(−1, —)
	E1	−1.2(−2, −1)	−0.33(−1, 0)	−0.8(−1, 0)	−0.8(−1, 0)	−1(−2, 0)	−1(−1.3, −0.8)
	E2	−0.5(−1, 0)	−0.3(−1, 0)	−0.8(−1, 0)	−0.4(−1, 0)	−0.8(−1.8, 0)	−1.3(−2, −0.3)
	F1	−1.2(−2, −1)	0(−1, 1)	−0.3(−1, 0)	0(0, 0)	−0.5(−1, 0)	0(−1, 1)
	F2	−0.6(−1, 0)	0(0, 0)	−0.1(0, 0)	0(0, 0)	0(0, 0.5)	−0.5(−1, 0)

注：热感觉投票为 7 点标尺，−3（非常冷），−2（冷），−1（凉爽），0（适中），1（暖），2（热），3（非常热）；热满意度投票，−3（非常不满意），−2（不满意），−1（有点不满意），0（适中），1（有点满意），2（满意），3（非常满意）。

附表 4-7　冬季问卷室内外空气温度和相对湿度的平均值及四分位数

办公空间名称		室外空气温度/℃	室外相对湿度/%	室内空气温度/℃	室内相对湿度/%
单元式办公空间	A1	−14.5(−16.7, −12.2)	68.4(65.6, 72.8)	20.4(18.8, 21.4)	35.8(35.5, 36.4)
	B			23.2(23, 23.4)	33.3(32.1, 34.8)
	A2			17.2(16.4, 18.1)	24.9(24, 25.8)
	C			22.2(22, 22.4)	28(27.3, 28.8)
开放式办公空间	D1			20.2(19.7, 20.8)	31.7(31, 32.9)
	D2			19.3(18.6, 20.1)	32.6(31.8, 34.2)
	E1			22.5(21.6, 23)	14.8(14.3, 15)
	E2			22.3(21.2, 23.3)	22.2(21.2, 23.3)
	F1			23.7(23.1, 24.2)	15.9(14.9, 17.5)
	F2			23.6(23.2, 24.1)	17.2(16, 18.7)

附表 4-8　冬季初始、日常及最终问卷的热感觉和热满意度投票

办公空间名称		初始问卷		日常问卷		最终问卷	
		热感觉投票	热环境整体满意度投票	热感觉投票	热环境整体满意度投票	热感觉投票	热环境整体满意度投票
单元式办公空间	A1	−1(−1, −1)	−1(−1, −1)	−0.6(−1, 0)	−1.1(−1.8, 0.3)	0(0, 0)	0(0, 0)
	B	−1(−1, −1)	−1(−1, −1)	−0.1(0, 0)	0.1(0, 0)	−0.5(−1, □)	0(0, 0)
	A2	0(0, 0)	1.5(1, □)	−0.1(0, 0)	0.6(1, 1)	0(0, 0)	−1(−1, −1)
	C	0(0, 0)	0(0, 0)	−0.3(−0.8, 0)	0(0, 0)	0(0, 0)	0(0, 0)
开放式办公空间	D1	−2.8(−3, −2.3)	−2(−2, −2)	−2(−3, −1)	−1.7((−3, −1)	−2(−3, −1)	−1.8(−2.8, −1)
	D2	−1.8(−2.8, −0.5)	−1.8(−2.8, −0.5)	−0.9(−2, 0)	−0.9(−2, 0)	−1(−1.8, −0.3)	−1(−1.8, −0.3)
	E1	−0.1(−1, 0)	−0.2(−1, 0.3)	−0.1(0, 0)	−0.3(0, 1)	0(0, 0)	0.2(0, 1)
	E2	0.7(−1, 2)	−0.2(−1.3, 0.5)	−0.1(0, 0)	0.4(0, 1)	−0.2(0.5, 0)	−1(0, 2)
	F1	0.5(0, 1)	0.3(0, 1)	−0.3(−1, 0)	0.1(0, 0)	0.1(0, 1)	0.2(0, 1)
	F2	0.33(0, 1)	0(−1, 1)	0.1(0, 0)	0(−1, 0)	0.8(0, 1.5)	−0.4(−1.5, 0)

注：热感觉投票为 7 点标尺，−3（非常冷），−2（冷），−1（凉爽），0（适中），1（暖），2（热），3（非常热）；热满意度投票，−3（非常不满意），−2（不满意），−1（有点不满意），0（适中），1（有点满意），2（满意），3（非常满意）。

附录 5　寒地办公空间使用者行为实测室内外物理环境数据统计表

附表 5-1　寒地办公空间使用者开窗行为实测期室内外物理环境均值与四分位数

办公空间名称			室外空气温度/℃	室外相对湿度/%	室内空气温度/℃	室内相对湿度/%
春季	单元式办公空间	A1	8.5(4.8, 12.7)	59(48.6, 70.9)	21.4(20.7, 22.2)	37.2(36.2, 38.9)
		B			24.3(23.6, 25.2)	28.6(26.8, 30)
		A2			22(20.1, 23.9)	33.5(31.6, 36.6)
		C			21.6(20.6, 22.7)	32.3(30.8, 34.3)
	开放式办公空间	D1			19.3(17.6, 20.5)	37.7(33.8, 41.9)
		D2			19.4(17.8, 20.9)	39.8(37.1, 44.2)
		E1			22.5(21.6, 23)	23.3(19.3, 27.6)
		E2			22.3(21.2, 23.3)	24.7(19.1, 30.5)
		F1			23.5(22.9, 24.3)	22(16.5, 26.1)
		F2			—	—
夏季	单元式办公空间	A1	26.6(23.6, 29.6)	59.8(44.5, 74)	29.2(28, 30.4)	50.2(45.9, 54.8)
		B			28.2(28.1, 29.9)	53.3(50.2, 57.4)
		A2			30.7(29.7, 31.7)	49.6(46, 53)
		C			30.9(29.6, 32.1)	49.8(42.4, 62.7)
	开放式办公空间	D1			28.7(27.4, 29.7)	55.7(51.1, 60.8)
		D2			28(27, 28.8)	56.5(51.4, 61.4)
		E1			—	—
		E2			29.5(28.2, 30.9)	49.6(43.1, 55.9)

续表

办公空间名称			室外空气温度/℃	室外相对湿度/%	室内空气温度/℃	室内相对湿度/%
夏季	开放式办公空间	F1	26.6(23.6, 29.6)	59.8(44.5, 74)	27.7 26.7, 28.5)	48.8(43.7, 53.5)
		F2			26.6(25.9, 27.3)	51.3(45.2, 56.4)
秋季	单元式办公空间	A1	7.4(4.2, 10.2)	68.4(65.6, 72.8)	20.2(19.6, 20.7)	38.5(36, 40.7)
		B			20.6(19.5, 21.6)	41.3(37.8, 43.5)
		A2			20.7(19.4, 22)	35(31.1, 38.2)
		C			17.3(16, 18.8)	50.6(48.6, 57.1)
	开放式办公空间	D1			20.2(19.3, 21.1)	44.4(39.5, 49.5)
		D2			20.2(19.3, 21)	43.7(39.2, 48.8)
		E1			21.9(20, 24.3)	42.6(38.5, 48.7)
		E2			21.1(19, 23.4)	32.6(26.6, 38.4)
		F1			22.7(21.4, 23.7)	29.2(25.8, 31.1)
		F2			22.6(21.3, 24)	27(22.3, 30.8)
冬季	单元式办公空间	A1	−15.5(−13, −18.6)	64.8(58.7, 72.4)	19.2(18.2, 20.3)	35.5(35, 36)
		B			23.2(22.9, 23.4)	26.7(25.7, 28.2)
		A2			16.5(15.5, 17.4)	22.6(21.1, 23.6)
		C			21.6(21.2, 22.2)	28.2(27.1, 29.2)
	开放式办公空间	D1			18.5(17.8, 18.9)	32.8(32, 34.4)
		D2			18.1(17.6, 18.4)	32.8(32.3, 35.6)
		E1			22.6(21.7, 23.4)	15.3(14.1, 16.1)
		E2			22.4(21.5, 23.1)	17.8(16.6, 18.8)
		F1			23.7(23, 24.3)	15.1(13.8, 16.1)
		F2			23.3(22.6, 23.9)	14.4(12.1, 16.1)

附录 6　寒地办公空间使用者开窗时长统计表

附表 6-1　调查办公空间的工作日和周末开窗时长均值和方差

办公空间名称		工作日开窗时长［均值（方差）］						周末开窗时长［均值（方差）］					
		6:00～9:00	9:00～12:00	12:00～15:00	15:00～18:00	18:00～21:00	21:00～次日 6:00	6:00～9:00	9:00～12:00	12:00～15:00	15:00～18:00	18:00～21:00	21:00～次日 6:00
春季	A1	0(0.1)	0.2(0.5)	0.3(0.7)	0(0.1)	0(0)	0(0)	0(0)	0(0)	0(0)	0(0)	0(0)	0(0)
	B	0.5(0.8)	0.6(1)	0.6(1.2)	0.5(1)	0.5(1)	1.5(2.5)	1.25(0.4)	1.6(0.6)	1(1.4)	1(1.5)	1(1.4)	4(2.7)
	A2	0(0.1)	0.1(0.2)	0.1(0.3)	0.1(0.3)	0(0)	0(0)	0.5(0.6)	0.7(1)	0.4(0.9)	0.3(0.5)	0(0)	0(0)
	C	0(0.1)	0.25(0.6)	0.2(0.3)	0(0.1)	0(0)	0(0)	0(0)	0(0)	0(0)	0(0)	0(0)	0(0)
	D1	0.25(0.4)	0.4(0.8)	0.75(1.1)	0.6(0.9)	0(0.1)	0(0)	0	1(0)	0(0)	0(0)	0(0)	0(0)
	D2	0.6(0.5)	0.3(0.6)	0.6(0.9)	0.45(0.8)	0.15(0.5)	0(0)	0(0)	0(0)	0(0)	0(0)	0(0)	0(0)
	E1	0(0.06)	0(0)	0(0)	0(0.04)	0(0)	0(0)	3(0)	0(0)	0(0)	0(0)	0(0)	0(0)
	E2	0.45(0.9)	0.4(0.8)	0.2(0.6)	0.45(0.9)	0.2(0.7)	0.45(1.8)	0(0)	0.75(1.1)	1(0.5)	0.75(1.2)	0.3(1)	1(1)
	F1	0.6(0.9)	0.5(1)	0.4(0.9)	0.4(0.9)	0.3(0.8)	0.4(0.8)	0(0)	0.1(0.3)	0.2(0.3)	0(0.3)	0(0)	0(0)
	F2	1.2(0.3)	1.3(0.5)	1.45(0.5)	1.4(0.5)	1.25(0.5)	3.5(2.4)	1(1.4)	1(1.5)	1(1.4)	1(1.5)	1(1.5)	3(1.4)
夏季	**A1**	3(0)	3(0)	3(0)	3(0)	3(0)	9(0)	3(0)	3(0)	3(0)	3(0)	3(0)	9(0)
	B	3(0)	3(0)	3(0)	3(0)	3(0)	9(0)	3(0)	3(0)	3(0)	3(0)	3(0)	9(0)
	A2	0.45(0.2)	2(0.1)	2(0.6)	0.25(0.1)	0(0)	0(0)	0(0)	0(0)	0(0)	0(0)	0(0)	0(0)
	C	3(0)	3(0)	3(0)	3(0)	3(0)	9(0)	3(0)	3(0)	3(0)	3(0)	3(0)	6(0)
	D1	1.25(0.1)	3(0.1)	2.45(0.2)	2(0.2)	0.25(0)	0(0)	0(0)	1(0.9)	1(0.2)	0.5(0.1)	0(0)	0(0)
	D2	1(0.3)	1(0.4)	0.25(0.2)	0.25(0.2)	0(0)	0(0)	0(0)	0(0)	0(0)	0(0)	0(0)	0(0)
	D2′	1(0.4)	2(0.2)	2(0.2)	1.25(0.1)	0(0)	0(0)	0.5(1)	2(0.2)	2(0.4)	0.75(0.8)	0(0)	0(0)
	E1	3(0)	3(0)	3(0)	3(0)	3(0)	9(0)	3(0)	3(0)	3(0)	3(0)	3(0)	9(0)
	E2	1.5(1.2)	2.5(1.4)	2.5(0.4)	2.5(0.4)	2.25(1)	5(2)	2.5(1)	3(0.1)	3(0.1)	3(0.6)	2.5(1)	9(1)
	F1	3(0)	3(0)	3(0)	3(0)	3(0)	9(0)	3(0)	3(0)	3(0)	3(0)	3(0)	9(0)
	F2	1(0.2)	1(0.1)	0.25(0.3)	0.25(0.1)	0(0)	0(0)	0(0)	0(0)	0(0)	0(0)	0(0)	0(0)

续表

办公空间名称		工作日开窗时长［均值（方差）］						周末开窗时长［均值（方差）］					
		6:00～9:00	9:00～12:00	12:00～15:00	15:00～18:00	18:00～21:00	21:00～次日 6:00	6:00～9:00	9:00～12:00	12:00～15:00	15:00～18:00	18:00～21:00	21:00～次日 6:00
秋季	**A1**	0(0)	0(0)	0(0)	0(0)	0(0)	0(0)	0(0)	0(0)	0(0)	0(0)	0(0)	0(0)
	B	0.1(0.2)	0.15(0.4)	0(0.1)	0(0)	0(0)	0(0)	0(0)	0(0)	0(0)	0(0)	0(0)	0(0)
	A2	0(0)	0(0)	0(0)	0(0)	0(0)	0(0)	0(0)	0(0)	0(0)	0(0)	0(0)	0(0)
	C	0(0)	0(0)	0(0)	0(0)	0(0)	0(0)	0(0)	0(0)	0(0)	0(0)	0(0)	0(0)
	D1	0.6(0.8)	0.5(0.8)	0.68(0.9)	0.3(0.6)	0.35(0.9)	1(1.9)	0(0)	0(0)	0(0)	0(0)	0(0)	0(0)
	D2	0.15(0.4)	0.15(0.6)	0.3(0.9)	0(0.2)	0(0)	0(0)	0(0)	0(0)	0(0)	0(0)	0(0)	0(0)
	E1	0(0)	0(0)	0(0)	0(0)	0(0)	0(0)	0(0)	0(0)	0.2(0.5)	0(0)	0(0)	0(0)
	E2	0(0)	0.1(0.3)	0.2(0.7)	0.1(0.4)	0(0.1)	0(0)	0.15(0.3)	0.75(1)	0.6(1.2)	1(1)	0(0)	0(0)
	F1	0(0)	0(0)	0(0)	0(0)	0(0)	0(0)	0(0)	0(0)	0(0)	0(0)	0(0)	0(0)
	F2	0(0)	0(0)	0.6(1)	0.2(0.4)	0(0.1)	0(0)	0(0)	0(0.1)	0(0)	0(0)	0(0)	0(0)
冬季	**A1**	0(0)	0(0)	0(0)	0(0)	0(0)	0(0)	0(0)	0(0)	0(0)	0(0)	0(0)	0(0)
	B	0.02(0)	0.05(0)	0.1(0.1)	0.1(0.1)	0(0)	0(0)	0(0)	0(0)	0(0)	0(0)	0(0)	0(0)
	A2	0(0)	0(0)	0(0)	0(0)	0(0)	0(0)	0(0)	0(0)	0(0)	0(0)	0(0)	0(0)
	C	0(0)	0(0)	0(0)	0(0)	0(0)	0(0)	0(0)	0(0)	0(0)	0(0)	0(0)	0(0)
	D1	0.25(0)	0(0)	0.05(0)	0(0)	0(0)	0(0)	0(0)	0(0)	0(0)	0(0)	0(0)	0(0)
	D2	0.1(0)	0(0)	0(0)	0(0)	0(0)	0(0)	0(0)	0(0)	0(0)	0(0)	0(0)	0(0)
	E1	0(0)	0(0)	0(0)	0(0)	0(0)	0(0)	0(0)	0(0)	0(0)	0(0)	0(0)	0(0)
	E2	0.04(0)	0.07(0)	0.2(0)	0(0)	0(0)	0(0)	0(0)	0(0)	0(0)	0(0)	0(0)	0(0)
	F1	0(0)	0(0)	0(0)	0(0)	0(0)	0(0)	0(0)	0(0)	0(0)	0(0)	0(0)	0(0)
	F2	0(0)	0.16(0)	0.04(0)	0.02(0)	0(0)	0(0)	0(0)	0(0)	0(0)	0(0)	0(0)	0(0)

注：在春季、秋季，A1（电采暖）、B（集中供热采暖）为单人办公空间，A2（电采暖）、C 为双人办公空间（集中供热采暖），D1、D2 为 3～10 人开放式办公空间（集中供热采暖），E1、E2 为 11～20 人开放式办公空间（集中供热采暖），F1、F2 为大于 20 人开放式办公空间（集中供热采暖）。

在夏季，A1、B 为单人办公空间（自然通风伴随风扇辅助局部降温），A2、C 为双人办公空间（自然通风伴随风扇辅助局部降温），D1、D2 为 3～10 人开放式办公空间（自然通风伴随风扇辅助局部降温），D2′为 3～10 人开放式办公空间（独立空调制冷伴随风扇辅助制冷），E1、E2 为 11～20 人开放式办公空间（自然通风伴随风扇辅助制冷），F1、F2 为大于 20 人开放式办公空间（中央空调制冷伴随风扇辅助制冷）。

加粗名称为全时段连续开窗办公空间。